《生态学专业“五位一体”建设研究与实践》编委会

主　编：章家恩

副主编：陈桂葵

参　编（主要为所收录文章的第一作者和通讯作者等）：

章家恩　骆世明　陈桂葵　赵本良　秦　钟　叶延琼

贺鸿志　伍亚泰　蔡昆争　曾任森　冯远娇　谈凤笑

蔡一霞　黄　飞　黎华寿　王建武　危　晖　孔旭晖

生态学专业
“五位一体”
建设研究与实践

章家恩　主编

暨南大學出版社
JINAN UNIVERSITY PRESS

中国·广州

图书在版编目（CIP）数据

生态学专业“五位一体”建设研究与实践/章家恩主编．—广州：暨南大学出版社，2018.5
ISBN 978－7－5668－2266－6

Ⅰ.①生…　Ⅱ.①章…　Ⅲ.①生态学—教学研究—高等学校　Ⅳ.①Q14－42

中国版本图书馆 CIP 数据核字（2017）第 290097 号

生态学专业“五位一体”建设研究与实践
SHENGTAIXUE ZHUANYE “WUWEI YITI” JIANSHE YANJIU YU SHIJIAN
主　编：章家恩

出 版 人：徐义雄
策划编辑：曾鑫华
责任编辑：高　婷　黄海燕
责任校对：何　力
责任印制：汤慧君　周一丹

出版发行：暨南大学出版社（510630）
电　　话：总编室（8620）85221601
　　　　　营销部（8620）85225284　85228291　85228292（邮购）
传　　真：（8620）85221583（办公室）　85223774（营销部）
网　　址：http://www.jnupress.com
排　　版：广州市天河星辰文化发展部照排中心
印　　刷：广州市穗彩印务有限公司
开　　本：850mm×1168mm　1/16
印　　张：15.75
字　　数：466 千
版　　次：2018 年 5 月第 1 版
印　　次：2018 年 5 月第 1 次
定　　价：48.00 元

前　言

华南农业大学生态学本科专业于2003年开始招生，迄今已有15年了。在十多年的发展过程中，本专业被遴选为广东省综合改革试点专业、广东省特色专业、广东省生态学人才培养模式创新实验区、广东省生态学应用型人才培养示范基地等加以建设，现拥有“农科生态学系列课程”国家级教学团队、国家级和省级教学名师、国家级大学生理科实践教育基地，以及一批国家级、省级和校级精品课程，主编出版了20多种国家级和省部级规划教材或教学参考书。通过十多年的全方位改革研究与建设，本专业在各方面均得到了一定的发展。

本专业围绕生态学本科专业人才培养方案制订（顶层设计）—师资团队建设—精品课程建设（含精品教材、精品课程网站与教学资源库建设）—教学硬件建设（含实验室与实习教学基地）—教学软件建设（含教学方法与教学管理规范）等方面，开展了大量的教学改革研究与专业建设工作，取得了一系列成果，提出和实践探索了生态学本科专业“五位一体”的建设模式。

本书收录汇编了本专业教师十多年来撰写的40多篇相关教学研究论文，较为系统地总结了本专业建设发展与实践探索的基本情况，这些研究与建设成果将为更好地推动本专业下一步的深度改革与全方位高水平建设提供理论、方法及实践指导。同时，也可为其他高校的同类或相近的本科专业建设提供借鉴与参考。

本书共分为八编，第一编主要介绍和探讨了生态学的发展趋势、生态学专业人才培养方向以及“五位一体”的专业建设思路；第二编介绍了生态学本科专业人才培养标准、规范，以及华南农业大学生态学专业本科人才培养方案制订、修订及课程体系设置的变化情况；第三编总结了高校教学团队建设与青年教师培养的思路、相关做法与经验；第四编汇编了生态学专业精品课程建设以及相关课程教学综合改革的案例实践与研究成果；第五编概述和探讨了参与式、互动式、探究式课堂教学方法，并介绍了这几种教学方法的实际应用案例；第六编围绕野外实践教学体系建设，总结了生态学专业的实践教学课程综合改革、内容设置及全方位实践教学体系构建的相关思路、做法与经验；第七编探讨了本科人才培养过程管理的思路、内容以及相关的实践探索；第八编对生态学专业大学生的就业现状、需求与发展前景进行了全面分析。

编者按照上述八编的主题内容及结构设置，将所收录的46篇论文，根据其内容相关性进行分类，并分别汇编到相应主题的篇章中。对于已在期刊上发表的论文，基本保留了其当时发表的内容，但在形式、内容或词句上对其进行了或多或少的修改、调整，甚至删减和补充。对所收录的论文中的定量数据基本上没有进行更新，即仍保留发表时的数值，目的是让读者了解本校生态学专业在当时的发展情况。另外，由于有些论文撰写及发表的时间不同，导致其数据统计的截止时间不一样，故在不同的篇章中，有些相同或类似的内容指标有可能会出现数值不一致的情况（统计年份不一样），特此说明。在此向发表所收录教学研究论文的期刊和所有论文作者表示衷心的感谢！同时，本书除收录已正式发表的论文外，编者还撰写了一系列新的、尚未在期刊上发表的研究论文，以充实全书的内容，旨在使本书的各编在内容体系上更加系统、完整和丰满。本书所收录的论文题目、作者及其发表期刊等相关信息详见本书的附录4。

本书是生态学专业教师所承担的30多项国家级、省级和校级本科教学质量工程建设项目和教学改革研究项目探索实践成果的汇编。这些成果得到了国家级精品课程建设项目“农业生态学”

（教高函〔2006〕26号）、国家级教学团队建设项目“农科生态学系列课程”（教高函〔2007〕23号）、国家级大学生校外实践教育基地建设项目“华南农业大学理科实践教育基地”（教高司函〔2013〕48号）、新世纪广东省高等教育教学改革工程“21世纪生态学人才培养与就业模式研究”（粤教高函〔2001〕106号）、广东省特色专业建设项目“生态学”（粤教高函〔2010〕96号）、广东省高等教育教学成果奖培育项目（粤教高函〔2011〕55号）、广东省本科人才培养模式创新实验区建设项目“以就业为导向、以田间自助式科研实训为载体的生态学人才培养模式创新实验区”（粤教高函〔2012〕204号）、广东省专业综合改革试点项目“生态学”（粤教高函〔2013〕113号）、广东省生态学应用型人才培养示范基地（粤教高函〔2014〕97号）、广东省高等教育教学改革工程项目（粤教高函〔2009〕20号）、广东省精品视频公开课“生态环境保护与农业可持续发展”（粤教高函〔2012〕204号）、广东省精品资源共享课程“生态规划”（粤教高函〔2013〕113号）、广东省教学改革研究项目（粤教高函〔2013〕113号）、广东省精品教材建设项目“生态学野外综合实习指导”（粤教高函〔2014〕97号）和“普通生态学实验指导”（粤教高函〔2015〕133号）、广东省大学生实践教学基地质量工程建设项目“华南农业大学番禺佳硕农场农业生态产业化实践教学基地”（粤教高函〔2015〕133号）、广东省高校教学团队建设项目“生态规划学课程教学团队”（粤教高函〔2016〕233号），以及一批校级本科教学质量工程项目和教学改革研究项目的立项支持，在此一并致谢！

由于编者水平有限，加之汇编和统稿时间仓促，书中错漏与不足之处在所难免，敬请各位读者和同行不吝赐教。

编　者

2017年10月

目　录

第一编
生态学专业人才培养方向与专业建设模式

第一章 生态学学科体系、发展趋势及其热点研究领域

自1866年德国的Haeckel提出“Oecologie”的学科名称以来，生态学从正式概念的出现，逐步发展至今也不过150多年的历史。但随着人类社会经济快速发展的迫切需求，全球性资源环境问题的日益突出，生态学也逐渐肩负起服务于环境保护、生态建设以及社会经济可持续发展的重要历史使命，生态学理论、方法论研究与实际应用技术也因此得到了快速发展。现代生态学已渗透到自然、社会、经济、文化、政治等人类生产与生活的各个领域，显示出广阔的发展前景。

一、现代生态学的学科体系

生态学是研究生物与生物、生物与环境之间相互作用关系、过程、机理及其调控的学科。生态学起始于生物学，隶属于生物学下属的二级学科。但随着学科的不断发展，生态学和生物学在研究领域和内容上逐渐发生分异，生物学更加侧重于生物的结构、功能、发生和发展的规律研究，而生态学更加侧重于生物与生物、生物与环境、人类社会经济活动与环境之间的相互关系、作用过程、效应机理与系统调控的综合研究。这种差异化发展，逐渐使生态学从生物学中独立出来。2011年，生态学升级为与生物学并列的一级学科。

近几十年来，生态学无论在研究领域、研究内容，还是在时空尺度和研究方法上均发生了显著的变化。随着人类活动范围的扩大与多样化，人类与环境的关系问题越来越突出，因此，现代生态学研究的范围除生物个体、种群、生物群落和生态系统外，已逐步扩大到景观、全球乃至太空范围，以及包括人类社会经济在内的自然—社会—经济复合生态系统，已远远超出了经典生态学的研究范畴。同时，生态学借助分子生物学与现代仪器分析的理论和技术，其研究领域向微观方向（基因水平、蛋白质水平等）同步发展。因此，现代生态学在空间尺度上逐步形成了分子生态学、个体生态学、种群生态学、群落生态学、生态系统生态学、景观生态学和全球生态学等分支学科；在时间尺度上，现代生态学也逐步由原有的短期的盆栽实验、小区实验研究，向长期的面上定位观测实验及长期生态学研究方向同步发展。

生态学作为横跨自然、经济和社会领域的“横断”科学，具有极强的渗透性。生态学与其他学科的交叉渗透越来越普遍、频繁和深入。迄今为止，生态学已广泛地应用于农业、林业、畜牧业、渔业、工业、社会学、经济学、城市学、建筑学与人居环境学等各个领域，从不同角度、不同层次和不同方向衍生并形成了一大批新兴的生态学交叉分支学科，如农业生态学、数学生态学、建筑生态学和全球生态学等。

现代生态学已形成了一个庞大的学科体系。尽管不同学者都对生态学进行了分类，但要得到一个比较全面完整的学科分类体系，难度很大。因此，对于生态学的学科体系划分，可同时从以下几个方向和角度来考虑[1]：①按照生态学研究的时空尺度划分；②从不同生物类群为主题的生态学研究领域来归类；③从所处的不同类型环境或生境来划分；④从生态学的不同理论研究方向来划分；⑤从生态环境建设、产业发展和社会经济发展等生态学应用领域来分类，进而可形成一个多视角、多维度的生态学学科体系（如图1-1所示）。

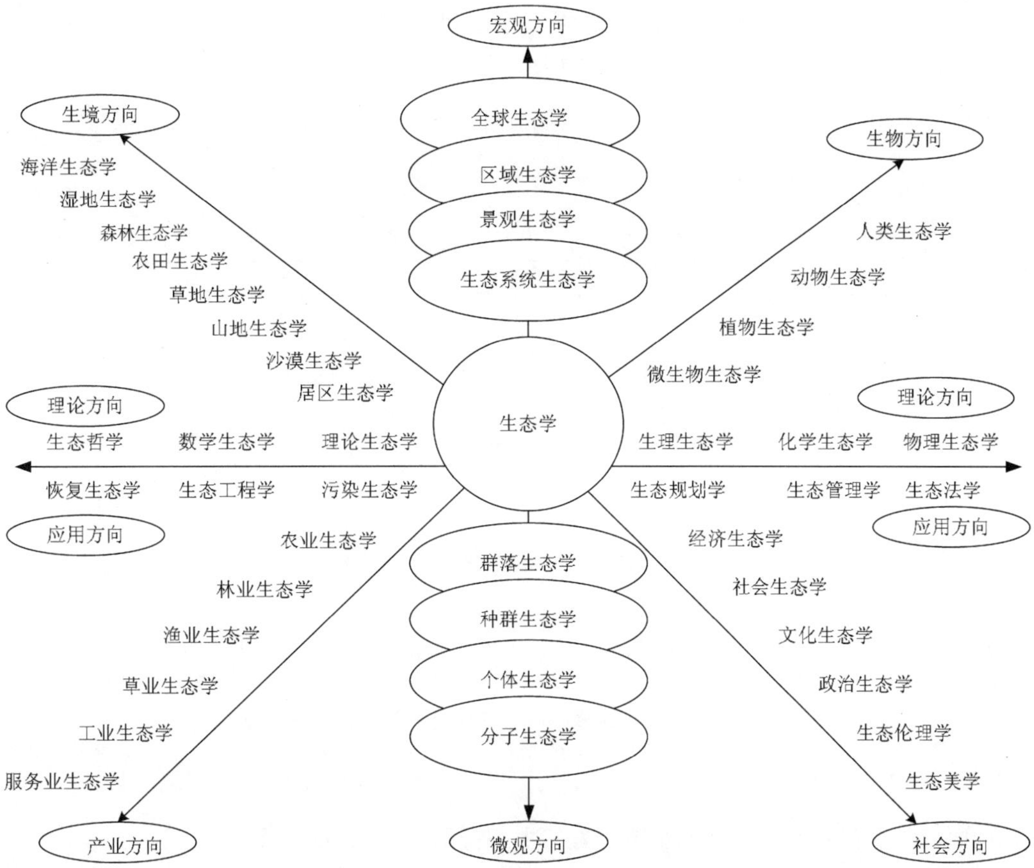

图 1－1　现代生态学庞大的学科体系

二、现代生态学的发展趋向

从近几十年生态学研究现状来看，现代生态学的发展表现出四个明显的趋向：①在空间尺度上，同步向宏观与微观方向发展；②在研究领域上，同步向资源环境问题领域与社会经济领域深入；③在研究方法和手段上，将传统技术与现代科学技术手段结合，从短期研究、局地、点上研究向区域乃至全球尺度的长期生态学研究发展，逐步采用“多尺度观测、多方法印证、多过程融合、跨尺度认知、跨尺度模拟”的研究方法；④在研究深度上，从最初的生态现象描述向生态作用过程、机理与调控及其定量化方向发展。

（一）面向解决区域性和全球性资源环境问题的生态学研究

自工业革命以来，随着工业化、城市化和社会经济的不断发展，以及科学技术的快速进步，人类对整个地球生态环境影响的广度、幅度、强度和深度不断加大，经过长期的累积效应，已造成了一系列全球性或区域性的生态环境问题，如全球气候变暖、生物多样性丧失、臭氧层空洞、酸雨、气候异常、生物入侵、水体富营养化、土壤退化、生态环境复合污染、资源短缺等错综复杂的、立体式的资源与生态环境问题（如图 1－2 所示），已严重威胁到人类社会经济乃至整个地球系统的可持续发展，当前的地球可以说是“万箭穿心”“遍体鳞伤”，已引起了世界各国的共同关注和担忧。

针对全球性的资源环境问题，现代生态学在研究领域和发展方向上发生了巨大变化。众多研究逐步聚焦到全球生态学、长期生态学等相关领域，如全球气候变暖的生态风险及其碳氮过程、生物多样性及其维持保育机制、臭氧层空洞与酸雨的生态风险和防治、外来生物入侵机制及其综合防控、退化生态系统的恢复与重建、各类环境污染的生态风险及综合防控修复技术等，已成为当今生态学的研究热点。

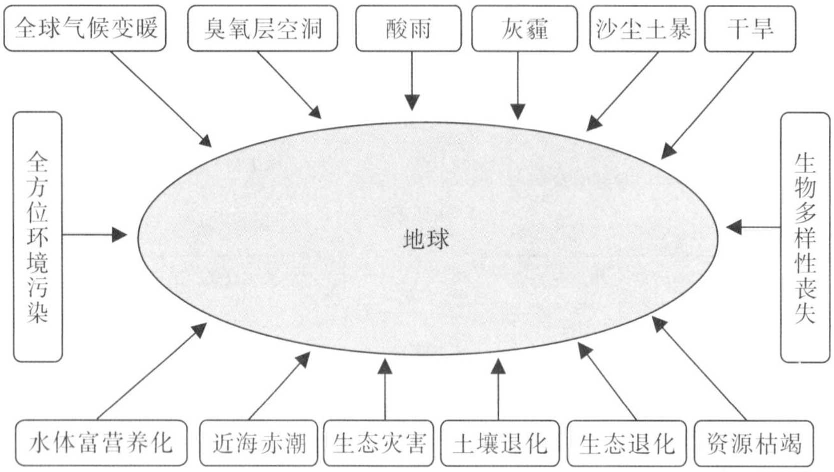

图 1-2　当前人类面临的全球性资源与生态环境问题

（二）面向解决社会经济发展的生态转型与生态管理问题的生态学研究

当前人类面临的生态环境问题已与社会经济发展相互交织、不可分割。也就是说，要解决当前的资源与生态环境问题，就必须改变人类现有的生产方式、生活方式以及社会经济发展方式，在这个转变过程中，生态学发挥着越来越重要的作用。生态工业、生态农业、生态旅游、生态循环经济等逐渐成为生态学研究的重点领域，也就是说，生态学的研究越来越重视社会经济发展的需求。

（三）面向时空大尺度、定量化、新技术与新方法应用的生态学研究

生态系统特别是区域和全球生态变化是一个长期的生态过程，因此，现代生态学越来越关注时空大尺度的研究。同时，生态系统结构、功能与过程十分复杂，采用传统技术手段，或者从单一因素、单一过程、单一学科去研究，很难解释生态系统过程及其变化的内在规律，因此，现代生态学更加注重强化科学发现与机理认识，强调多过程、多尺度、多学科综合研究，关注系统模拟与科学预测预警等方面的研究。多学科的新技术和新方法的应用也是当今生态学研究的一个重要趋势，3S技术、分子生物学技术、稳定同位素技术、大型仪器分析技术、野外台站定位观测技术、自动化智能化技术、物联网技术、大数据分析技术、模型模拟与专家系统技术等已成为现代生态学研究的重要技术支撑。

三、现代生态学重点关注的问题与热点研究领域

从现代生态学的发展趋势看，全球变化生态学、生态系统服务功能、极端生境生态学与退化生态系统恢复重建、生物多样性保护、生物入侵机制与控制、生物地球化学循环、水资源管理生态学、传染病生态和进化、生态文明建设与可持续发展生态学等将成为生态学重点关注的问题和领域[1]。

在中国科学技术协会主编的《生态学学科发展报告（2009—2010）》中，提出了现代生态学重点关注的六大问题与热点研究领域及其前沿研究方向[2]。

（一）生态系统与全球变化研究

生态系统和全球变化研究主要是从生态系统的物质循环与能量平衡角度，研究地圈—生物圈—大气圈的相互作用关系，探讨全球变化的成因与控制机制，揭示生态系统空间格局和时间动态的变化规律，预测未来的发展趋势及生态系统对全球变化的响应与反馈。

当前更加关注全球/大陆和流域尺度的复杂生态系统动态过程、区域生态系统内部各亚系统间的耦合关系、各种生态环境问题间的相互作用关系等问题，其中生态系统碳循环与全球变化、生态系统水循环与水资源、全球变化与生物多样性是最为重要的三大优先研究领域。目前，该领域的研究焦点是生态系统过程、结构和功能对全球变化的响应和适应机制，方法导向是生态系统联网观测、多因子控制实验和数据—模型融合，主要目标是定量评估和科学预测生态系统对气候与环境变化的响应。

在该领域亟须解决的重要科学问题包括：①重要生物类群和典型生态系统对全球变化的响应及敏感性。②生态系统过程对全球变化的适应性及反馈作用。③生态系统格局和过程对未来气候变化的影响。④应对气候变化的生态系统管理策略。

（二）生态系统服务功能研究

生态系统服务功能是指生态系统形成和所维持的人类赖以生存和发展的环境条件与效用，其研究重在认识生态系统服务功能形成、演变、调控的机制及其空间格局、尺度特征、评估方法，该领域已成为生态学研究的热点领域之一，目前的研究主要集中在生物多样性与生态系统服务功能、生态系统服务功能的时空尺度特征、生态系统服务功能的时空格局变化及驱动机制等。

该领域未来的重点发展方向包括：①生态系统服务功能的形成机理研究。②生物多样性与生态系统服务功能研究。③生态系统服务功能的时空尺度特征研究。④气候和土地利用变化对生态系统服务功能的影响机制研究。

（三）生物入侵基础与应用研究

入侵生态学是研究外来物种的入侵性与生态系统的可入侵性、外来入侵物种预防与控制的科学，学科范畴主要包括外来入侵物种在入侵过程中的传入与种群构建、生存与适应、演变与进化、种间互作的生物内在特性、环境响应与系统抵御的外部特征及预防与控制的技术基础等，研究重心是外来入侵物种传入至成灾的过程与机理、入侵过程中的防控技术。

未来的重点发展方向包括：①生物入侵基础研究。针对外来入侵物种入侵的不确定性和入侵后的爆发性，选择农业、林业、湿地与淡水生态系统中有代表性的入侵物种和潜在入侵物种为对象，以外来入侵物种入侵过程中的入侵潜能、遗传变异、生态适应、系统响应等关键问题为核心，着重研究外来入侵物种入侵的生物学特性和生态学特征，入侵物种的适应性进化，入侵物种与本地物种间的互作与竞争关系，对生态系统结构与功能的影响等问题；揭示生物入侵过程中遗传分化的分子机理、种群形成与扩张的生态机制；解析入侵物种与本地物种间相互竞争的作用机制、被入侵系统的生物群落抗性与敏感性、生物入侵对生态系统的功能影响机理；研究不同尺度上生物入侵的机理、过程，生态系统功能变化及反馈；以重大危险性外来入侵物种为主要对象，从宏观尺度、生态系统核心尺度和微观尺度，开展入侵物种的灾变过程及爆发机制、生态系统对入侵物种的响应机制、入侵物种的早期预警与控制基础等研究。②外来入侵物种的控制研究。着重研究潜在入侵植物病害的快速分子检测、基于DNA条形码的网络远程识别、基于诱剂与诱饵的入侵昆虫野外监测/数据实时分析、外来入侵物种及潜在入侵物种的适生性风险评估与风险治理决策、口岸检疫与除害处理、农业入侵植物昆虫的应急与根除处理、农林入侵生物的生物防治与生态修复等预防和控制技术。

（四）恢复生态学研究

恢复生态学是研究生态系统退化的过程与原因、退化生态系统恢复的过程与机理、生态恢复与重建的技术与方法的科学。

恢复生态学的前沿领域包括：①自然生态系统发展规律与生态系统参照系研究。②受外来入侵物种破坏的生态系统的恢复研究。③全球变化与生态恢复的相互作用研究。④退化生态系统恢复的整合研究。⑤高危退化生态系统的生态恢复研究。⑥生态恢复的宏观与微观研究。⑦水土流失控制与土壤恢复的过程与机制研究。⑧生态恢复的生态系统服务功能评价与生态系统管理研究。

（五）生物多样性与保护生物学研究

生物多样性是指生物和它们组成的生态系统的总体多样性和变异性，一般包括遗传多样性、物种多样性和生态系统多样性。保护生物学主要研究如何保护生物物种及其生存环境，从而保护生物多样性。

生物多样性和保护生物学主要关注的核心领域包括：生物多样性的生态系统功能、起源/维持/丧失、编目与分类、监测/保护/恢复/持续利用。目前进展较快的研究方向是生物多样性现状评估和保护生物地理学、生物多样性的生态系统功能、宏生态学、谱系生物地理学、全球变化对生物多样性的影响、DNA 条形码技术和生物多样性调查/编目/监测等。

生物多样性与保护生物学研究的关键问题包括：生态系统的功能和服务价值、气候变化、技术变化、保护区、生态系统管理与恢复、陆地生态系统、海洋生态系统、淡水生态系统、物种管理/组织系统及其过程等。主要问题包括：各个生物多样性组分的形成和维持机制、生物多样性与生态系统功能和服务价值的关系、社会经济结构和技术的变化对生物多样性的影响、珍稀濒危物种的评估/保护和复壮技术、生物多样性保护的区域规划及其方法论等。

（六）人类生态与生态健康研究

人类生态学是应用生态学基本原理研究人类及其活动与自然和社会环境之间相互关系的科学。生态健康广义上是指测度人的生产生活环境及其赖以生存的生命保障体系的代谢过程和服务功能完好程度的系统指标，包括人体和人群的生理和心理生态健康、人居物理环境/生态环境/代谢环境健康、产业和区域生态服务功能健康等。

人类生态与生态健康研究的重点领域包括：①自然医学生态学：注重人和动物间的传染病与地球化学性疾病的生态学问题，特别是地方病、自然疫源性疾病、人兽共患传染病。②食物链对健康影响的生态学：在食品安全和膳食营养领域重点突出食品污染、饮食文化与营养平衡、肠道微生态和食品安全、膳食平衡与生态食品等。③生态卫生：用生态系统的方法解决人类粪便的无害化处理与资源化利用等。④人类活动、城市化、全球化与人类健康：注重环境污染、自然灾害、臭氧层等与人类健康的关系。⑤人类学领域的生态学：注重人类在生物和文化方面对环境的生态适应。⑥人口、心理、伦理与健康关系的生态学：注重人类种群与生态环境的关系、人类行为与精神生活的问题等。

四、应用生态学及其发展方向概述

为了更好地解决当前人类面临的全球性生态环境困境，为了更好地服务于社会经济的发展，生态学逐渐从理论研究走向社会经济生产实际、走向现实生活，越来越“接地气”，其实践性、应用性也越来越强。应用生态学已日益成为现代生态学的重要发展方向[3]。

应用生态学（applied ecology）是将理论生态学研究所得到的基本规律和理论应用到生态保护、

生态建设和生态管理的实践中，使人类社会实践符合自然生态规律，使人与自然和谐相处、协调发展。随着生态学向社会经济生产与日常生活中的渗透，以及与其他学科的交叉，应用生态学的学科分支和研究领域越来越多，但迄今为止，尚无一个统一的分类体系。

第一，生态学的理论与方法直接应用到生态保护与生态环境建设中，分别产生了恢复生态学、自然保护区生态学、生态工程学、灾害生态学等分支领域。

第二，生态学的理论与方法直接应用到产业生产中，分别产生了农业生态学（如生态循环农业建设、健康产品生产等）、林业生态学（如生态公益林建设等）、畜牧生态学（如生态养殖等）、渔业生态学（如水产健康养殖等）、草业生态学、工业生态学（如生态工业园建设、清洁生产等）、旅游生态学（如生态旅游项目开发）等分支领域。

第三，生态学的理论与方法直接应用到社会经济发展与生态环境管理中，分别产生了生态经济学和循环经济学（如生态经济平衡分析等）、生态规划学（如生态规划设计）、生态环境监测、生态环境影响评价、生态预测预报、生态管理学（如生态服务功能价值评估、生态补偿、生态红线、生态审计、生态法学等）、生态文明建设等分支领域。

第四，生态学的理论与方法直接应用到人们的日常生活中，逐步出现了生态食品、生态住宅（如屋顶花园、绿屋绿墙等）、生态建材、生态服饰、生态家具、环保家电、生态化妆品、生态交通、生态道路、生态厕所等研究领域。

第五，生态学的理论与方法直接应用到当前我国实施的生态文明建设战略中，逐步形成了“中国特色的应用生态学”领域和方向，例如，美丽乡村、美丽中国建设、特色小镇、田园综合体、绿色 GDP 计量体系、生态政绩考核制度、自然资源资产离任审计制度、生态环境损害责任终身追究制度等。

参考文献

［1］章家恩．普通生态学实验指导［M］．北京：中国环境科学出版社，2012.

［2］中国生态学学会．生态学学科发展报告（2009—2010）［M］．北京：中国科学技术出版社，2010.

［3］张金屯．应用生态学［M］．北京：科学出版社，2003.

第二章 农业生态学的国外发展及其启示

以1981年在华南农学院举办全国农业生态学师资培训班以及之后在中国科学院南京土壤研究所召开全国第一届农业生态学研讨会为起点的话，农业生态学在我国已经有30多年的发展历史了。尽管农业生态学在国际上的发展可以追溯到二十世纪二三十年代，但是现代农业生态学的发展还是在20世纪70年代世界生态环境意识觉醒以后。1979年美国Cox和Atkins出版的*Agricultural Ecology: An Analysis of World Food Production Systems*，1983年Altieri出版的*Agroecology: The Scientific Basis of Alternative Agriculture*和1990年Gliessman主编的*Agroecology: Researching the Ecological Basis for Sustainable Agriculture*才比较系统地提出了农业生态学面对的农业问题、学科体系和应用方向[1-3]。以中国和美国为代表的国际上的现代农业生态学体系发展几乎是同步的。现在是一个合适的时机看一看国际上农业生态学的发展，反思我国的农业生态学现状，并从中得到启迪。

一、农业生态学文献量显示的关注度趋势

在ISI Web of Knowledge（V5.5）用“agro - ecology, or agricultural ecology, or agroecology”作为关键词查询到的1966—2010年的文献量为26 201篇，其中每5年的文献量增长显著。在维普科技期刊全文数据库，利用“农业生态”作为题目或关键词查阅到的1991—2010年的文献量为3 773篇，每5年的文献量也呈显著增加趋势。同期比较，国内文献量为国际文献量的9%～25%，近10年大约为15%。这表明国内外对农业生态学的关注度都在增长（如图1-3所示）。

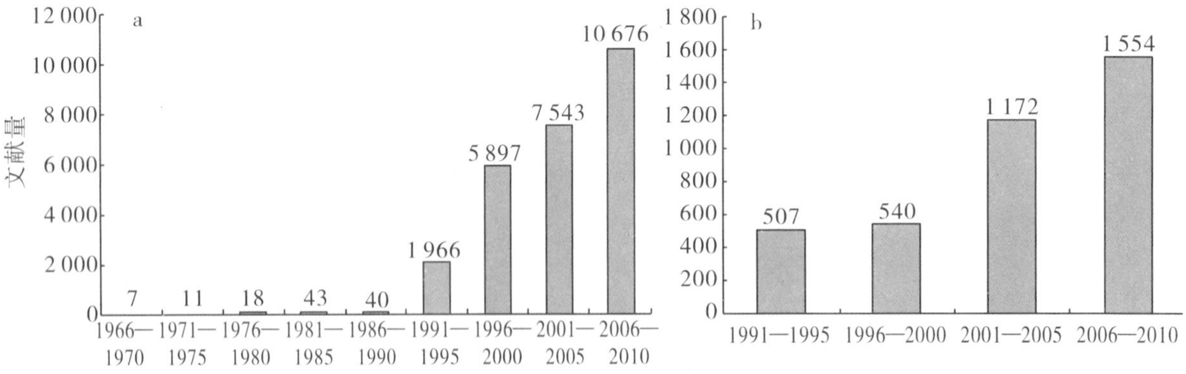

图1-3 国际（a）和国内（b）农业生态学文献量的增长

二、对农业生态学使命的认识

农业生态学的兴起显然是受到农业发展遇到不可持续问题推动的。国际农业发展知识、科学与

技术评估组织总结了2008年4月由各国政府代表参加的南非会议成果，发表了《农业处于十字路口》[4]。报告清晰表明各国都认识到按照目前的农业生产方式，资源满足不了未来社会对农业产出的要求。报告认为包括产品供应、经济效益、生态环境服务在内的农业多功能性是不可回避的，其中第7条结论指出："通过进一步将农业知识与科技转到以农业生态科学为主，将有利于解决环境问题，同时维持和提高生产率。"在国外，"Agroecology"使用的范围不仅包括"农业生态"，也可用在我国常用的"生态农业"表述方面。联合国食物权特别报告员De Schutter向联合国人权理事会提交的报告中指出：纵览过去5年来发表的科学文献，生态农业（Agroecology）作为农业发展的模式不仅展现出在概念上与食物权有很强的关联，而且证实生态农业可以在国情不同的各个国家中为众多弱势群体具体实现食品权这项人权。此外，生态农业展现出的种种优势，与人们熟悉的常规方式，诸如培育各类高产改良品种的做法，成为互相补充的一种农业生产方法。生态农业能够有力地推动更为广泛的经济发展。他建议通过扩大生态农业的实践，以便能够在增加农业生产、增加收入、改善生计的同时避免生物多样性的丧失及生态环境的破坏[5]。在美国加州大学Santa Cruz分校举办的第13届国际农业生态培训班上，人们引用了爱因斯坦的名言："我们不能够用产生问题的思路去研究解决问题的方法。"人们认为引导工业化农业发展的传统农业科研思维属于还原论（Reductionism）。这种还原论已经不能够胜任未来农业发展的要求。农业生态学要促进农业一系列观念变革，从而解决一系列由传统工业化农业引起的严峻问题（如下表所示）。美国农业部在2009年终于跟随众多欧洲国家在人力、物力和机构设置上大力支持有机农业发展。在这个基础上，Hooedes等撰写的美国农业《国家有机行动计划》中，认为有机农业也应当采取农业生态学的综合、整体、多样的思路，甚至认为应当在传统农业研究机构以外成立独立的有机农业研究机构，以摆脱传统工业化农业研究的还原论思维。

显然，农业生态学在国际上被认为是一种对工业化农业方式和传统农业科研思维的深层次颠覆和革命，并被赋予了支撑农业可持续发展的战略使命。

农业生态学整体观与传统工业化农业还原论的差异

	传统农业科学	农业生态学
1. 科学技术研究		
思想方法	分离	综合
目标追求	单一目标	多目标协调
研究方法	还原论	归纳论
研究对象	简单化	正视复杂性
农业方法	一致性与统一性	多样性
资源后果	资源耗竭性	资源恢复性
公共资源后果	公共资源的悲剧	公共资源的可持续
2. 经营管理方式		
农业经营模式	集中	分散
管理目标	利益追逐的体系	基于价值观的体系
追求理想	财富与权力	多样性、平衡和财富的分配
社会关系	竞争	合作
管理关系	层级控制结构	伙伴关系结构
食品产业链	不公平的供应链	平等的价值链

（续上表）

	传统农业科学	农业生态学
管理运作	全球垄断	地方和区域分散
工作岗位	岗位的流失和转移	创造工作岗位
食品质量	容易出安全性漏洞	安全的食物供应

三、对农业生态学内涵的认识

丹麦农业科学研究所农业生态系的 Dalgaard 等[7]在综述农业生态学时，根据不同研究人员的研究范围，提出了农业生态学的硬件部分和软件部分。他们认为与农业生态系统的能物流、资金流有关的生态、农学与经济学结合的部分可以称为“硬农业生态学”（Hard Agroecology），而与人类社会及其利益管理体系有关的部分则可以称为“软农业生态学”（Soft Agroecology）。他们的文献搜索结果表明，使用了“agroecology”或者“agro－ecology”关键词的文献，66%属于自然科学，13%属于社会科学，5%属于经济学，16%属于自然与经济结合学科，2%横跨社会科学与自然科学，没有同时跨自然、社会、经济三大学科范畴的文献。法国农业生态学与景观生态学家 Wezel 等[8]在综述农业生态学文献时发现，农业生态学的研究范围是趋向扩大的（如图 1－4 所示）。扩大方向之一是从农田层面向农业生态系统和地理景观层面拓展；扩大方向之二是从农学、生物学、生态学的“硬农业生态学”向农业生态系统管理、农村可持续发展、社会学与经济学等“软农业生态学”发展。美国著名农业生态学家 Gliessman[9－10]索性把农业生态学描述为研究从农田到餐桌的整个食品供应体系的生态学。Wezel 等[8]认为，目前农业生态学实际上指的既是一门学科，也是一类实践，甚至还是一种运动（如图 1－5 所示）。

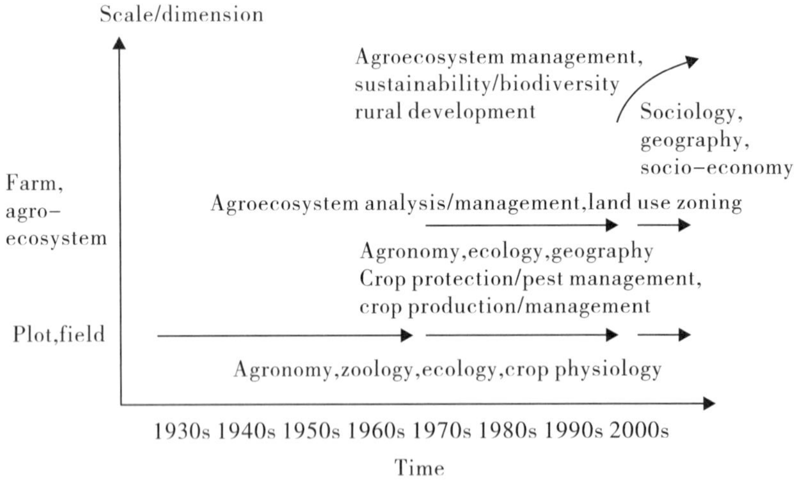

图 1－4　农业生态学涉及范围的发展变化[8]

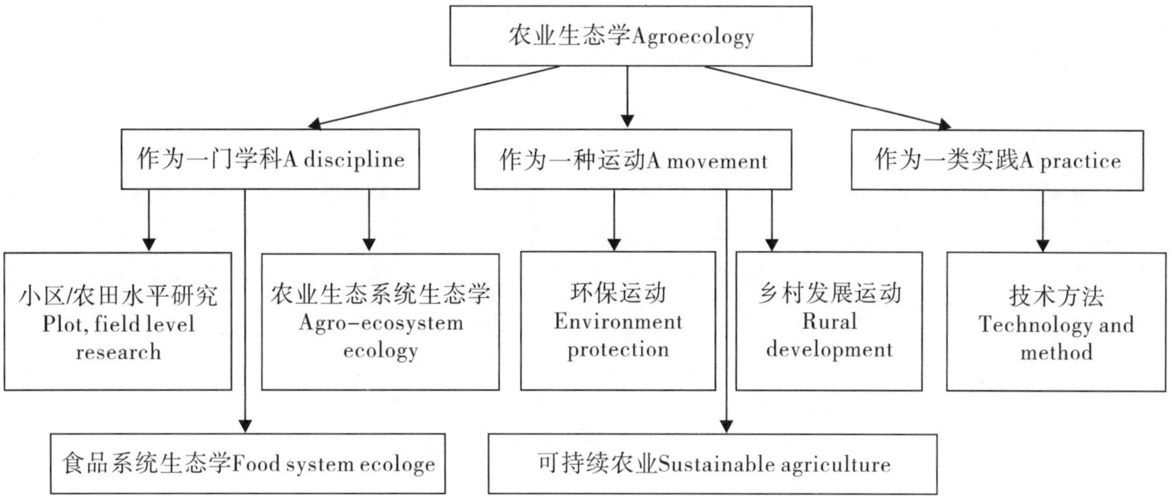

图 1-5 农业生态学概念的各种含义[8]

四、农业生态学作为一类农业实践方式的认识

在中国，农业生态学指导的实践被普遍称为生态农业，然而在国际上生态农业的术语应用并不广。利用“ecoagriculture”或“eco-agriculture”为题目或者关键词的文献到2010年仅有46篇，其中有34篇文献的作者还是中国学者。在中国，1990—2010年以“生态农业”为关键词或题目的文献却达到7 986篇（如图1-6所示）。在国际上大量使用“agroecology”来描述利用农业生态学指导的实践，实质等同于中国的“生态农业”实践。联合国食物权特别报告员De Schutter向联合国人权理事会提交的报告也是如此，以至在翻译中需要把“agroecology”翻译成“生态农业”才符合中国人的表述习惯。

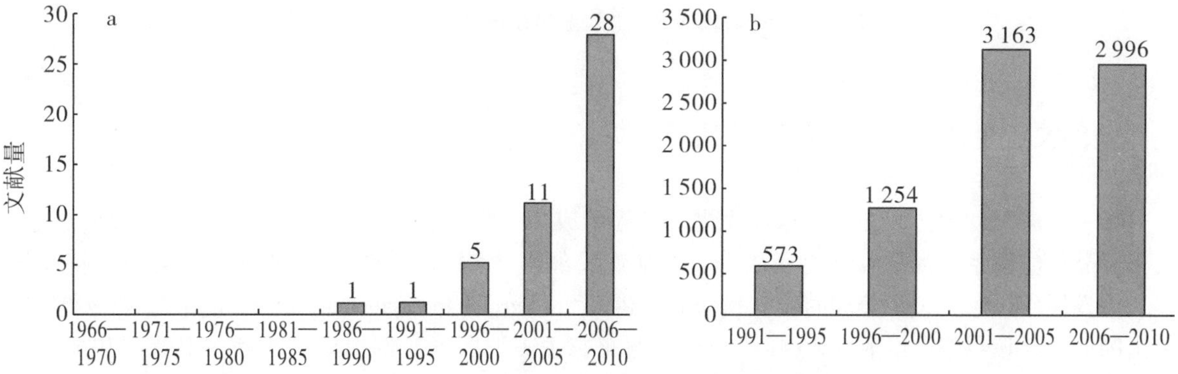

图 1-6 国际（a）和国内（b）生态农业文献量

Altieri[11]认为应当重视循环体系建设和维护土壤有机组分，充分利用物种多样性与遗传多样性以便提高太阳能、水分和养分等自然资源利用率，还应当注意通过扩大物种间有利的相互关系，强化生态系统的服务功能。De Schutter[5]提出生态农业需要模拟和利用自然进程，通过流域和生态系统的整体生物多样性构成、养分循环和能源流动关系构建来实现系统的多功能协调。报告中列举生态农业的实践模式有农林结合模式、农牧结合模式、流域集水模式、综合养分管理模式和综合有害

生物防治模式（玉米地防治玉米螟的推拉体系、稻田养鸭体系）等。在美国加州，覆盖作物和有害生物的陷阱作物也经常被用到。由于生态农业是智力密集型生产方式，而不是投入集约型生产方式[11]，因此除了重视新技术和新模式以外，国际上普遍重视来自广大农民的实践经验和经历长期实践被证实行之有效的传统农业遗产。

2004 年美国学者 Sara Scherr 牵头在内罗毕成立了国际“生态农业伙伴”（Ecoagriculture Partner）组织[12]。其最大特点是强调通过景观层面的布局，协调生态、生产与生活关系。该组织的口号是“为了人民、食物和自然的景观”。在其内罗毕宣言中，除了强调景观分区布局和管理外，还强调结合乔灌草的农林体系（Agroforestry）和实施有机与循环方法。

Gliessman[10]认为，传统农业向生态农业实践转变可以分为 4 个水平（如图 1－7 所示）。第 1 个水平为资源节约型技术，推广省肥、节水、节能技术等。第 2 个水平是投入替代技术，如化肥用有机肥替代，农药用生物防治替代。第 3 个水平是农业生态系统结构调整，在农业生态系统中生物多样性结构、循环体系结构和流域景观元素配置结构的变化都属于这个水平。第 4 个水平是食品供应链体系的改革，食品供应链体系包括农业生产资料、农业生产者、食品加工、产品运输、商品销售、食品消费者之间的关系调整。美国《国家有机行动计划》中也提出要避免把有机农业简单理解为允许和不允许投入什么的农业，有机农业是与农业所存在的生态系统结为统一体的农业系统[6]。

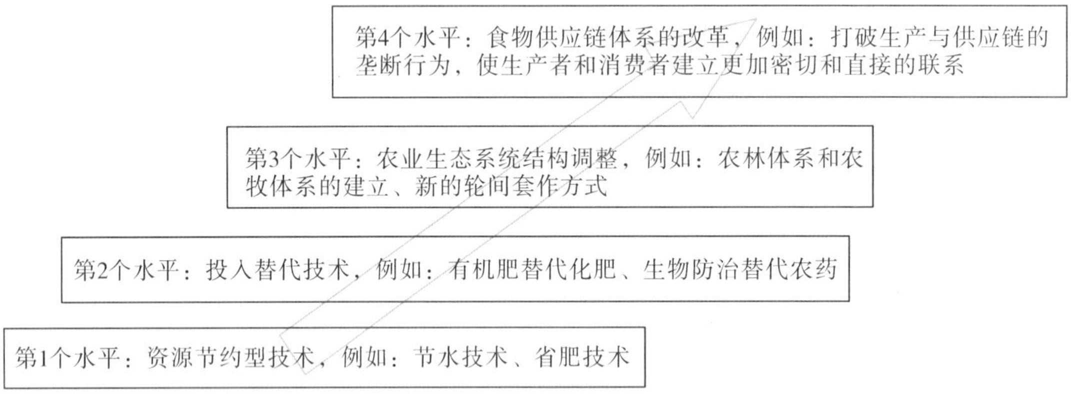

图 1－7　传统农业向生态农业实践转变[10]

五、农业生态学作为一种运动的趋势

在一些国家和地区，开展生态农业建设已逐步成为一种社会运动，目的在于发掘农民的智慧、改善食品供应体系、提高农村生活质量、增加农民经济收益、保护珍贵农业遗产、实现可持续发展。在发展中国家，拉丁美洲的“农民对农民运动”（Farmer to Farmer Movement）组织是一个相当突出的例子，该组织已经成立 36 年了，目前遍布拉丁美洲国家，特别是墨西哥、中美洲和加勒比海国家，如古巴、危地马拉、尼加拉瓜、巴西等，参加运动的农户达到数十万。在二十世纪六七十年代，依托良种，并依赖化肥、农药、灌溉等高投入为基础的“绿色革命”在拉丁美洲国家小农中推广失败。20 世纪 80 年代初，发展中国家债务危机使得拉丁美洲国家不得不接受缩减政府机构、出售国有企业、开放市场等措施，农产品市场被发达国家占领，土地被大公司占领，农业推广服务萎缩，农民被迫成为城市居民或者退守边缘区域。同期，在国际上可持续农业和农村发展（Sustainable Agriculture and Rural Development，简称 SARD）项目的推动下，拉丁美洲国家的小农发现，生态农业方法不仅使农产品产量倍增，而且保护了环境。于是这些项目组织就逐步发展成为农民之间进行技术和经验交流的组织。目前该组织正试图凝聚力量，在交流生态农业技术的同时改变不合理的国际管理体系和国家政策[13-14]。

在武装叛乱、麻烦不断的尼加拉瓜，全国农民与牧民联盟在 1987 年开始实施“农民对农民项目”（Campesino to Campesino Program）并且取得成功，农村也得到了安宁。成功的原因可总结为：农民自己的试验和评价，本土知识的交流，活跃的对话和创新，水平对话机制出现的乘法效应，有推介成果的积极分子出现，创新成为农民的风气，地方领袖不断出现[15]。1999 年古巴正式成立农民对农民农业生态运动，农业生态运动成功解决了在禁运条件下通过利用当地资源与经验提高农业生产水平的问题，在保障供给中显示出了明显优势，2009 年就有超过 11 万户农户参加（如图 1－8 所示）[16]。在巴西，2001 年召开全国农业生态学会议，2002 年成立全国农业生态联盟，2003 年在有机农业的法律框架内认可了农业生态，2004 年成立巴西农业生态协会，2006 年巴西农业研究组织正式把农业生态定为该研究机构的一个学科领域[8]。在生态农业推广过程中，各国特别注意避免过去农业推广那种自上而下、居高临下的方式，重视农民的平等参与及横向交流。

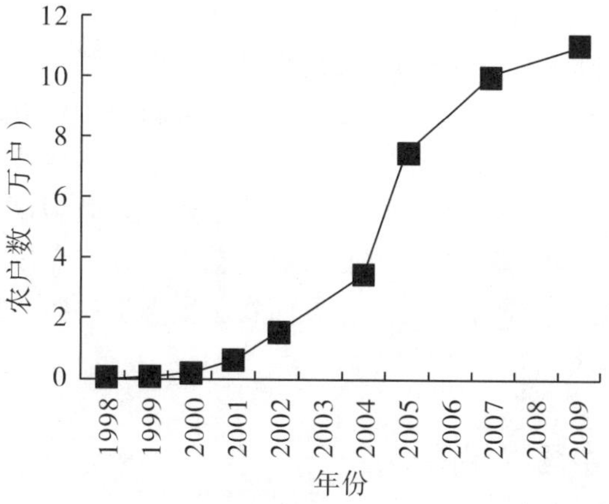

图 1－8　古巴历年参加农民对农民农业生态运动的农户数[16]

农业生态在美国也已经作为一种社会运动形式存在。在美国，加州大学 Santa Cruz 分校有机农场为农民提供了有机农业培训，校内建立了社区农业生态项目（Program in Community and Agroecology）。加州还成立了各种形式的与农业生态有关的民间组织，例如“社区农业生态网络”（Community Agroecology Network，简称 CAN）、“农业和基于土地的培训联盟”（Agriculture and Land Based Training Assiociation，简称 ALBA）、“社区支撑农业”（Community Supported Agriculture）、“根本的改变”（Root of Change）、“食物共有”（Food Common）等。这些非政府组织从不同的侧面推动农业生态的发展。Root of Change 致力于把被现代商业运作分割了的食品供应体系重新连接起来。Food Common 计划建立有机食品供应体系，力争在 2020 年实现 10% 的本地消费食品为本地生产。ALBA 着力培训和培育从事有机农业生产的小型农民企业。ALBA 不但提供技术培训，而且为起步农民提供廉租农田。CAN 则通过与拉丁美洲咖啡生产者建立直接联系，增加生产者收益，减少消费者负担，增进消费者对生产者和生产方式的了解。另外 Farmer Market 为农民生产的有机食品提供了直接与消费者接触的渠道。“美国收获正义”（Just Harvest USA）组织则为外国农民工提供保护，为他们争取正当权益。美国有机农业运动也是从民间开始的。在二十世纪六七十年代相继成立了“加州有机认证农民”（California Certified Organic Farmers，简称 CCOF）、“有机农民和园艺者联盟”（Maine Organic Farmers and Gardeners Association）、“东北有机农业联盟”（Northeast Organic Farming Association，简称 NOFA）等。民间的大量工作促使美国农业部在 2000 年制定了国家有机食品标准，并在农业部设立国家有机农业项目，2009 年专门设立管理职位[6]。

六、农业生态学作为一门学科的认识

法国 Wezel 等[8]的分析表明，德国基本还是将农业生态学当作一门生态学分支学科来看待，例如德国哥廷根大学作物科学学院农业生态系将其定义为："农业生态学集中研究农业景观区和农业生态系统中的动植物群落、食物网关系和保护生物学。" 德国马丁等[17]在 2011 年写的《农业生态学》中将农业生态学定义为："研究人类为某些作物的生态所塑造的环境中生物生存条件的科学。" 这不同于美国以 Gliessman[10]为代表的包括社会经济体系在内的定义，即"农业生态学是研究食物系统的生态学"。

Dalgaard 等[7]则利用社会学家 Robert King Merton（1973）提出的，后来为 John Ziman（2000）再次论述的评判科学的 4 条规范来评判农业生态学。第 1 条规范是评判标准，是关于内容的社群性（Communalism），要求科学的内容能够向社会大众扩散。第 2 条规范是研究人员的包容性（Universalism），即科学研究人员应当不分种族、肤色、信仰、性别等，有广泛的包容性。第 3 条规范是利益中立（Disinterestedness）和谦逊（Humility），研究结果能够超脱个人利益和研究人员个性是很重要的。第 4 条规范是严格论证下的原创性（Originality），要求研究结论能够经受得起怀疑和验证。文章作者认为第 1 和第 2 条规范对于农业生态学不成问题，第 3 条规范对于农业生态学一般也不会存在问题。但是，农业生态学研究涉及社会层面时，就不容易遵循利益超脱的规范。用第 4 条规范来衡量农业生态学的时候，文章作者认为一方面农业生态学有些研究仅仅进行了半定量的调研和访谈，结论的重复性和严密性容易受到质疑；另一方面农业生态学一些小规模的田间研究上推到系统和景观层面时所使用的方法太简单，容易出错。

七、对农业生态学在中国发展的启迪

根据各国农业生态学的发展状况，以及各国对农业生态学的理解，反观我国的农业生态学发展，会给我们一些有益的启迪，有利于更好地认识我国农业生态学发展的优势和问题所在，以推动学科健康发展。

（一）我国农业生态学的学科框架

农业生态学在我国指的就是一门学科，其指导的实践和社会运动在我国被称为"生态农业"[18]。这样就避免了国外认为农业生态学既是学科，又是实践与运动的问题。在我国农业生态学理论框架中，农区生物与环境通过能物流整合起来的农业生态系统是其基本研究对象，这就是所谓的"硬农业生态学"。根据控制论原理，调节和控制这个体系的机制包括分散在自然体系中的非中心调控机制和受人类左右的中心式调控机制。中心式调控机制又可以分为经营者和操作者的直接调控，以及影响经营者和操作者的社会文化、社会经济、社会法规的间接调控。这部分调节控制机制就是所谓的"软农业生态学"，其中包括了价值流和信息流。尽管我国在农业生态学体系的构建上比较完整和稳定，但是在与农业生态系统调控相关的社会、经济、文化和法规的实际研究还是落后于需要，也落后于不少国外同行。由于经济发展阶段和文化背景的差异，我国同行在认识农业生态学对还原论思维方式下的农业方式与农业研究的颠覆性意义方面（如上表所示），还没有国外同行理解得那么深刻和紧迫。

（二）我国对生态农业体系的认识

我国对生态农业体系的认识在生态农业实践中常被分为生态农业模式与生态农业技术[19]。生态农业技术实际上对应 Gliessman[10]所指的第 1 个水平（资源节约型技术）和第 2 个水平（投入替代技术）。生态农业模式则对应他提出的第 3 个水平（农业生态系统结构调整）。我们在认识上还有三个优势：一是认识到生态农业技术体系与生态农业模式相互联系，一定的模式对应一定的技术体系。二是认识到生态农业技术体系是由多种相互制约、相互关联的技术组成的。三是在我国生态农业模式方面，农区景观生态规划、农业生态系统循环设计、农业生物多样性关系构建被认为是生态农业模式建设中最重要的三个方面[20]。这个归纳能够包容迄今为止国际上农业生态实践中有关的主要模式。不言而喻的是，世界各国丰富的农业生态实践经验十分值得我们借鉴和学习。对于 Gliessman 提出的第 4 个水平（食物供应链体系的改革）而言，我们在农产品加工链方面偶尔涉及，也在生态农业政策方面加以研究，但是很少在生态农业研究中涉及生产组织、运输组织、供应链组织、市场组织层面。这种状况与国情应当有关。因为当时我国市场化处于起步和完善阶段，供应链的垄断问题和生产者与消费者被分割的弊端还没有充分暴露。然而，农业生态结构涉及的社会经济组织方面仍然值得今后加以重视。

（三）我国生态农业建设的组织形态

我国生态农业实践在一开始就是由有远见的专家提倡，并在政府部门支持下发展起来的。最典型的就是“九五”和“十五”期间农业部等 8 个部委支持的全国 100 个生态农业示范县建设活动。由于活动有经费支持、有专家指导，发展快，势头猛，颇有些轰轰烈烈的味道。然而其持久性和传播效率却不如拉丁美洲国家起源于基层的“农民对农民运动”组织。当国家部门的兴奋点一旦转移，全国性有组织的生态农业活动就陷于停滞。相比自下而上的农民运动，自上而下的组织形式在农民自发参与的积极性、众多参与者的创新势头和农民横向知识传播的乘法效应等方面都望尘莫及。我国在省、市、县、镇、乡各级组织的生态农业建设方面一直此起彼伏、延绵不断。这反映了我国对于生态农业发展的内在需求。我国公民社会正在发育初期，有关农民自发组织开展生态农业的社会环境还有待成熟。然而，我国已经有支持农民技术协会和农业行业组织发展的政策，这为自下而上有组织的农民生态农业行动提供了一定的政策环境，值得我们今后加以重视。

我国在生态农业实践中非常重视农民经验和农业传统知识。中国农业大学李隆教授[21]的间套作研究、浙江大学陈欣教授[22]的稻鱼共作研究都达到了很高水平。中国科学院地理科学与资源研究所李文华院士与闵庆文研究员领导的团队持续开展了农业文化遗产研究[23]。李文华院士[24]主编出版的《生态农业——中国可持续农业的理论与实践》中总结了大量农民创造的生态农业模式与技术。我国是一个有五千年农业文明的大国，目前仍有约 6 亿人口在农村。目前对农业遗产的挖掘和对农民经验的提升还远远不够。今后，不仅需要科研人员的继续努力，更需要广大推广人员和农民懂得这些经验和遗产的价值，并有意识地加以发掘、研究、保护和推广。

（四）我国农业生态学的科学研究

目前我国农业生态学研究多在农田和农田以下水平开展。在农田生态系统层面的水分平衡、养分平衡、能量平衡的研究已经从短期田间取样研究向长期定位试验站支撑研究发展。我国在作物间套作的养分、光照、水分、病虫关系，作物—害虫—天敌的相互作用，作物—土壤—微生物的复杂影响，农业生产的温室气体排放，全球变化对农业生产影响等研究方面都相当深入，并且常常触及前沿[25]。然而对农业生态系统和农业景观层次的研究却相对较少，与农业生态学相关的社会经济学研究就更加少了。

正如 Dalgaard 等[7]所指出的那样，在层次比较高的体系中开展研究有两个难点，一方面大系统受限于时间和资金，不少研究仅能够进行半定量的调研、访谈、取样，得到有关结论的重复性和严密性容易受到质疑。另一方面小规模的田间研究上推到系统和景观层面的方法还不成熟。因此利用模拟、模型和数学方法进行综合和上推成为必要，这需要在我国今后的农业生态学研究中加以强化。

农业生态学的社会经济研究比较弱与我国农业生态学起源于农业高校的农学学科有关。只有通过现有农业生态学家进修有关社会经济学理论与方法，或者通过与社会经济学家合作才能够克服农业生态学在社会经济研究方面的短板。

参考文献

[1] COX G W, ATKINS M D. Agricultural ecology: an analysis of world food production systems [M]. USA: W. H. Freeman, 1979.

[2] ALTIERI M A. Agroecology: the scientific basis of alternative agriculture [M]. USA: Westview press, 1983.

[3] GLIESSMAN S R. Agroecology: researching the ecological basis for sustainable agriculture [M]. USA: Springer - Verlag, 1990.

[4] Internationalassessment of agricultural knowledge, science and technology for development. Agriculture at a cross road - summary for decision makers of the global report [M]. New York: Island Press, 2009.

[5] DE SCHUTTER O. Report submitted by Special rapporteur on the right to food (GE 10 - 17849) [M]. New York: United Nation , 2010.

[6] HOODES, LIANA. National organic action plan: from the margins to the mainstream: advancing organic agriculture in the U. S [M]. North Carolina: Rural Advancement Foundation International - USA, 2010.

[7] DALGAARD T, HUTCHINGS N J, PORTER J R. Agroecology, scaling and interdisciplinarity [J]. Agriculture Ecosystem and Environment, 2003, 100 (1): 39 - 51.

[8] WEZEL A, BELLON S, DORE T, et al. Agroecology as a science, a movement and a practice. [J]. Agronomy for Sustainable Development, 2011, 29 (4): 503 - 515.

[9] GLIESSMAN S R. Agroecology: ecological processes in sustainable agriculture [M]. USA: CRC Press, 1997.

[10] GLIESSMAN S R. Agroecology: the ecology of sustainable food systems [M]. USA: CRC Press, 2007.

[11] ALTIERI M A. Agroecology: the science of natural resource management for poor farmers in marginal environment [J]. Agriculture Ecosystems and Environment, 2002, 93 (1): 1 - 24.

[12] Ecoagriculture Partners. Nairobi Declaration [EB/OL]. http: //www. ecoagriculture. org/page. php? id = 71&name = NairobiDeclaration.

[13] HOLT - GIMÉNEZ E. Campesino a campesino: voices from Latin America's farmer to farmer movement for sustainable agriculture [M]. Oakland: Food First, 2006.

[14] HOLT - GIMÉNEZ E. Movimiento campesino a campesino: Linking sustainable agriculture and social change [J]. Backgrounders, 2006, 12 (1): 1 - 4.

[15] Cuéllar N, KANDEL S. The campesino to campesino program of siuna, nicaragua [M]. Bogor Barat, Indonesia: Center for International Forestry Research, 2005.

[16] ROSSET P M, SOSA B M, ROQUE A M, et al. The Campesino - to - Campesino agroecology movement of ANAP in Cuba: social process methodology in the construction of sustainable peasant agriculture and food sovereignty [J]. The Journal of Peasant Studies, 2011, 38 (1): 161 - 191.

[17] 马丁，绍尔博恩．农业生态学［M］. 马世铭，封克，译．北京：高等教育出版社，2011.

［18］骆世明．农业生态学［M］．北京：中国农业出版社，2009.

［19］LUO S M. A system approach toward ecoagriculture in China［M］//DARNOFER I，GROTZER M. Building sustainable rural futures. Vienna：University of Natural Resources and Applied Life Sciences，2010：2108－2115.

［20］骆世明．生态农业的景观规划、循环设计及生物关系重建［J］．中国生态农业学报，2008，16（4）：805－809.

［21］Li Long，Sun J H，Zhou L L，et al. Oakland：food first In statute for food and agricultural productivity viarhizospherephosphorusfacilitation on phosphorus－deficient soils［J］. Proceedings of the national academy of sciences of the United States of America，2007，104（27）：11192－11196.

［22］CHEN X，HU L L，TANG J J，et al. Ecological mechanisms underlying the sustainability of the agricultural heritage rice－fish coculture system［J］. Proceedings of the National Academy of Sciences of the United States of America，2011，108（50）：1381－1387.

［23］MIN Q G，HE L，ZHANG D. Agricultural heritage research in China：Progresses and perspectives［J］. Journal of Resources and Ecology，2011，2（1）：15－21.

［24］李文华．生态农业——中国可持续农业的理论与实践［M］．北京：化学工业出版社，2003.

［25］骆世明，李凤民，林文雄，等．农业生态系统研究［M］//中国科学技术协会．生态学学科发展报告（2011—2012）．北京：中国科学技术出版社，2012：66－84.

第三章 我国高校生态学专业建设与人才培养方向探讨

生态学是研究生物（包括人类）与环境（包括生物环境和非生物环境）之间的相互关系和作用过程与机理，以及生态系统的结构与功能及其优化调控的一门学科[1]。在全球性生态环境问题（如全球气候变暖、酸雨、臭氧层空洞、生物多样性减少、生态退化、环境污染等）日益突出的今天，生态学逐步肩负起保障资源环境安全与社会经济可持续发展的历史使命。现代生态学作为联结自然科学和社会科学的桥梁，是解决当前世界各国人口、资源、环境和发展问题的有力“武器”，也是当前我国实施生态文明建设、循环经济建设与可持续发展战略的重要科技支撑。因此，生态学研究及其专业人才培养日益受到社会的广泛关注。十多年来，我国许多高校陆续开办了生态学专业，或开设了与生态学有关的课程，作为生物类专业、环境类专业、资源类专业等的专业基础课或专业课，或者作为其他专业学生素质教育的选修课。生态学专业人才培养的主要目的是使学生掌握有关生态学的基本概念、基本理论和基本技能（即“三基”），学会运用生态学的理论、方法与技术，观察、认识和解决自然界、人类社会等出现的各种资源与生态环境问题，并通过生态学的实践教学环节，掌握生态学的研究方法、技能，以及提高学生的动手能力、创新能力和综合素质[2]。然而，由于多方面的原因，我国高校在生态学专业人才培养计划、课程设置和教学内容等方面尚存在一些问题。为此，本章分析了当前我国生态学专业建设和人才培养面临的现实问题，提出了一些改革思路与发展对策，旨在为生态学专业的教学内容与方法的革新以及生态学专业建设提供参考。

一、我国高校生态学专业人才培养与教学中存在的问题

（一）生态学学科和生态学专业快速发展与师资力量相对薄弱之间的矛盾

自 1977 年内蒙古大学创办全国第一个生态学专业以来，随着社会经济发展与高校扩招的需求以及生态学学科自身发展的需要，全国由原来只有几所较早开办生态学专业的大学（如云南大学、兰州大学等）发展到现今，已有 50 多所高校（截至 2008 年，不完全统计）先后开办了生态学专业，其中许多高校的生态学专业是近十多年内逐步开办的。随着生态学新专业的开办与招生规模的不断扩大，一些学校的生态学师资力量较为缺乏和薄弱的问题逐渐凸显出来。一方面，一些教师的专业背景与实践经验跟不上生态学专业发展的需要。有些生态学专业教师以前从事其他相关专业领域的学习与研究，未受过生态学的系统教育；或者是“刚走出教室，立即上讲台”的青年硕士或博士毕业生，缺乏教学与实践经验，面对生态学新课程真有点“赶鸭子上架”。另一方面，由于生态学学科本身发展迅速，新的学科分支不断出现，生态学的课程设置也需要与时俱进，要求专业教师不断更新自己的知识体系，这势必给生态学教师带来新的挑战。这也是导致专业师资力量不足的原因之一。另外，在一些高校中，部分教师还面临着科研、职称晋升等多方面的压力，由于教学任务与科研工作之间的矛盾，他们在教学上或多或少存在“疲于应付”的情况。师资力量的不足与薄弱势必影响到生态学专业的人才培养质量。这是当前一些高校开办生态学专业面临的一个重要问题。

（二）课程设置和教学内容的“泛与专、深与浅”之间的矛盾

生态学专业大多依托于高校的生命科学学院、资源环境学院、农学院、林学院以及其他相关学

院，由于不同学校的发展历史、特色、学科基础等各不相同，因此，目前我国生态学专业在人才培养方案制订、专业方向与课程设置、教学大纲制定、教材选择、教学重点和难点把握等方面可谓五花八门、千差万别[3-5]。生态学专业人才应该具备怎样的知识结构与培养规范？应该让学生掌握哪些最基本的生态学理论、方法和技能？如何处理生态学的宽口径与其专业性和实用性之间的关系？在教学不同环节应采用哪些切实有效的方法？这些问题需要加以深入研究。虽然教育部高等学校环境科学类教学指导分委员会制定了高等学校生态学本科专业规范[6]，但在执行上并不到位。目前，许多学校通常根据自身的基础条件，自行制订培养计划，自行设置课程，结果常常会出现设置的专业课程之间缺乏系统性、整体性和科学性等问题。而且一些课程之间的重复内容多，学生学习起来常有“老师在反复炒剩饭”之感；有的学校开设的生态学课程门类很多，面面俱到，但没有特色；有的学校又过于偏重自身基础和特色，而对生态学应有的学科宽度和知识体系缺少考虑；有的课程教学内容太浅显，近似科普，有的教学内容又太偏、太专，学生学习起来感到枯燥乏味。其结果是使培养出来的生态学专业学生有点“四不像”。

（三）生态学理论教学的“软”与生态环境经济建设的“硬”之间的矛盾

长期以来，生态学教学多侧重于课堂上的理论教学，多停留在对生态学理论知识的讲解上，实验与实习等教学环节则相对薄弱。由于教学时数的限制、实践教学经费的不足、仪器设备以及实践教学平台的缺乏等方面的原因，实验和实习教学常被削减。有的专业课程基本未安排相应的实验课和实习课；有些专业课程虽然设置了实验课与实习课，但都流于形式，而且一些课程的实验内容与实习内容还出现部分重复的问题。在有限的实验实践教学条件下，学生缺少动手机会，缺乏将课本上学到的理论知识应用到实践的必要训练，自然学不到一些“硬”技术和真本领，使得生态学专业教学显得较“软”，以致许多生态学专业毕业生常有一种“什么都学，却似乎什么都不会”的感觉。然而，生态环境建设和社会经济建设通常需要一些“硬”技术，如退化生态系统的恢复、环境污染防治、病虫草害的生态控制、生态农业建设与绿色食品生产、生态工业园设计与建设、废弃物的资源化利用与循环经济建设等方面，光靠“纸上谈兵”不行，必须有过硬的生态学关键技术作为支撑。因此在生态学人才培养过程中，必须切实解决好生态学理论教学的“软”与生态环境经济建设的“硬”之间的矛盾。

（四）生态学专业人才的现实需求与实际供给之间的矛盾

随着社会经济的不断发展，资源环境问题日益突出，而随着人们生活水平的不断提高，人们对生存环境和生活质量的生态需求（如生态食品、生态居住、生态安全、生态旅游、生态文化）与日俱增。党的十七大报告中明确提出了加强生态文明建设的号召，标志着生态学人才培养将具有广阔的发展前景。然而在现实生活中，社会对生态学人才的需求并不乐观。在一些人才招聘会上，许多行政管理部门和企事业单位的人才招聘目录上基本不考虑生态学专业，许多生态学专业毕业生（包括研究生）均被拒之门外，其就业形势较为严峻。许多本科毕业生不得不继续读研；即便直接就业，也大多“改行”，真正从事生态学及其相关领域工作的毕业生较少。另外，随着学校扩招，每年毕业的生态学本科生和研究生逐年增加。这势必造成现阶段社会经济发展对生态学专业人才有限的现实需求与供给相对过剩之间的矛盾。

二、生态学专业建设与教学改革的思路和对策

（一）制订生态学专业发展建设规划，确定适度的招生规模

针对当前我国在生态学专业建设与人才培养方面存在的具体问题与现实需求，为了保证我国生态学教育的健康与持续发展，需要从生态学专业的招生—培养—就业等环节进行大胆改革与创新。

近年来，全国许多高校陆续开办了生态学专业，对我国生态学人才培养起到重要的推动作用。然而一些高校在专业发展与建设方面带有很多盲目的成分，因此，需要开展全国范围内的生态学专业发展状况的调查，包括对生态学人才需求与供给状况的相关预测研究。在此基础上，制订我国高校生态学专业发展建设规划。同时，根据当前社会经济发展对生态学人才的现实需求，制定高校生态学本科生的适度招生规模。对已经开办生态学专业的高校，应加强该专业的建设规划与优化调整，积极进行特色定位与专业改造。

（二）实现教学内容与教学方式“从课堂到田间”“从软到硬”的转变

由于多方面的原因，许多学校的生态学专业教学多偏重于课堂上的理论教学，实验教学和实习教学课时数少、内容简单，且常流于形式，造成实践教学十分薄弱的局面。生态学的研究对象是自然生态系统、人工生态系统以及自然—社会—经济复合生态系统，因此，学习与研究生态学的问题必须走向田间（野外），面向社会经济生产实践。脱离自然、脱离实际的生态学教学必然是枯燥的、僵化的、没有生命力的；生态学教学内容与教学方式必须实现“从理论到实践”“从课堂到田间”“从软到硬”的根本性转变，才能使学生更为透彻地理解和掌握生态学理论知识，学到真本领和硬功夫。因此，在生态学专业教学中，必须加大实验与实习教学平台（实验室、温室、网室、实习基地等）的建设力度；必须加大野外实践教学以及综合性、设计性和探究型实验的比重；同时，大胆创新，改进和规范生态学实验与实习教学的内容与方法。例如，可将分散到专业理论课程中的实验按照一定的学科体系集中起来，单独开设相关的生态学实验课，并适当增加课时和学分[7-8]；也可以将分散到某些专业课程内 1 ~ 2 天的野外实习集中起来，单独开设专门的生态学综合实习实践课程，实习时间可延长到 2 ~ 3 周或更长时间。这些都是值得考虑与改革实践的做法。

（三）发展与推行参与性、互动式、研究型、创新型等多元化教学方法

要将优良的传统教学方法与现代教育技术（如多媒体技术等）有机地结合起来，彻底摒弃原有的“满堂灌”“填鸭式”教学方式。同时，要大胆创新，探索多元化的教学方法。相关做法包括：①在课堂教学过程中，可采取课堂讨论、课堂辩论赛、学生上台讲课、学术沙龙、学生课外作品展示与评比、学生自己编制习题和模拟试卷、学生互评作业、学生自编生态故事和案例等形式，活跃课堂气氛，激发学生对生态学专业课程的学习兴趣，增强学生学习的主动性和参与性，切实提高教学效果和教学质量[4-5]；②充分利用任课教师的科研课题、学校以及其他渠道的各类大学生创新研究项目（如大学生挑战杯等），结合本科生的研究兴趣或毕业论文，建立、健全本科生人才培养导师制，形成由导师—硕士、博士研究生—本科生组成的传帮带的研究团队，让本科生尽早地融入生态学研究过程中，培养学生从事科研的基本素质及创新能力[9]。

（四）加大本科教学质量工程和教学资源库建设力度，实现资源共享

近年来，为切实提高高等教育质量，教育部、各省市和各高校陆续启动了一系列本科教学质量工程建设项目，如优秀教学团队建设项目、全国教学名师项目、精品课程建设项目、特色专业建设项目、双语教学示范课程建设项目、实验教学示范中心建设项目等。因此，应以已启动的质量工程项目为载体，进一步开展各类项目建设。同时，加强精品教材与立体化教学平台，以及教学资源库（习题库、案例库、试题库、参考资料库、相关学习网站）的建设力度，优化课程体系及其教学内容[10-11]，实现资源共享。这些做法可拓展课堂时空，将有限的课堂教学延伸到课堂之外，将单调的课堂讲授转变为具有教学互动以及师生情感交流的多样化教学平台，有利于培养学生的自学能力和创新能力。

（五）建立现代生态学“T”型人才培养模式

生态学是一门纵贯生物分子、个体、种群、群落、生态系统、区域乃至全球（即兼顾微观与宏

观不同空间尺度），横跨自然环境、经济、社会等不同领域，交叉性、渗透性和应用性极强的学科。其内容广博，具有纵横延伸的特点。因此，对生态学专业人才培养应采取既博又专的“T”型人才培养模式。生态学“T”型人才培养包括横向培养和纵向培养两个方面。横向培养主要是以培养学生的“博”为目的，让学生通过对生态学整个学科体系和相邻学科知识的全面学习，拓宽学生的知识面；纵向培养侧重于让学生对某一具体生态学领域的基本概念、基本原理和基本方法与技能进行深入学习，掌握某一领域的基础理论和实操技能，使其毕业后不仅能够独立从事和承担专业工作，解决实际问题，而且能够举一反三，更好地了解生态学所涉及的其他领域的规律。这样才能够做到既“专”又“博”，且“扎得下去”“铺得开来”，从而避免以往在生态学人才培养上出现的“软、大、空”倾向。为配合生态学“T”型人才培养，在教学计划制订和课程设置上，可采取“专业基础平台（以基础课和专业基础课为主） + 方向模块（以实践性强、专业特色明显的选修课为主的方向性课程模块）”等课程体系。

三、发展以就业为导向的生态学专业人才培养方向

随着高校扩招，本科毕业生数量在逐年增加，其就业形势日趋严峻。生态学属于理科专业，对该专业毕业生来说，其在社会上没有十分对口的就业单位，只有一些相关的行政管理部门如环保局、规划局和其他一些政府部门，以及科研教学单位等，因此，生态学专业毕业生的就业形势较为严峻。社会经济的发展有赖于人才的培养，而人才培养又必须符合社会经济发展的需求。这就需要从宏观上、政策上考虑当前和今后社会经济发展对生态学专业人才的需求方向与规模，人才培养要充分体现现实性和超前性。因此，生态学专业人才培养应采取以就业为导向的多元化生态学专业人才培养策略。

（一）培养从事生态管理与制定生态环境政策方面的专业人才

随着全球资源环境问题的日益突出，人们对生活与生存质量以及人类社会经济可持续发展的要求越来越高，因此，制定完善的生态环境政策法规，加强对区域乃至全球的生态环境管理与评价工作势在必行，如生态补偿政策、绿色 GDP 计量考核体系、绿色壁垒应对政策、环境贸易、环境外交、生态文明建设法规、各种生态环境质量标准制定、生态系统服务功能价值评估、生态评价、生态预测、环境影响评价、资源环境法和生态法等领域均有较好的前景。从发展趋势来看，社会上将需要大量这方面的人才。

（二）培养从事生态规划与生态工程设计方面的专业人才

生态规划与生态工程设计是生态学在实际生产与生活中应用性很强、很广泛的一个领域。近年来，在区域生态规划、生态农业规划、生态工业（园区）规划、生态社区与生态城市规划、生态旅游规划、流域生态规划、自然保护区规划以及相关的生态评价与生态工程设计等方面有较广阔的应用前景。各级政府决策部门、土地管理部门、规划部门、环保部门、旅游部门以及土地开发商和相关企事业单位都需要这方面的人才。

（三）培养从事生态环境保护与生态环境建设方面的专业人才

生态环境保护与生态环境建设是当前我国实施可持续发展战略和全面建成小康社会的一项重要任务。我国目前在自然保护区建设、环境（大气、土壤、水）污染防治、退化生态环境的恢复与重建、水土流失控制、土地荒漠化防治、生态灾害防治和节能减排等方面都需要大量技术过硬的生态学人才。

（四）培养从事生态产业与健康产品生产方面的专业人才

食物安全是当前全世界共同关注的问题，无公害食品、绿色食品、有机食品等健康安全产品日

益受到人们的青睐。而生态农业、有机农业和生态工业是生产健康食品和安全产品的重要载体。因此，国内外目前在生态农业、有机农业、生物多样性利用、生态工业与循环经济的生产管理技术、健康产品产地环境质量监测和绿色产品认证等方面有较大的人才需求。

（五）培养从事生态友好型产品开发与生产方面的专业人才

从当前的发展趋势来看，生态友好型产品或材料将具有巨大的市场前景。生态产品或材料主要包括生物农药、生物肥料、生态饲料、环保地膜、生物质能源、环保材料、生态友好型生活日用品，以及以废弃物的无害化处理与资源化利用为载体的环境友好型产品。这类生态产品的开发与生产需要投入大量的专业人才。

（六）培养从事生态学基础研究与教学方面的专业人才

生态学是一个内容规模十分庞大的学科体系，其研究内容涉及不同领域（如自然、社会、经济、农业、工业等）和不同尺度（如分子、个体、种群、群落、生态系统、区域乃至全球）。每个领域和分支学科均有十分丰富的基础研究内容，因此，需要许多从事生态学基础研究与教学的高级人才。而高素质的生态学硕士和博士将是从事生态学基础研究与教学的后备军。因此，生态学专业本科生可继续攻读硕士、博士，以便进入更高层次的领域就业。

参考文献

[1] MACKENZIE A, BALL A S, VIRDEE S R. Instant notes in ecology [M]. UK: BIOS Scientific Publishers Limited, 1998.

[2] 方晰，田大伦．“生态学”课程教学方法的探索与实践 [J]. 成都中医药大学学报（教育科学版），2005，7（2）：62－63.

[3] 刘静玲，盛连喜．生态学教学基本配置的特色、困境及其对策的探讨 [J]. 高等理科教育，2000（4）：96－100.

[4] 耿红．生态学教学改革的几点思考 [J]. 安徽农学通报，2008，14（13）：190－191.

[5] 吴庆标，赖家业，庄嘉，等．生态学专业教学改革与思维创新 [J]. 广西大学学报（哲学社会科学版），2008，30（S2）：76－77.

[6] 教育部高等学校环境科学类教学指导分委员会．中国高等学校生态学本科专业规范研究：生态科学进展（第二卷）[M]. 北京：高等教育出版社，2006：231－255.

[7] 乔永民，于霞，张其中．浅议生态学实验课程教学改革 [J]. 生态科学，2007，26（5）：478－481.

[8] 胡斌，段昌群，毛晓玲，等．生态学实验教学改革的尝试 [J]. 实验科学与技术，2008，6（4）：315－317.

[9] 胡宗达，杨远祥，朱雪梅．高校生态学教学中创新思维的培养 [J]. 黑龙江生态工程职业学院学报，2008，21（3）：94－96.

[10] 段昌群．生态学教学理论探索与实践——21 世纪大学生态学教学内容优化与课程体系建设 [M]. 北京：高等教育出版社，2001.

[11] 辛琨．高校生态学双语教学课程建设研究与实践 [J]. 高等教育研究，2008，25（3）：73－74.

第四章
生态学专业“T”型人才培养之探讨

随着经济全球化和社会经济建设活动对现代高水平复合型人才的要求，以及当今国内外人才竞争的日益激烈，未来的人才必须既要有扎实的科学理论基础，又要有很宽的科学技术与社会经济视野，即所谓的既“专”又“博”的现代“T”型人才。

生态学是一个涉及不同尺度（从微观到宏观）和不同领域（自然、社会、经济、文化等）的学科，是联结自然科学和社会科学的桥梁，因此，更需要采用“T”型人才培养模式。

一、生态学“T”型人才的培养内容

按照生态学的学科性质要求，生态学“T”型人才培养的内容包括横向培养和纵向培养两大部分（如图1－9所示）。

图1－9　生态学“T”型人才培养模式

横向培养侧重于让学生学习生态学整个学科体系和相邻学科知识，目的是拓宽学生的知识面，以培养学生的“博”为目标。横向培养的主要内容包括：①与生物和自然相关的各分支学科知识体系的学习，如动物生态学、植物生态学、微生物生态学、生理生态学、生物化学、遗传与进化、分子生态学、草地生态学、森林生态学、淡水生态学、海洋生态学、湿地生态学等；②与社会经济发展相关的各分支学科知识体系的学习，如环境经济学、循环经济、社会生态学、人类生态学、农业生态学、工业生态学、城市生态学、旅游生态学、生态规划、可持续发展等；③环境学、地学和农学等相邻学科知识的学习，如自然地理学、植物保护、作物耕作与栽培、土壤学、植物营养学、生态环境监测与评价等；④人文社科相关知识体系的学习，如哲学、经济学、社会学、历史、文学、艺术等。

纵向培养侧重于让学生学习某一具体生态学学科领域的基本概念、基本原理和基本方法技能，让学生深入掌握某一领域的基础理论和实际技能，让学生能够真正学到比较实在的专业知识和技能，毕业后能够独立从事和承担专业研究与应用工作，解决实际问题，即以培养学生的“专”为目的，而避免以往在生态学人才培养方面出现的“软、大、空”倾向。譬如，若选择农业生态学专业领域进行纵向培养时，就需要学生掌握主要作物的生理生态、作物学、耕作与栽培、土壤学、土壤肥料学、作物病虫害防控、农业资源环境调查、农业生态规划与布局、生态农业技术与模式、农业生态系统结构与功能分析、农业生态工程设计、农业生态环境监测与污染防控、农业生态环境建设、农业生态系统调控、“三农”问题与农业可持续发展等方面的基本理论与基本技能。

二、生态学“T”型人才的培养要求

（一）素质教育与创新教育相结合

由于长期受应试教育等多方面的影响，学生知识面窄、素质不高、创新能力弱、发展后劲不足、缺乏竞争意识和危机意识，不能适应未来社会经济发展的需要。因此，在生态学人才培养方面，必须把素质教育与创新教育相结合。素质教育包括思想品德、文学艺术、专业基础理论知识与技能等方面的教育和身心素质的培养，这是一个专业人才必备的基础教育。而创新教育应包括创新精神、开拓精神、创新思维和创新能力等方面的培养，是一个专业人才应有的高素质教育。可以说，素质教育是基础，创新教育是目标，在生态学“T”型人才培养中一定要将二者很好地统一起来。

（二）自然科学教育与人文社会科学教育相结合

生态学属于理科，但同时也是一门横跨自然科学和人文社会科学的学科，因此，在生态学“T”型人才培养中，在加强自然科学等理科专业基础理论知识教育的同时，还必须注重人文社会科学相关素质的培养，以及全球视野和国际视野的培养，只有这样，培养出来的人才才能满足现代社会经济发展的需求。

（三）“宽口径、深基础”教育相结合

“宽口径、深基础”教育是生态学“T”型人才培养的基本要求。“宽口径”既包括自然科学基础，也包括人文社会科学基础；既包括本专业学科的基础理论知识与技能，也包括相邻学科的专业知识；既包括基础理论和基本知识的传授，也包括基本技能和基本素质的培养。“深基础”要求学生在某一学科领域既要有扎实的基础理论知识，也要掌握过硬的基本方法和实践技能，还要具有较强的创新能力，要具有“真本领”“硬功夫”，才能真正解决实际问题。

（四）理论教育与实践教育相结合

生态学是一门实践性较强的学科。因此，在生态学“T”型人才培养过程中，必须把理论教育与实践教育相结合，彻底摒弃以往“重书本、轻实践；重灌输、轻启发；重讲授、轻动手”的人才培养观念与模式，加大实践教育比重，切实培养学生的理论水平与实践操作能力、开拓精神与创新能力。

三、面向生态学专业“T”型人才培养的课程体系设计与改革

生态学已有100多年的发展历史，它是研究生物与其环境相互关系的学科。在当今世界，生态学已经成为解决资源与生态环境问题的科学基础，为实现人类社会经济的可持续发展提供系统、整体的科技支持。随着工业化和城市化的发展，以及世界人口的急剧增长，人类当前面临着全球气候变暖、资源危机、生态退化、环境污染、生物多样性减少等一系列的生态环境问题，这为生态学发展提出了崭新的研究课题。同时，随着生态学及其相关学科（如生物学、环境学）等学科体系的不

断完善和发展，以及现代研究方法的不断进步，生态学无论在深度、广度，还是在研究手段等方面都有较大的发展。因此，为了适应学科自身发展的需要，以及满足当前生态环境建设和社会经济发展的需要，在生态学专业课程教学方面也必须进行全方位的设计和改革，只有这样才能与时俱进，培养出具有时代特色的新型人才。

（一）生态学基础理论课程体系及教学内容的拓展与改革

传统的生态学专业教学比较注重生态学基础理论课程的开设，主要包括普通生态学、普通生物学、环境学、地学基础、生物化学、植物生态学、动物生态学、环境微生物学、种群生态学、群落生态学、生态系统生态学、进化生态学等，上述课程对生态学本科生专业基础理论知识的培养无疑起着不可替代的作用。但随着社会经济发展和生态环境建设的形势要求，对生态学课程体系及其教学内容必须加以拓展，即需要增加一些新的课程或内容，特别是要加大应用生态学课程的比重。

1. 加强与全球变化有关的生态学课程教学

全球变化是当今人类共同关注的一个重要问题[1]，也是生态学需要解决的一个重要任务。因此，在生态学基础课程体系及教学中，应增加全球气候变暖、生物多样性减少、臭氧层空洞、水体富营养化、赤潮、酸雨、生物入侵、生态监测网络等专题教学内容，以及全球生态学、长期生态学、生态模拟模型等方面的课程教学内容。

2. 加强与生态环境建设和生态保护有关的生态学课程教学

生态退化、环境污染是当前世界尤其是发展中国家普遍存在的问题，因此，加强生态环境建设和生态保护已是当务之急。因此，在生态学人才培养方面，也应增加与之相关的课程或专题教学内容，如污染生态学、灾害生态学、恢复生态学、生态毒理学、保护生物学、景观生态学、生态系统健康、生态系统管理、环境医学、生态安全、生态工程、环境工程、生态规划与设计等。

3. 加强与人类社会经济文化有关的生态学课程教学

许多生态学问题不仅是一类自然科学问题，而且还是一种社会经济现象。因此，需要加强与人类社会经济文化有关的生态学课程的设置或专题教学内容的实施，如人类生态学、城市生态学、生态伦理学、旅游生态学、工业生态学、生态农业与健康食品生产、产业生态学、生态经济学、环境经济学、资源环境法学、生态美学、可持续发展等。

（二）生态学专业实践课程体系及教学内容与方法的拓展和改革

传统的生态学专业实践教学多是以某一专业基础课程为中心的验证型、观察型的实践与实验教学内容，且依附在相对应的理论课程教学中。如普通生物学实验和实习、生物化学实验、环境微生物实验、地学基础实验和实习、动植物生态学实验与实习、农业生态学实习等，都是配合相对应的理论课程教学，课时少，而且许多实验与实践教学的手段与方法滞后，综合性、设计性和探究性的实验与实践教学内容较少。更为重要的是，在一些学校的生态学本科专业人才培养方案中，实验与实践教学的学分和课时总数未能达到应有的要求。

随着生态学学科和社会经济发展的需要，以及现代生态学研究方法、技术与现代仪器测试分析技术的不断发展，在生态学实验与实践教学内容和实验手段上也必须进行改革与优化发展，主要可从以下三个方面进行：

（1）由于生态学研究内容的综合性和系统性，要求生态学实验与实践教学必须在原来单一实验与野外实践的基础上，逐渐向综合性、设计性与探究性研究的实践教学方向发展，这样有利于学生综合能力和创新能力的培养。

（2）由于当今生态环境问题发生的区域性和全球性，生态学实验在原有实验室实验的基础上，必须让学生走向田间地头，走向大自然，走向野外生态观测网络台站，以便让学生真正学到解决区域生态环境现实问题的知识与技能。

（3）必须将现代先进科学技术手段引到生态学实验与野外实践教学中来，如色谱技术、分子生物学技术、核磁共振技术、同位素示踪技术、3S 技术、计算机信息技术、多媒体技术、物联网技术、野外定位观测技术、模型模拟技术、大数据分析技术等[2]，这对培养掌握现代高科技的生态学人才是十分必要的。

参考文献

［1］方精云．全球生态学——气候变化与生态响应［M］．北京：高等教育出版社，施普林格出版社，2000：1－157.

［2］章家恩．生态学常用实验研究方法与技术［M］．北京：化学工业出版社，2007：1－318.

第五章 生态学专业“五位一体”建设模式的实践探索

近几十年来，人类超常规的社会经济发展，特别是城市化和工业化活动，导致了全球性的资源环境问题，如全球气候变暖、环境污染、生态退化、资源枯竭、生物多样性丧失等。人地矛盾日趋尖锐，人地关系失调，人类自身的可持续发展因此面临着严峻的挑战。在这种形势下，生态学作为解决当今生态环境问题和协调人地关系的学科，肩负着重要的历史使命，其作用和地位日益受到全社会的广泛关注[1-2]。作为生态环境保护和生态环境建设的主力军，生态学专业人才的作用逐渐凸显出来，华南农业大学的生态学专业也正是在这种背景下于 2003 年开办并进行了第一届招生。在近 10 年的专业建设与发展过程中，经历了或面临着专业建设、师资队伍建设、课程建设、教学发展与改革、人才培养质量与就业等诸多方面的问题。针对这些问题，本系教师经过多年的研究探索与实践，取得了一定的建设成效与经验。

一、华南农业大学生态学专业发展过程中存在的问题

华南农业大学生态学专业是在全国高校扩招、专业改造以及社会经济快速发展的迫切需求的大背景下应运而生的。从 2003 年开始，迄今（截至 2011 年）已招收了 9 届学生，其中 2003 年招收了 1 个班，2004 年招收了 3 个班，随后每年基本上招收 2 个班。从招生情况来看，录取分数和生源质量都较高（其中 2003 年全校招收的高考最高分的学生就在本专业，且每年所招收学生的平均分都较高），招生规模也较为稳定，总体上本专业还是比较受学生欢迎的。尽管如此，在本专业建设过程中，也面临着许多困难和问题。

（一）就业问题

从华南农业大学的 6 届生态学专业毕业生的就业状况来看，由于社会上缺少完全对口的政府部门、生产部门和服务部门等不利条件，导致社会需求量受限，就业形势不容乐观。在近几年的毕业生中，除了一部分继续攻读研究生或出国留学外，其他毕业生的就业渠道五花八门，有的到行政管理部门、销售公司、生产单位、学校、科研院所、农业基层等供职，有的自主创业等，专业对口率不高，在一定程度上出现了“招生易就业难”“好进难出”的局面，这给本专业的建设和发展带来了较大挑战。近年来，不甚景气的就业状况也逐渐对本专业的招生显现出一定的负面影响。

（二）人才培养方案的优化改造问题

本专业从 2003 年首次制订人才培养方案以来，先后于 2005 年、2007 年、2009 年进行了 3 次修订。但总体来看，在人才培养方向选择、课程体系设置、专业特色定位等方面仍是“摸着石头过河”，尚未形成统一的认识。例如，生态学专业在定位上存在应用型和基础型的方向选择问题；在课程体系设置上存在优化配置与有机衔接及系统性的问题；在专业特色上是保持大生态特色，还是保持农业生态特色，抑或是突出生态旅游与生态规划、生态工程与技术等特色，在这一方面尚未达成共识，目前仍在探索之中。

（三）师资队伍与团队建设问题

新专业的开办需要一定规模的师资队伍。2003 年本专业招生时，所依托的华南农业大学生态学系只有 10 名教师，师资力量较为薄弱。近年来陆续引进了大约 9 名中青年教师。同时，由于本专业教师承担的国家级、省部级科研项目以及横向合作科研项目多，科研任务重，加之面临“三新”现象（即新专业、新课程、新教师），使得教师教学压力加大，科研与教学之间的矛盾凸显。一些年青教师多是刚出校门即上讲台，有点“赶鸭子上架”，教学经验不足；一些骨干教师也因科研任务繁重而有点心有余而力不足，因而在一定程度上影响了教学的效果与质量。

（四）课程建设问题

由于生态学涵盖的领域及方向较为宽泛，涉及的课程繁多，而且许多都是生态学的新领域与新课程，在本专业开办的前几年，面临着相应的教材缺乏、课程教学大纲不完善、教学资源缺乏、部分课程之间的教学内容交叉重复、教师对课程教学规范与讲授知识的深浅度把握不够、教师备课任务重等诸多问题。近年来，这些状况均得到了明显的改善。

（五）实践教学问题

生态学属于理科，通常侧重于课堂理论教学，而实践教学偏少，使得生态学显得较“软”，在某种程度上有点类似于“软科学”或科普类专业，因此，加强实践教学课程改革，认真处理好生态学教学的“浅与深”“软与硬”之间的关系显得尤为重要。同时，本专业在发展过程中还存在教学平台缺乏和建设滞后的问题，特别是在本专业开办的前几年，缺乏生态学专业独立的教学实验室、实践教学基地、科研训练基地、毕业实习基地与接收单位等，因而在一定程度上影响了教学工作，特别是实践教学工作的顺利开展。

二、华南农业大学生态学专业“五位一体”建设的改革与实践

针对上述存在的问题，在近些年的专业建设与改造过程中，逐渐形成了“五位一体”的专业建设模式，即“生态学专业人才培养方案制订、调整与优化（顶层设计）—师资团队建设—精品课程与教材建设（含精品教材与教学资源库建设）—教学硬件平台建设（含实验室与实习教学基地建设）—教学软件平台建设（含教学方法、模式与教学管理规范建设）”全方位一体化的建设思路与模式（如图 1－10 所示）。同时，围绕“五位一体”建设模式，进行了相应的研究探索与实践，目的是建立一个“有利于学生成才、有利于学生就业、有利于学生未来发展”的人才培养体系，并打造生态学特色专业品牌。

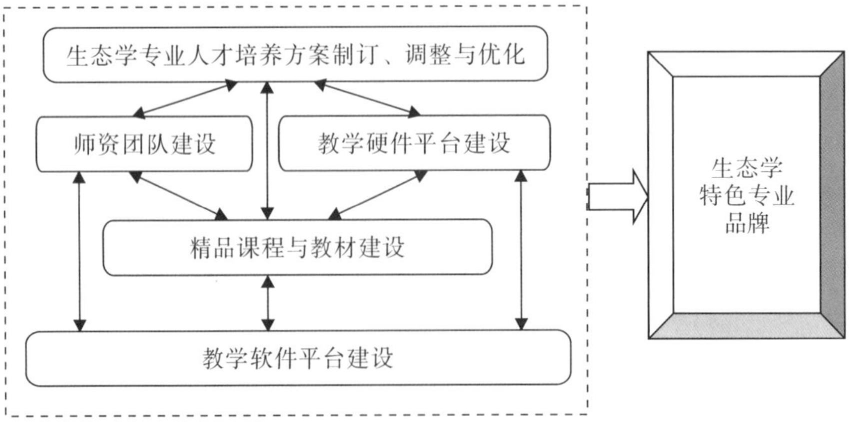

图 1－10　生态学专业“五位一体”建设模式

（一）生态学专业人才培养方案制订、调整与优化

2003 年首次制订了生态学专业人才培养方案，随后经过了 3 次修订。与 2003 年的人才培养方案相比，近年来的人才培养方案逐步从原来的“大一统、大而全”的课程体系设计向兼顾基础性、方向性、实践性的“特而精”课程体系设计转变。近年来，修订后的人才培养方案的基本结构为“平台 + 模块”，具体由三级课程体系组成，即“公共基础课一级平台 + 专业基础课与专业课二级平台 + 专业方向模块选修课三级平台（即方向模块）”。公共基础课主要包括数学、物理、化学、英语、计算机、政治、军事、体育等；专业基础课与专业课主要包括气象学、土壤肥料学、生物化学、植物学、微生物学、植物生理学、植物保护学、植物栽培学、普通生态学、农业生态学、环境学、西方经济学、生态学实验研究方法与技术、3S 技术及其应用、试验统计学等；专业方向模块选修课主要包括生态旅游与生态规划和环境评价与环境工程两大模块，学生可以根据自己的意愿选择自己喜欢的模块及相关的方向性选修课，每个模块均含有 6 门左右的方向性选修课（即“课程套餐”）。经过建设，本专业已逐步形成了一些特色，近年来先后被遴选为广东省特色专业、华南农业大学重点专业、华南农业大学综合改革试点专业等质量工程项目加以建设。

（二）师资团队建设

师资团队建设是本科人才培养的基本支撑[3]，没有一流的教师队伍和优秀的教学团队，就不可能有高水平的教学质量。近年来，本专业采取了一系列措施加大了对师资的培养力度，主要措施包括：

（1）建立课程小组，每个课程小组由 2 ~ 3 名教师组成，负责某一类课程的教学，课程小组之间开展集中备课、相互听课、经验交流与教学研讨等活动。这种做法的好处是，可将一门核心课程分配给课程小组内的几位教师共同讲授，每位教师负责各自最拿手的，通常以他们各自的科研成果为素材来准备教学内容，以保证整个课程呈现给学生的都是最精华和最精彩的教学内容；同时也可解决因某些教师外出进修或休假等而造成课程教学的中断或无法开设的问题。

（2）实行青年教师导师制培养。充分发挥骨干教师（教授）的“传、帮、带”作用，即让每位教授负责指导 2 ~ 3 名 35 岁以下以及副教授职称以下的青年教师，在教学内容安排、课件制作、教学方法、讲课技巧、课题申报、科学研究、论文写作等方面给予全面指导。

（3）采取“走出去、引进来”的措施培养师资。一方面，积极创造条件，为本专业教师提供到国内外参加学术交流、短期进修和合作研究的机会；另一方面，定期或不定期地邀请国内外专家来进行学术交流，让师生及时了解国内外本学科的发展动态和热点，不断拓宽教师的学术视野。近年来，本专业利用国家级教学团队建设项目、国家级精品课程建设项目、“211 工程”学科建设项目等经费资助教师参加国内外学术会议和出国学习。迄今为止，本专业的每位教师平均每年参加 2 ~ 3 次学术会议，有 50% 以上的教师已出国进修或进行过合作研究。

（4）设置人才专项研究课题扶持青年教师快速成长。为解决青年教师申报课题难的问题，近年来本专业通过农业部重点开放实验室和广东省高校重点实验室等的建设经费，专门为青年教师设立了近 50 项的开放基金课题和生态学联合探索课题（即要求本专业教师与外单位科研人员合作研究的课题），其目的是让他们能够尽快启动科学研究，并快速提升他们的科研能力。在这些课题的前期支持下，大部分青年教师近年来都顺利获得了国家自然科学基金和省部级科研课题等项目的资助。经过多年的努力和发展，本专业在师资队伍建设方面取得了一定的成效。2007 年，本专业师资团队被教育部遴选为“农科生态学系列课程”国家级教学团队，现拥有国家级教学名师 1 名、省级教学名师 1 名。

（三）精品课程与教材建设

精品课程和教材是高校教学建设的中心工作之一，也是保证人才培养目标实现的重要举措，其水平直接影响着高校的教学水平和人才培养质量[4]。针对当前生态学专业课程建设和教材建设薄弱的现况，本专业制订了精品课程与教材建设发展规划，即以核心主干课程为重点，以课程小组为支撑，按照精品课程建设的要求，筹划建设 10 余门精品课程（包括配套精品教材、课件、课程网站、其他教学资源库等）。同时，根据已制订的生态学专业人才培养方案中课程体系建设的需求，组织教师编写具有本校和本区域特色的教材。通过近些年来的努力，本专业现已拥有农业生态学国家精品课程、农业生态学国家级双语教学示范课程和省级精品课程，以及普通生态学、生态规划校级精品课程，农业生态学校级视频课程等质量工程项目。其他近 10 门课程也正朝着精品课程的要求与目标加以建设。在精品教材建设方面，近年来本专业已编写出版了十多本教材，其中“生态农业与农业生态丛书”（共 8 本）被列入“十一五”国家重点图书，《农业生态学》《普通生态学》《农业生态学实验与实习》被列为普通高等教育“十一五”国家级规划教材、面向 21 世纪教材、全国高等农林院校“十一五”规划教材。这些教材已被国内的相关高校采用，并取得了良好的社会反响。除此之外，目前还正在组织编写 3 ~5 本生态学专业实践教学方面的教材（或参考书），如《普通生态学实验指导》《生态学野外综合实习指导》和《生态规划的方法与案例》等。

（四）教学硬件平台建设

人才培养质量的提高，教育教学模式的转变，教育教学时空的拓展，质量工程建成的优质资源的效益发挥，都有赖于优质、开放、共享的教学平台[5]。在本专业开办之初，缺乏独立的生态学本科教学实验室、野外教学实习基地等硬件条件。为了改变这种状况，近年来，配合学院的实验教学中心建设，本专业建成了约 200 平方米的生态学教学实验室，以及可用于本科生毕业论文研究约 800 平方米的专业性功能实验室，包括土壤生态学实验室、环境生态学实验室、农业生态学实验室、化学生态学实验室、分子生态学实验室、3S 技术实验室以及样品处理室、计算机室、精密仪器室、光照培养室等，上述实验室均向本科生开放。同时，建成了 3 个稳定的由近及远的实习教学基地，即校内生态学农场（10 多亩，含实验田、温室、网室等）、增城生态学实习教学基地与生态定位观测站（约 80 亩）、江门市新会银湖湾教学科研基地（约 150 亩）。除此之外，本专业还在佛山高明区、阳东、江门、清远、韶关、从化等地建立了一系列服务于本专业野外实习教学或毕业实习的辅助配套基地，形成了一系列动态的实习网络体系。在网络教学平台建设方面，除已建成的一些精品课程网站外，还初步建立了华南农业大学生态学科网站，该网站涵盖了本专业所依托的学科建设、师资队伍建设、实验室与教学科研基地、仪器设备、本科专业、研究生专业、网络教学、科研团队与研究方向等方面的内容和信息，可供本专业本科生在学习中使用和参考。

为了使生态学专业教学实现从“软”到“硬”、从“虚”到“实”的根本性改变，近些年来，华南农业大学生态学专业在实践教学方面也进行了大胆探索与创新[6]，具体做法包括以下五个方面：

（1）将原来分散在一些专业课程中的实验课集中整合为一门单列的综合实验课程，即“生态学实验研究方法与技术”课程。

（2）将原来分散的课程实习内容集中整合为一门单列的综合实习课程，即“生态学野外综合实习”课程。

（3）在原来单纯的课堂理论教学课程体系中增设了一系列的综合案例实践课程或生态设计课程，如近年来先后开设了“生态学综合案例研究与实践”“生态规划案例调查与实践”“生态工程案例调查与实践”“环境监测”“生态设计与制图”“生态工程技术与其应用”“地图学与 3S 技术应用”“生态环境评价技术”等实践课程。

(4) 从原来被动、应付式的毕业论文工作发展到参与式、探究型的实践研究教学。启动了本科生导师制全程培养计划，即从大学一年级的第二学期开始，让本科生选择导师，让本科生结合导师的科研项目、省级或校级大学生科技创新课题、大学生挑战杯等活动，与研究生组成科研团队尽早地参与科研工作，使大学生更早地获得导师的“学术关怀”，稳定专业思想，尽快地提升大学生的综合素质与科研能力。

(5) 使课堂教学逐步走出“象牙塔”，转向课外、走向田间，逐步改变原来的“在黑板上种田、在电脑上种田”的局面。具体做法是，在华南农业大学校内的生态学农场中划分一定面积的田块，本专业从大学三年级开始，结合“普通生态学”或“农业生态学”的理论教学，实施“本科生自助式体验式生态种田计划”（即现实版的“开心农场”计划），每个学生平均分配到8～10平方米的田地，3～5人一组，开展种田实践，历时2个学期。教师要求学生根据自己所学的农业生态学知识，自行制订种植计划、自行开展作物种植、自行实施田间管理、自行开展实验观测、自行进行作物收获、自行进行产品产后处理（含销售），最终提交生态种田实践报告。随后组织学生统一汇报，并根据学生的实践过程表现和报告质量来综合评定成绩与给定学分。通过这些种田实践活动使学生切身了解和体验农业生产的全过程，学到生产技术与科研技能，并牢固领会和掌握课堂中所学的理论知识。

（五）教学软件平台建设

教学方法与教学规范是保证教学质量的关键要素。本专业较为重视教学方法方面的研究与改革，积极鼓励教师申报教学研究与改革项目。近年来，本教学团队共完成和承担了20多项国家级、省部级和校级教学研究课题与质量工程建设项目，共发表了20多篇教学改革研究论文，取得了一系列的教学研究与改革成果。在教学新方法与新模式方面，主要开展了参与式、互动式、探究式的课堂教学与实践教学等的探索，具体内容包括：①转变“教与学”角色，变“填鸭式教学”为“参与式教学”。大力探索和推行课堂启发式和参与式的教学模式，通过讲授、提问、讨论、辩论、座谈、观看录像、布置作业等活动，让学生系统、深入地理解生态学的基本知识与理论。②从“象牙塔走向田间地头”，实施“两段式教学”改革，即在课程设计上将专业主干核心课程分解为两部分：理论教学部分和实践教学部分，相应的教学内容分别在教室和田间地头进行。③以培养学生的创新能力为导向，通过多种形式，激励大学生进行课外科技创新，创建“研究型与创新型学习”模式。

在教学规范与制度建设方面，近年来，本专业根据本科教学质量评估的要求，结合学校和学院的教学规范与制度建设工作的总体部署，重点在教学计划与课程开设规范、课程标准化建设规范、课堂教学规范、学生考勤与奖惩规范、试卷出题规范、课程考核和成绩管理规范、实验与实习规范、毕业论文与毕业实习规范、集中备课制度、教师调停课制度、教师互听互评教制度、学生评教制度、教学工作考核与奖惩制度等方面开展了一系列改革与探索研究，以及相关规范与制度的建立、完善与落实等工作。这将是一个长期的、不断探索与创新的系统工程，也是今后教学工作的重点任务之一。

三、结语

华南农业大学生态学专业建设与发展的时间不长，但经过近10年的努力，已取得了一定的成效。目前已拥有以国家级（和省级）教学名师、国家级教学团队、国家级精品课程（含国家级双语教学示范课程）、国家级精品教材、广东省精品课程、广东省特色专业等为主体的本科教学质量工程建设项目，具有良好的发展基础。然而，与创建一流的教学团队、一流的精品课程、一流的精品教材、一流的教学平台、一流的教学与管理方法，进而形成一流的特色专业，培养一流的生态学人才等长远发展目标相比，还有一定的距离。因此，今后本专业将按照“五位一体”建设思路与模式，继续在人才培养方案优化改造、教学团队建设、精品课程群建设、特色专业与重点专业建设等方面加大研究，以便更好更快地推动生态学专业的建设与发展。

本科专业建设是一个系统工程，需要从专业定位入手，涉及师资队伍、教学资源、培养过程、学生发展和质量保障等方方面面，需要全方位进行，需要长期不断的探索实践和积累（可参考本书附录1中的相关专业评估指标）。

参考文献

[1] MACKENZIE A, BALL A S, VIRDEE S R. Instant notes in ecology [M]. UK: Bios Scientific Publishers Limited, 1998: 1 -2.

[2] 章家恩，骆世明，秦钟，等. 我国高校生态学专业建设与人才培养方向探讨 [J]. 应用生态学报，2009 (7): 1630 -1634.

[3] 李运庆. 高校教学团队建设的主要方法与途径 [J]. 当代教育理论与实践，2012，4 (7): 66 -68.

[4] 付婷，李化树. 论大学精品课程建设 [J]. 西南科技大学高教研究，2010，26 (2): 25 -26.

[5] 江珩，李寅甲，谢书山. 构建优质、开放、共享教学平台的探索与实践 [J]. 中国农业教育，2011 (3): 15 -17.

[6] 秦钟，章家恩，赵本良，等. 生态学野外实践教学体系的设计与实施探讨 [J]. 广东农业科学，2011 (7): 197 -200.

第二编
生态学本科专业人才培养标准及课程体系设置

第一章
美国高校生态学专业发展概况及主要课程设置

生态学是研究生物体与其周围环境（包括非生物环境和生物环境）相互关系的科学，尤其关注生态系统在人类活动干预下的各种运行机制及变化规律，其产生与发展过程也是人类逐步提高与自然协调发展的过程。近年来，在全球环境变化、生态安全形势严峻和公众对生活质量和生态环境的要求日益提高的背景下，生态学已成为研究和探索维持社会经济可持续发展的资源环境支撑条件及可持续生物圈的核心学科，生态学学科的发展和生态学本科专业的人才培养也因此受到广泛关注。

美国是世界上公认的生态学研究最发达的国家，拥有世界上规模最大的生态学会（Ecological Society of America，简称 ESA），旗下期刊有《生态圈》（*Ecosphere*）、《生态学》（*Ecology*）、《生态学专论》（*Ecological Monographs*）、《生态学应用》（*Ecological Applications*）、《生态学与环境前沿》（*Frontiers in Ecology and the Environment*）、《美国生态学会通报》（*Bulletin of the Ecological Society of America*）等。统计显示，美国有 72 所大学设有生态学专业课程[1]，遍布东、西、南、北和中部地区共 34 个州，其中以东部开设生态学专业的高校最多，达 44 所，西部有 16 所，北部地区最少，仅明尼苏达大学双城分校和威斯康星大学麦迪逊分校 2 所。从学校性质来看，开设生态学专业的高校有 49 所属于公立学校，其余为私立学校。最具影响力的《美国新闻和世界报道》在 2015 年 8 月发布的世界大学生态学专业排名显示，美国有 41 所高校的生态学专业居前 100 位[2]。加州大学伯克利分校、哈佛大学、斯坦福大学、加州大学戴维斯分校和杜克大学依次居于前 5 位。进入生态学专业排名前 100 位的美国高校占开设该专业高校的比例高达 56.9%。

美国大学生态学专业的蓬勃发展与其相应的课程建设密不可分。本章将对美国高校生态学专业的发展概况及课程设置作一介绍，旨在研究和借鉴世界一流大学的生态学专业建设经验的基础上，提高我国生态学本科专业人才培养质量。

一、大量开设多学科交叉课程，整合多方优势资源

20 世纪 50 年代以来，人类的经济和科学技术获得了史无前例的飞速发展，既给人类带来了进步和幸福，也带来了环境、人口、资源和全球变化等关系到人类自身生存的重大问题。在解决这些重大问题的过程中，生态学与其他学科相互渗透、相互促进，并获得了巨大的发展。生态学不仅与生理学、遗传学、行为学、进化学等生物学各个分支领域相结合形成了一系列新的领域，并且与数学、地学、化学、物理等自然科学相交叉，产生了许多边缘或交叉学科，甚至超越自然科学界限，与经济学、社会学、城市科学相结合。生态学成了自然科学和社会科学相接的“真正桥梁学科”之一。

为了适应社会经济发展的客观要求，国内外高校纷纷尝试改变人才培养模式，在本科阶段就开设跨学科交叉专业。美国高校开设的多学科交叉复合课程名目繁多，给学生提供了多样化的选择空间。如加州大学戴维斯分校生态学专业，所开设的与生态学相关的交叉课程就有 4 门，即生态学模

拟模型、植物生态学、热带地区生态学、动植物相互作用的生态学和进化学。正是这种跨学科的课程设置，打破了学科之间的专业界限，拓展了课程的研究领域，也有利于整合、优化教育资源，学科群体优势得到凸显，学生也因此获益匪浅。

以佐治亚大学为例，该大学成立于1785年，历史悠久，是美国第一所四年制公立大学。在大学部的课程方面，提供了173个不同领域中的19种学士学位，而在研究所的课程方面，提供了130个不同领域中的25种学士学位，以及丰富多样的课程内容。佐治亚大学拥有独立的奥德姆生态学院，该学院成立于2007年，是在佐治亚大学生态学研究所的基础上组建的，也是世界上第一个独立的大学生态学院，拥有生态系统生态学、流域生态学、进化生态学、传染病学、可持续发展五大核心研究领域，并已形成了多样化的研究方向，包括热带群落生态学、人类行为生态学、民族植物学、生物技术对自然种群的影响、基因资源保护、根际生态学、营养物质循环、湿地生态学、水生生态学、溪流生态学、进化生态学、鱼类生态学、政府土地利用政策等。奥德姆生态学院也为学生提供了名目繁多、极具前沿性的专业课程资源，其中本科阶段开设的课程大体可分为导论/概论性质的基础课程、专业高级课程、研究方法与技术课程、专题/讨论课程以及荣誉课程，前两者也可按内容划分为进化生态学、植物和农业生态学等，海洋/淡水生态学及鱼类，动物生态学（如表2－1所示）。其中生态学基础、统计与计算概述、昆虫自然史等被视为专业入门级或基础课程，设置的目的主要是激发和培育学生的兴趣，而研究方法、技术及实习等课程则重在培养学生宽广的视野、扎实的专业知识、娴熟的操作技能和解决实际问题的综合能力；从课程的知识跨度来看，这些课程具有鲜明的多学科交叉性质，为培养多元化的复合型生态学专业人才提供了良好的条件，充分反映出奥德姆生态学院的精细化、多元化课程设置的风格，也集中展现了授课教师多样化的研究兴趣和研究领域。由于不同研究方向对课程选修要求的不同，奥德姆生态学院充分满足学生根据自己的兴趣选择课程的需求，并为优秀的、已达到荣誉培养计划要求的学生开设了6门左右的课程，为有意愿继续深造的学生提供了良好的平台。

奥德姆生态学院的本科生数量不多，每年约80人，保证了学生和教师之间的充分交流和互动。该学院为学生提供了多学科交叉的学习环境，通过学习，学生可在生物学基础、化学、数学、物理和数据分析方法等方面打下坚实的基础。学生利用这些技能及在其他专业课程，如地理学、人类学、自然发展史和环境法等所掌握的理论知识，可对生物多样性及其模式有更广泛的了解。该学院鼓励学生在他们的大学生涯的早期涉足独立的研究项目，参与海外学习和Maymester方案。学生有机会赴哥斯达黎加、新西兰和南极洲等地进行热带生态、农业生态等相关的实地调查和研究。跨学科的协作课程教学、科研和服务是奥德姆生态学院的鲜明特色，该学院整合了佐治亚大学其他学院的多个学科，包括法律、遗传学、人类学、海洋生物学和医学等优势力量，并联合公共服务机构如范宁学院和卡尔·文森政府研究所实施合作教学，使教育资源得到了有效整合。

表 2-1　佐治亚大学奥德姆生态学院开设的生态学专业课程一览

进化生态学、植物和农业生态学等	海洋/淡水生态学及鱼类	动物生态学	生态学研究方法、技术及实习	荣誉课程	专题/讨论课程
• 生态学基础 • 种群与群落生态学 • 生态系统生态学 • 生理生态学 • 遗传学 • 进化生物学 • 进化生态学 • 真菌学 • 植物分类学 • 土壤和水文学/土壤和水文学实验 • 热带野外生态学 • 文化生态学 • 环境考古 • 民族植物学 • 热带美洲农业生态学 • 有机农业：生态农业和可持续发展的伦理 • 有机农业：有机农业的生产实践 • 初级生物化学与分子生物学 • 土壤肥力和植物营养学 • 土壤微生物 • 北美生态学 • 植物—动物的相互作用 • 比较生物多样性和土地保护政策：哥斯达黎加和美国 • 自然资源法 • 气候学 • 环境遥感 • 地理信息科学 • 生态保护和资源管理 • 古生态学 • 微生物生态学 • 全球生物地球化学循环 • 水文—地质和佐治亚的土壤	• 鱼类环境生物学/鱼类环境生物学实验 • 鱼类生态学 • 保护水产养殖 • 海洋生物学 • 海洋的物理过程 • 海洋渔业生物学 • 鱼类学 • 原生生物学 • 海洋生态学研究方法 • 淡水生态系统 • 热带海洋无脊椎动物 • 海洋哺乳动物生物学与生态保护 • 淡水生态系统	• 动物行为学/动物行为学实验 • 哺乳动物学/哺乳动物学实验 • 野外动物行为学 • 无脊椎动物生物学和生态学 • 普通昆虫学 • 脊椎动物自然史 • 传染病的群体生物学 • 保护医学 • 保护生物学 • 鸟类学 • 爬虫学 • 行为生态学 • 昆虫自然史	• 初级统计 • 统计与计算概述 • 初级生物统计学 • 微积分Ⅱ科学与工程 • 统计学方法 • 应用实验设计 • 抽样和调查方法 • 非参数方法 • 统计学 • 生物数学 • 生态学研究方法 • 生态学实习 • 野外研究方法概述 • 资源空间分析学/资源空间分析学实验 • 自然历史博物馆实习 • 生态学实验	• 生态学 • 研究 • 世界生态系统 • 定向阅读 • 高级论文写作 • 环境法事务	• 本科生态学研讨会 • 高级研讨会 • 生态学专题

二、专业口径宽泛，注重课程梯度

美国高校本科专业课程设置具有鲜明的层次性。典型的如芝加哥大学，学校以实现通识教育为目标，采取核心课程与专业课程分离的政策。对于刚进入大学的新生，在大学一、二年级必须修完校方所指定的所有核心课程学分。在2012—2013年，芝加哥大学的每门核心课程的课堂仅限17名学生参加，由一名全职教授（而非助教）授课。譬如在2009—2010年，学校要求本科生修满15门核心课程，熟练掌握一门外语，通过游泳测试，以及选修最多三门体育课（根据入学情况而定）。在修完指定的核心课程学分后，学生在大学三、四年级则可以依自己的兴趣与期望，专攻校方所提供的五大系50个主修专业和28个辅修专业，而学生在日后所获得的校方文凭认定，就是根据他们在大学后两年所专攻的专业领域进行划分的。

就美国高校的生态学专业而言，大多有独立的系科建制，生态学学科的研究范围广泛，涵盖了动植物学、物候学、生物地理、水生生物学等学科门类。在许多高校，生态学课程隶属于生物学院或生物学系的生物学专业，在课程设置上依照循序渐进的原则，注重课程梯度，同时重视低层次的入门级专业课程。学生在完成规定的低层次课程，储备了足够的学科基础知识后，才能进入高层次课程的学习。相对成熟稳定、规范系统而又灵活开放的课程体系，对人才培养的有序进行起着重要的促进作用。

加州大学戴维斯分校的进化生物学与生态学专业居美国前10位，学校拥有众多著名的教授、学者以及良好的科研环境，生态学、动物行为学、植物学、种群生物学是传统的优势领域，现已形成了9个重点研究方向，即农业生态学、保护生物学、生态系统和景观生态学、生态毒理学、环境政策分析、人类生态学、复合生态学、生理生态学、种群生态学[3]。加州大学戴维斯分校进化生物学与生态学专业课程设置较为宽泛，目的在于让学生对生物学有广博、全面的了解。所设置的课程涉及基因和基因组进化，物种多样性到生物群落的结构、功能和地理分布等组织层次。人才培养方案中涵盖有生物科学、数学和自然科学的课程，然后是进化、生态和生物多样性方面的基础课程以及各种专业课程概论，这些课程更加注重对学生解决实际问题和独立思考能力的培养（如表2-2所示）。和其他专业一样，戴维斯分校设有荣誉学院（Honors College），荣誉学院是美国高校“拔尖创新人才”培养模式，也是本科生的“实验班”。所以荣誉学院所开设的课程就称为荣誉课程（Honors Program）。戴维斯分校生态学专业针对已获荣誉计划培养资格的学生设有荣誉课程，学生毕业后不仅可以获得所学专业的学士学位，而且还可以获得荣誉学位（Honors Degree）（如表2-3所示）。

表2-2 加州大学戴维斯分校进化生物学与生态学本科专业的培养要求

课程性质	课程设置	学分	备注
基础课程	生物科学	15	共计50~54学分
	化学	15	
	数学	8~12	
	物理	12	
深度学习课程	生物科学	10~13	高年级的学生还需增加额外的课程及49学分，其中至少有2学分（每周6小时）的野外实践或实验室课程。至少需要选修以下两类课程中的一类：①生物多样性类课程：昆虫学、进化与生态学、微生物学、线虫科学、植物生理学、植物科学、野生动物学、鱼类和保护生物学；②高级进化生物与生态学类课程
	进化生物学与生态学	8	
	统计学	4~8	

（续上表）

课程性质	课程设置	学分	备注
辅修课程	进化生物学与生态学	8	共计 17 ~ 22 学分
	生物多样性类课程的 1 门课程	3 ~ 5	
	高级进化生物与生态学类课程的 2 门课程	6 ~ 9	
选修课程	解剖学、生理学和细胞生物学、人类学、环境科学与政策、地质学、微生物学、分子和细胞生物学、神经生物学、微生物学、免疫学等近 20 门课程		

表 2 – 3　加州大学戴维斯分校进化生物学与生态学本科专业的课程设置

本科专业课程	备注
生物多样性；生态学原理；海洋中的生命；进化生态学概论；生态学引论；群体和定量遗传学；系统发育和宏观进化；群落生态学；脊椎动物结构的系统发育；生物组织的设计；动物交流研究；系统分类和被子植物进化；海洋环境专题；无脊椎动物生物学；无脊椎动物生物学实验；无脊椎动物实验室生物学；海洋生态学；植物生态学；杂草种群生物学；全球变化生态学；人类遗传变异与进化；爬虫学；野外爬虫学；热带生态学；古植物学；系统学原理；生物地理学；生态系统演化；动物发育与进化；微生物系统基因组学—基于基因组学的微生物多样性和分化；计算遗传学；进化生物学和生态学野外实验；动植物相互作用的进化生态学；生物学研究概论	
实习课（1）：针对低年级 实习课（2）：需已完成 84 学分并经督导同意	通过参加进化生物学与生态学各课程的校内外工作来完成；实习课程由系工作人员安排和监督
本科生研讨会	针对高年级
定向学习组会	由研究生和保护生物学的其他成员组织的学术活动，就当前保护生物学研究领域的新进展进行讨论。每个星期都会有不同研究领域的专家汇报不同的主题
荣誉课程	已完成 135 学分并已获荣誉计划培养资格
优秀本科生的特别课程	已完成 84 学分并为后续课程学习打下了基础
辅导课程	协助督导辅导生物实验室的学生或在导师的指导下完成教学

三、实行主辅修制，注重综合能力培养

美国高校在生态学专业课程的设置上，倡导实行主辅修制，允许学生既攻读主修专业，又学习辅修专业。辅修专业可以根据自己的时间以及学校的课程设置来安排上课时间。教学中注重学生的学术能力培养，通过小班授课、研讨式教学，培养学生的批判性思维。同时利用多种类型的实验室、实践基地等强化实践教学，提高学生的实践和研究能力，形成了“生物学基础宽厚扎实，实践能力突出”的人才培养特色。

芝加哥大学是一所典型的综合性研究型大学，设有大学学院部、研究生院、专业研究学院、大学进修部和研究所等。其中大学学院部是小型的私立寄宿学校，用于培养本科生，学制 4 年，授文学士和理学士学位。该部由 5 个学院组成，即生物科学学院、人文科学学院、自然科学学院、社会科学学院和新大学学院。自 1892 年创建以来，芝加哥大学依靠“适应社会、变革传统、不断创新”的管理理念，无论是在选修制、学科设置、教育教学内容与方法上，还是在专业教育、研究生教育、科学研究等方面，都取得了巨大成就，在激烈竞争中始终保持着优势。

作为美国最著名的大学之一，芝加哥大学生态学方面的研究对美国乃至全世界都有着较大影响。该校的生态学和进化科学系隶属于生物科学学院，多年来一直位居美国生态学研究的榜首。该系在生态学方面的研究范围相当广泛，研究层次也非常多样，从基因水平到全球生态系统，各个层次都有涉及。研究方向主要包括群体遗传学、分子进化、定量遗传学、动物行为、植物与动物生态学、进化理论等，既涵盖了生态学的基础理论，同时也兼顾应用层面。该系实验室配备了各种现代化的研究仪器和设备，在研究中强调实证研究方法，注重运用大量数据和模型来拓展理论性研究，使学生能学到许多重要的基础研究理论和开展生态学科研所需的实用技术。

该校的生态学和进化科学系注重科学的广度和各种专业领域之间的相互联系，鼓励学生应用生物物理、生物化学、数学、生理学和有机体生物学方面的知识探索基础生物学问题。学生参与有机体生物学和解剖学、生物化学与分子生物学、分子遗传学和细胞生物学、统计学、地球物理科学、人类学和化学等方面的课程项目，可用于获取生态学和进化科学系课程的学分。生态学和进化科学系学生也可跨系参与课程项目，例如参与遗传学、细胞生物学、发育生物学、种群生物学、理论生物学和进化生物学等的学习，所完成的毕业论文可由不同系别的教师进行指导。该系也与芝加哥自然博物馆和谢德水族馆保持着密切联系，便于对系统学、分类学和进化生物学研究感兴趣的学生开展实践活动。伍兹霍尔海洋生物实验室（Woods Hole Marine Biological Laboratory）以及沃伦·伍兹生态场站（The Warren Woods Ecological Field Station）也可为学生学习和研究提供场所，充分体现了学校重视能力和素质培养的教育理念。

此外，美国高校生态学专业教学是同交流、讨论联系在一起的，研讨课程在课程中占较大比重，已成为本科课程体系中必不可少的重要组成部分。研讨课程的授课对象往往由不同的年级或不同专业的学生组成，在一门研讨课上，学生间、师生间密切协商与交流，打破了学科之间的界限，有益于培养学生的创新性思维。管理人员也会将具有不同研究背景的教师和学者组合起来，指导学生在跨学科的氛围中对预设于学术研究中的一些基本问题进行广泛深入的了解，为学生开展某一特定问题的研究奠定坚实的基础。由于生态学课程的学习主要是服务于将来的科学研究工作，因此美国高校生态学课程也很强调野外和实验室实践，学生对于教授承担的科研课题的参与度也很高。

参考文献

［1］陈书涛，胡正华．中美高校生态学课程教学模式比较研究［J］．科技信息，2012（8）：4－5.

［2］2015 世界大学生态学专业排名《美国新闻与世界报道》［EB/OL］．http：//www.51liucheng.com /Universityrankings/1f1743d.html.

［3］杨维新．美国生态学专业名校 Top10［J］．新东方英语，2010（6）：66－69.

第二章 生态学专业本科人才培养标准与规范建设探讨

随着高等教育的不断发展，我国教育体系尤其是本科教育已颇具规模，初见成效，但是与社会经济建设的人才需求以及建设人才资源强国的要求相比，还存在着较大差距。在推动教育改革的进程中，提升教学质量是教育发展的首要任务，是教育体制改革的核心目标。《中华人民共和国高等教育法》中明确要求，高等院校教育教学质量应达到国家规定的标准。《国家中长期教育改革发展规划纲要（2010—2020年）》把提高质量作为今后一个时期我国教育改革和发展的核心任务，要求树立以提高质量为核心的教育发展观，建立以提高教育质量为导向的管理制度和工作机制。纲要特别提出，要制定教育质量的国家标准，建立健全教育质量保障体系。教育质量与专业建设标准在改善教育质量的实践中发挥着导向、诊断、基准等作用，是连接教育质量理论与实践的桥梁和纽带。

然而，我国高校教育教学目前尚未形成相应的人才培养标准与规范，部分高校在专业人才培养方面存在一定的盲目性，这造成了高校在本科专业建设、提升教学水平过程中不能明确目标，缺乏合理规划和优化路径。因此，加强专业人才培养基本标准的制定具有十分重要的意义。近年来，教育部的部分教学指导委员会以及相关高校正在开展本科专业的国家标准、行业标准或学校标准的制定工作。

一、生态学专业人才培养规范化发展存在的问题

随着全球人口的高速增长和社会经济的快速发展，人口与资源矛盾日益加剧，生态环境问题日益突出，社会经济发展、生态环境和生态文明建设对生态学专业人才的需求也日益增多。十多年来，全国许多高校陆续开办了生态学专业。然而，由于生态学专业发展的起源、基础、特色、方向、条件以及学校所处的地域与学校层次的不同，其生态学专业在人才培养标准方面也千差万别，既无共性的人才培养规范，也缺乏应有的方向特色。许多高校在生态学专业人才培养体系建设方面仍处在摸索阶段。

当前，我国高校已开办的生态学专业在发展方面尚存在以下三个方面的突出问题：①生态学专业人才培养方案及课程体系建设与社会经济建设需求脱节；②生态学“软理论与方法”和“纸上谈兵式”的人才培养与生态环境建设需求的“硬”技术之间的不匹配；③社会经济建设对生态学人才的现实需求与人才培养实际供给之间的矛盾，由于社会上缺少与生态学专业相对口的行政管理部门和企事业单位，以及人们对该专业存在偏见或观念不到位等问题，常出现生态学专业毕业生供过于求的局面[1]。这些问题给高校的生态学专业人才培养标准制定与专业建设带来了较大的困难。

另外，生态学是一门时空尺度非常广泛、渗透性极强的学科。它的研究对象涵盖生物和环境及其之间的相互作用关系；研究尺度贯穿分子、个体、种群、群落、生态系统、区域乃至全球；研究领域可渗透到农业、林业、畜牧业、食品生产、工业、旅游业、社会、经济、文化、政治、日常生活等方方面面，生态学几乎无所不在。生态学学科本身的特性也给生态学专业人才培养体系与内容的设置以及人才培养标准与规范的制定带来了更大的挑战。

针对当前我国高校生态学专业人才培养基本标准尚未全面建立，课程体系设置较为盲目乃至随意，教学过程缺少规范，教学质量参差不齐等诸多问题，同时，应对生态学学科研究内容体系的庞

杂与快速发展，以及高校发展的层次、基础、起源、地域等的不同，制定出既具共性规范又兼顾个性化特色的生态学专业本科人才培养标准是十分必要的。

二、生态学专业本科人才培养标准编制的内容框架

人才培养标准与教学质量标准的制定要符合我国长远发展的规划，要符合我国行业发展的需求，要符合教育改革的目标，要符合现代人才培养的规律。同时，要根据生态学学科的基础与核心内容体系，以及社会经济发展的现实需求，兼顾各校生态学研究及发展特色，制定出"适宜于学生学习实践、适宜于学生创新发展、适宜于学生未来就业"的生态学专业本科人才培养标准，建立一套生态学专业本科人才培养方案编制的基本原则、程序与技术规范。

（一）本科专业人才培养标准编制的一般内容

编制专业人才培养标准，需要根据本专业领域的办学定位、办学特色、人才培养模式和主要教学环节的具体情况，制定完善的人才培养质量标准体系。人才培养标准和教学质量标准应包含对本科教学的主干课程、主修任务、拓展内容、实践形式进行规范；为教学的方式方法、课程设置、教研分配、培养模式提供方案；为学校的基础设施、实验条件、师资配备、教学资源明确标准；对学生的课时和学分数量及其分配比例、科研能力、学位论文质量提出要求；对高校的发展目标、行业特点、专业特色、提升空间给予充分体现。

一般来说，本科专业人才培养标准或规范大致所包含的内容如下图所示。

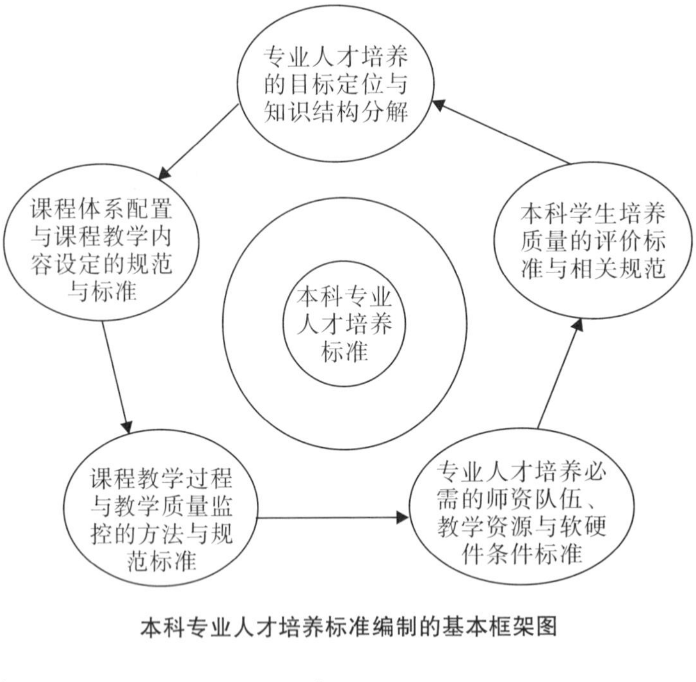

本科专业人才培养标准编制的基本框架图

1. 专业人才培养的目标定位与知识结构分解

该方面包括人才培养目标定位与专业特色确定的原则和方法、学生就业的目标定位与分类培养、培养规格、对学生基本技能和综合素质的要求与定位、学生必需的知识结构的分解与确定、专业知识结构与人才培养目标矩阵设定等。

2. 课程体系配置与课程教学内容设定的规范与标准

该方面包括课程体系（如专业基础课程、核心课程、特色选修课程、拓展课程、实践实训课程等）的优化配置，以及总课时、理论教学、实验教学与实习教学等课时优化分配、学分比例设定的

原则与方法、进度安排；课程教学内容设置（知识点、能力点等）的基本要求与规范、课程教学大纲及教案的编写规范与编制等。

3. 课程教学过程与教学质量监控的方法与规范标准

该方面包括课堂教学（含双语教学）、实验教学以及野外实践教学的方式及质量监控，高效教学模式的基本要求与规范，教材选用的基本要求，各类课程教学方案设计的原则与方法，对教师的教学质量考核方法与标准设定等。

4. 专业人才培养必需的师资队伍、教学资源与软硬件条件标准

该方面包括专业人才培养所需的师资队伍的结构、专业背景和能力水平、师资配备（如生师比等）、教学基础设施（图书馆、资料室、校园信息网络、多媒体教室建设等）、实验条件（实验室、仪器设备等）、实习基地条件、科技创新平台条件、各类学习资源（包括精品教材、精品课程、教学网站、视频资源等）建设的基本要求与标准规范。

5. 本科学生培养质量的评价标准与相关规范

该方面包括对学生的学习效果（包括理论课程、实验实践教学课程等）进行考核的方法，学生科研创新能力、学位论文质量、毕业实习与社会实践、综合素质、生源与就业质量等评价的方法与规范、标准，以及对照原设置的人才培养目标与规范要求，对学生培养质量是否达标进行综合评估。

（二）本科专业人才培养标准编制的参考框架

以下列举的是《本科专业类教学质量国家标准（2013 年版）》的标准编制提纲，仅供参考。

1. 前言

概述（包括该专业类的概念性描述、在国家建设与发展中的地位、主干学科、相关专业、特点）。

2. 适用专业范围

2.1 专业类代码

2.2 本标准适用的专业

3. 培养目标

给出专业类的基本培养目标和各校相应专业制定培养目标的要求，例如：要符合学校的基本定位，适应社会经济发展需要，对培养目标定期评估、修订等。

4. 培养规格

4.1 素质要求

4.2 能力要求

4.3 知识要求

5. 课程体系

5.1 课程体系总体框架

5.2 课程设置

5.2.1 理论课程

5.2.1.1 通识类课程

5.2.1.2 公共基础类课程

5.2.1.3 专业基础类课程

5.2.1.4 专业类课程

5.2.2 实践教学环节

5.2.2.1 专业类实验

5.2.2.2 专业类课程设计
5.2.2.3 专业类实训
5.2.2.4 专业类实习
5.2.3 毕业设计（论文）
5.2.3.1 选题要求
5.2.3.2 内容要求
5.2.3.3 指导要求
6. 师资队伍
6.1 师资队伍结构
6.2 教师背景与水平要求
6.2.1 教师背景
6.2.2 教师水平要求
6.2.3 教师发展规划
7. 教学条件
7.1 为学生和教师提供充足的信息资源
7.2 为教学提供足够数量和功能的教学设施
7.3 保证充足的教学经费投入
8. 教学效果
8.1 教学成果的应用
8.2 课堂教学效果
8.3 生源与就业
9. 质量保障体系
9.1 质量保障目标
9.2 质量保障规范与监控
9.2.1 质量评价体系
9.2.2 教学评价
9.2.3 专业建设监督和评价
10. 名词释义

三、生态学专业本科人才培养规范参考

为了指导生态学本科人才培养方案制订与专业建设，下面节选了由教育部环境科学类专业教学指导分委员会编制的《高等学校生态学本科专业规范》（该规范从2003年6月开始编写，经历两届教育部环境科学类专业教学指导分委员会的研讨和修改，此版本是2012年1月经第十二次修改的讨论稿，本稿是云南大学、东北师范大学、内蒙古大学、厦门大学、北京师范大学、中山大学等高校参加的教育部高等理工教学教改与实践项目“高等学校生态学专业规范编制”的部分研究成果，由云南大学段昌群教授提供）[2]。对于开办生态学专业的不同学校而言，在制订生态学专业人才培养方案时，既要遵循《高等学校生态学本科专业规范》的基本要求，也要注重学校的专业办学特色，而不能“千校一面”。由于不同学校的学科发展、科研积淀、专业发展基础、师资力量、区域特色、教学条件等各不相同，而教育部环境科学类专业教学指导分委员会编制的《高等学校生态学本科专业规范》只是对高等学校生态学专业人才培养的基本要求，故仅供相关高校在制订人才培养方案时参考。

（一）生态学专业的学科基础

1. 本专业的主干学科介绍

生态学是研究生物与环境之间相互关系的科学体系，本质是探究包括人类在内的所有生物的生存和发展问题。现代生态学的研究使人们认识到，人类只是地球生物圈大家庭的一个成员，人类依托地球上的所有生物及其创造和维持的生态系统而得以生存，并在自然资源支持和环境保障系统中得以发展；只有按照生态规律办事，与自然界中其他生物和谐共存、协同进化，人类社会才能走向可持续发展。现代生态学在认识生态规律、探索生态奥秘方面成为生命科学的一个重要分支学科，为人类如何保护环境、合理利用资源等方面提供科学指导。在当今社会，人们广泛认可生态学的理论和认识问题的特有视角，使其成为指导人类行为准则的一门科学。

生态学是生命科学领域，尤其是生物学中最早出现的分支学科之一，是环境科学的重要理论基础。正因为生态学的特殊地位和作用，国内外著名大学纷纷把生态学专业作为自己的办学重点之一；同时，由于不同国家和地区，甚至不同的学校面临的生态环境问题不同，对人才培养的定位也有显著差异，从而在本科教育方面也存在一定的差异。

在国际上，生态学本科教育主要归属在生物学中。随着生态学学科的广泛延伸和拓展，在农、林、水利、地学、环境等学科中生态学的重要性越来越突出，从而使生态学教育内容在这些学科领域中也占据重要的分量，有的学校就在相应的学科中设立了专门化的生态学本科教育。但是，生态学作为生物学的一个重要分支学科，它的学科基础是生物学。因此，生物学各分支学科及其专业知识是生态学本科人才培养的知识平台，也是本专业相关基础学科的重点。

生态学本科教育在人才培养的知识、能力和素质方面，尤其强调两个生态学基本视点的培育和形成：一是生态学的综合性。生态学区别于其他生物学及相关学科的特点在于它能综合地分析和判断问题，不仅看到问题的现在，也预见它的将来；不仅看到问题的局部，也看到它的整体；不仅看到问题本身，也看到它与其他问题的联系。生态学的综合视角可以防止人们片面地、孤立地、机械地看问题，为国家避免资源浪费和环境破坏，为人类减少或规避自然灾害。二是生态学的宏观性。生态学从微观到宏观都在发展，都很重要，但宏观性研究更为重要。生态学的宏观性并不完全在于研究对象及其范围很大，而是研究任何层次的生态问题，都要把它放在一个更大的宏观背景中来认识和分析。宏观着眼、微观着手是生态学研究问题的基本方略。

2. 本专业的相关学科及影响本专业教育的因素

生态学专业的人才培养，除了生物学以外还需要有良好的数学、化学、物理、计算机、地学等理科基础。在这些相关学科基础上，地学尤其重要。生态学在研究生物与环境的关系中，需要对各种层次的环境及其因素进行深入分析。为此，生态学需要有自然地理学、土壤学、生物地理学等知识背景。

在加强综合性、宏观性思维训练，强化生物学和地学这两个生态学学科基础的同时，要充分注意现代生态学在研究层次和研究方法上产生的飞跃以及这种飞跃对今后生态学专业教育的重要影响和指导意义。现代生态学的新发展对生态学专业教育的影响主要体现在以下五个方面：

（1）生态学的研究层次从分子、个体、种群、群落、生态系统、景观直到全球生物圈。每个生物层次以及不同层次之间的生态学研究，既是一个整体，也是一个系统，均可用系统分析的方法综合地研究相应层次上的生物与环境、生物与生物之间的相互关系和动态变化。要特别注意通过认识生态过程以探讨系统的整体反应，以及各组分间的作用与反馈调控。从进化的、整体的角度，系统地分析生物与环境之间的协同发展和互动适应，是生态学专业教育的重要特点[2]。

（2）多学科的手段和方法融合渗透。在生态学研究中，生物组织层次的不同，其研究范围以及所采用的方法和手段有着很大差别。分子层次上的研究需要分子生物学技术，个体层次上的研究需要生理生态分析技术，种群和群落层次上的研究需要样方技术和计算机数据处理技术，生态系统等更高层次上的研究则需要系统模拟法、3S 技术支撑等。而且，这些研究都离不开大量的野外调查与观测、实验研究和理论模型研究等。其中，野外调查是进行实验研究和理念模型研究的基础，实验研究和理论模型研究的结果也必须回到实际系统中进行检验。因此，加强生态学实验教学和实践教学是生态学教育不可忽视的重要环节。

（3）现代仪器设备的广泛使用推动生态学从定性描述向量化方面的纵深发展。现代生态学研究中已广泛使用野外自动电子仪器（如测定光合、呼吸、蒸腾、水分、叶面积、生物量及微环境等），同位素示踪（如测定物质转移与物质循环、生物进化、全球变化等），以地理信息系统、遥感与全球定位系统为主体的空间信息技术（用于时空特征的定量、定位与监测），生态建模（从生理生态过程、种群、群落及生态系统、景观到全球），分子生物学技术（分析生物适应环境的内因、过程和进化、适应）等，尽量提高学生对这些监测技术、计算机技术、仪器设备使用以及研究方法的掌握，是生态学教育的重要组成部分。

（4）人（类）地（球）关系及其复合系统的变化是解决资源环境问题的重要切入点，也是现代生态学的重要领域。传统生态学以研究自然现象为主，较少涉及人类社会，而现代生态学教学和研究范围已经扩展到人类活动对所有生态过程乃至整个生物圈所产生的影响，已经从纯自然现象的研究扩展到自然—经济—社会复合系统的研究。因此，在专业课程体系中，融合人文社会科学、经济学和伦理学等教学内容已是大势所趋。

（5）生态学是发现和认识问题的科学体系，也是解决现实问题的技术方法的重要来源。1996 年美国生态学会年会发表的报告提出了 21 世纪生态学面向经济社会需要重点发展的五个工程及应用领域，并得到了世界生态学界的认同。这五个工程及应用领域是生态工程、生态经济、生态设计、工业生态和环境伦理。这些观点和思想对生态学专业教育有着重要的启示。关注这些领域的发展并将其引入教学中，是提高生态学人才应对社会需要的主要切入点。跨专业、跨学科地实施教育，加大对学生应用技术和工程技能的培养力度，是本专业面向社会、面向应用型培养人才不可或缺的内容。

（二）本专业培养目标和规格

1. 培养目标

培养掌握自然科学基础知识，系统地掌握生态学专业知识、理论，基本具备本学科分析问题、解决问题的能力，具备实验和野外实践技能，能够从事生态学的教学与人才培养、科学研究、技术开发等专业工作，可以满足与生态学密切相关的农业、林业、水利、环保等行业或产业中的生态规划与管理的工作需要，德、智、体、美、劳全面发展，具备良好外语和计算机运用能力的生态学高级专业人才。

2. 培养规格

生态学专业学制一般为 4 年，学生修满 160 学分，并完成相关学业要求，授理学学士学位。在实施全面学分制的院校，可实行 3 ~ 6 年的弹性学制。

生态学专业本科教育阶段培养的人才基本规格，主要定位为基础研究型或应用研究型，少数也可定位为技术型。各学校可依据实际，确定人才培养的规格类型。本规范所设计的知识结构和课程体系，主要适用于基础研究型和应用研究型两种规格。技术型人才培养可以此作为参考。

（1）素质结构要求。

思想道德素质：具有良好的政治思想素质，树立科学的世界观、人生观和价值观，具有责任心和社会责任感；具有法律意识和规则意识，自觉遵纪守法；热爱本专业，注重职业道德修养；具有诚信意识和团队精神。

人文素质：具有一定的文学艺术修养，具有人际沟通和相互合作的素养，有现代意识和人际交往意识。

专业素质：掌握科学的思维方法和研究方法，基本具备适应进化、系统协调、多态稳定、时空尺度、层次等级等生态意识，具有利用正确的生态视角认识生命、分析自然、珍爱生态环境的专业修养和生态文明水平，能够在生态学基本思想指导下认识、分析和解决资源环境问题。

身心素质：具有较好的身体素质和心理素质。

（2）能力要求。

获取知识的能力：包括自学能力、表达能力、社交能力、外语应用能力、计算机及信息技术应用能力等。

应用知识的能力：具有综合应用生态学知识解决问题的能力、生态学综合实验能力、生态和环境保护的实践能力等，尤其应具备从综合、系统、全面、进化的视角认识生命现象以及人与自然的关系的能力，积极探寻把生态学知识引入并正确引导经济社会良性发展的途径和方式。

创新能力：包括创造性思维能力、科学研究能力，对自然、生命和生态环境具有敬畏心和敏感性，也具有探索力和保护生态环境意识。

（3）知识要求。

通识知识：包括外语、计算机及信息技术应用、文献检索、方法论、科技方法、科技写作等方面的知识，具备经济学、管理学知识。

人文社会科学知识：包括文学、历史学、哲学、思想道德、政治学、艺术、法学、社会学、心理学等方面的知识。

自然科学知识：包括数学、物理、化学、生命科学、地球科学等方面的知识。

专业知识：包括系统综合的生态学基础理论、应用生态学知识、生态技术与工程应用知识、生态学与经济社会知识等。

（三）本专业教育内容

1. 概述

本指导性专业规范主要涉及专业教学部分的内容，包括相关基础学科、本专业教学知识体系和专业实践训练等。

生态学是一个综合、交叉学科，对相关基础学科要求较高。学生应有高等数学、线性代数、数理统计与概率论等数学方面的较好基础；应有大学物理等课程的系统知识；应有无机化学、分析化学、有机化学等化学学科的系统知识；应有地球科学与环境科学方面的基础；应有诸如地学基础、自然地理学、环境科学概论、土壤学等方面的系统知识。尤其需要注意的是，生态学是生物学的纵横交错的分支学科，因此学生应有深入系统的生物学基础知识，尤其是在普通生物学（含植物学、动物学、微生物学等）、生物化学、分子生物学、遗传学、进化生物学、生理学、高等植物（动物）分类学等重要学科领域的学科基础。

本专业涉及相关基础学科，尤其是数学、物理、化学、地球科学和环境科学等方面的基础可参考理科类的共性要求予以制定。生物学基础可参考生物学专业规范，根据各学校的特点确定标准，达到本专业规格对相关基础学科的要求。相关基础学科最低学分要求（不包括实验部分）是数学不少于6学分，物理不少于2学分，化学不少于6学分，地球科学不少于4学分，环境科学不少于3学分，生物学不少于25学分（如表2－4所示）。除数学外，基础课程都要开设实验课，实验课的学分应不低于理科常规要求。

表2－4　生态学专业理科学科基础课程的要求

知识领域	最低学分要求	覆盖基本内容
数学	6	高等数学、线性代数、数理统计与概率论等
物理	2	大学物理

（续上表）

知识领域	最低学分要求	覆盖基本内容
化学	6	无机化学、分析化学、有机化学
地球科学	4	自然地理学、土壤学、地学、生物地理学等
环境科学	3	环境科学概论、环境学、环境生物学、环境化学、环境地学等
生物学	25	植物学、动物学、微生物学、生物化学、分子生物学、遗传学、生理学、高等植物（动物）分类学、进化生物学或动物行为学等

2. 专业教学知识体系

（1）知识体系概述。

生态学专业方向知识体系分为知识领域、知识单元和知识点三个层次。

每个知识领域（Area）代表生态学一个特定的小领域，每个知识领域用英文的缩写词表示。比如，PE 代表种群层次的生态分析，EE 代表生态系统层次的生态分析。

每个知识领域由若干个知识单元（Unit）组成。知识单元用知识领域缩写词后面加一个数字后缀来表示。例如，OE2 表示知识领域中的知识单元“生态因子作用规律”。知识单元分为核心知识单元和选修知识单元两种，核心知识单元是本专业学生都应学习掌握的基本内容。

知识点（Topics）是整个知识体系结构中的最小单元，代表知识单元中相对独立的知识模块。

（2）知识领域。

IE：生态学的思想与方法。

OE：生物与环境的关系。

AE：个体层次的生态分析。

PE：种群层次的生态分析。

CE：群落层次的生态分析。

EE：生态系统层次的生态分析。

ES：生物进化与物种形成。

EP：自然资源利用与保护的生态分析。

ET：环境污染的生态分析。

RE：受损环境的生态修复。

EH：生态学与人类社会。

（3）知识单元。

知识领域各部分的知识单元见表 2－5。表内各知识单元后面的括号里给出了它们各自的核心学时数。

表 2－5　生态学专业知识领域和知识单元

知识领域	知识单元	
	核心知识单元	选修知识单元
IE 生态学的思想与方法	IE1 生态学的学科特点（8） IE2 生态学的学科动态（8） IE3 生态研究方法论（8）	

（续上表）

知识领域	知识单元	
	核心知识单元	选修知识单元
OE 生物与环境的关系	OE1 环境与生态因子（4） OE2 生态因子作用规律（4） OE3 生物对环境的适应方式（8）	OE4 生态型与生活型
AE 个体层次的生态分析	AE1 生物与光的生态关系（2） AE2 生物与温度的生态关系（4） AE3 生物与水分的生态关系（4） AE4 生物与大气的生态关系（2） AE5 生物与土壤的生态关系（4）	AE6 生物与人类的生态关系
PE 种群层次的生态分析	PE1 种群结构（8） PE2 种群动态（8） PE3 生态位（4） PE4 种内和种间关系（8）	PE5 复合种群
CE 群落层次的生态分析	CE1 群落结构（6） CE2 生物多样性（6） CE3 群落动态与演替（6） CE4 群落类型与特征（8） CE5 群落分布（6）	CE6 群落分类与排序
EE 生态系统层次的生态分析	EE1 生态系统结构（4） EE2 生态系统功能（8） EE3 生态系统类型与分布（4） EE4 生态系统服务功能（4） EE5 生态系统管理（4） EE6 景观结构与功能（8） EE7 景观动态（8） EE8 景观规划（8） EE9 全球变化（4）	
ES 生物进化与物种形成	ES1 种群基因频率及其变化（12） ES2 物种形成（12） ES3 生活史对策（12）	ES4 分子进化与分子生态
EP 自然资源利用与保护的生态分析	EP1 自然资源的类型和特点（6） EP2 可更新资源的可再生性维持（8） EP3 不可更新资源的利用优化与保护（8） EP4 生物资源的保护与利用（8） EP5 土地资源的保护与利用（6） EP6 矿产资源的保护与利用（6） EP7 水资源的保护与利用（6）	
ET 环境污染的生态分析	ET1 污染物在生态系统中的行为（12） ET2 污染物对生物的毒害（12） ET3 生物对污染的抵抗与适应（8） ET4 污染的生物监测（8） ET5 污染的生物治理（8）	ET6 生态风险评价

（续上表）

知识领域	知识单元	
	核心知识单元	选修知识单元
RE 受损环境的生态修复	RE1 生态工程原理（8） RE2 生态工程设计（8） RE3 湿地的生态修复（8） RE4 矿区的生态修复（8） RE5 水土流失的生态防治（8） RE6 污染物的生态处理（8）	RE7 农林复合生态工程 RE8 城镇发展与生态建设
EH 生态学与人类社会	EH1 生态经济（16） EH2 产业生态（16）	EH3 生态伦理学 EH4 环境影响评价 EH5 环境政策

3. 专业实践教学体系

实践教学是生态学专业教学的重要组成部分，是专业人才知识、能力、素质培养中的关键教学环节。加强实践教学环节是我国生态学高等教育改革的重要任务。

（1）实践教学的教育目标。

实践教学主要培养学生的以下能力和素养：认识和了解社会的能力；计算机及信息技术应用和操作能力；室内定量分析技能；生态学野外调查、选点取样分析能力；生物分类（特别是种子植物分类）、环境辨识和生态综合分析的能力和素养；利用 3S 技术整合分析宏观生态特征和过程的能力；科学研究能力和素养；生态学与经济社会有机结合以及生态建设工程化实现的能力和素养。

（2）实践教学体系和基本内容。

实践教学体系除大学公共教育所涉及的实践训练（军训和劳动）外，专业实践教学由以下 5 个方面组成，各学校根据理论教学和专业特点的需要，可做适当调整。

①自然科学及专业相关基础学科实验：如计算机上机实验、物理学实验、无机及分析化学实验、有机化学实验、土壤学实验、植物（动物）形态解剖实验、系统学和分类学实验、微生物学实验、生物化学与分子生物学实验、植物（动物）生理学实验、细胞及遗传学实验等。

②生态学专业实验：包括从分子生态、生理生态、种群生态等层次一直延伸到生态系统与景观层次上的各种实验。

③野外综合实习：包括涵盖地学、环境科学、生物学及生态学等方面的综合实习等。重点为环境的综合辨析、常见物种的识别和分类、样方技术和取样技术等。

④社会实践：包括假期社会实践或调查，到生态和环保相关政府职能部门、科研院所以及野外工作台站、资源管理部门等进行的观摩教学或调查。

⑤毕业论文：每个学生围绕一个题目独立开展研究工作，论文研究工作应以实验、观测、理论研究为主，避免资料汇总、文献综述和一般性的调查。毕业论文时间不少于 10 周。

4. 大学生创新训练

创新实验与科研训练：包括学校自行安排的创新实验，在教师的指导下完成的课题内容、设计实验、实验操作过程、撰写的研究报告等，以提高学生独立开展科学研究和解决实际问题的能力。

本专业的创新训练，应该以生态学的知识体系和实践体系为载体，选择合适的知识单元和实践环节，构建创新思维、创新方法、创新能力训练单元。创新训练要突出生态学专业技能的综合提升，注意对学生样方技术、取样技术、生物与主导环境因素的辨识能力、野外生存能力、生物保护意识等方面的训练和提升。

（四）本专业课程体系

根据“宽口径、厚基础、重特色”的专业人才培养原则，生态学本科专业课程体系按照“专业知识模块”“课程名称及其组合”“覆盖知识领域”三级结构进行组织。可供参考的课程体系如表2－6所示。表2－6中所列的课程中，核心课程覆盖知识体系中的全部核心课程和部分选修课程。各高校可选择一些选修知识单元，或进一步深化和强化核心知识单元，组织到选修课程中。

在生态学专业知识中，因分析探讨的角度、广度和深度不同，同一个知识内容既可以在本科教学层次上涉及，也可以在硕士乃至博士研究生层次上进行分析和讨论。因此，对各知识单元及课程讲述的深度、广度和角度，各学校需根据自己的专业特色、科研积淀等情况灵活掌握。

表2－6　生态学专业参考课程体系

专业知识模块	最低学时	课程名称及其组合		覆盖知识领域
		核心课程	选修课程（参考）	
生态学基本知识和理论	128	普通生态学、景观生态学、进化生态学	进化生物学、分子生态学、生理生态学、种群生态学、行为生态学、群落生态学、生态系统生态学、植物生态学、动物生态学、数学生态学、化学生态学等	IE、OE、AE、ES、CE、EE
应用生态学	96	资源生态学、污染生态学	生态毒理学、保育生物学、森林（农业、草原、湿地、海洋、湖泊、流域等）生态学、生态模拟与仿真、生态规划、旅游生态学、环境生态学、环境生物学、路域（交通）生态学等	AE、CE、EE、EP、ET
生态工程和技术	96	生态工程学、生态监测与评价	恢复生态学、3S技术及其应用、环境仪器分析、环境数据处理与数学模型、遥感与环境制图、数据库与信息技术、清洁生产导论、生态农业、流域生态系统管理等	RE、EH、PE、CE、EE
生态科学与社会	64	生态经济学、城市生态学	产业生态学、循环经济、生态伦理学、人类生态学、生态安全、环境法学、全球变化生态学、环境评价、环境管理学、环境政策分析、生态学进展等	IE、EE、ET、EH

（五）本专业的基本教学条件

1. 师资力量

设置生态学本科专业的院校，应有一支年龄结构、知识结构、学历结构和学缘结构合理，相对稳定，教学水平较高的教师队伍和学术水平较高的学科带头人。承担生物学基础课程和生态学专业课程的任课教师不少于15人，其中，副教授以上高级职称的教师比例不低于45%，高级职称教师开课比例应大于70%，专业基础课程和专业核心课程任课教师所学专业应与所承担课程相符。

承担生物学基础课程的教师，应有良好的生物学专业背景和接受过系统的科研训练；专职教师的专业面应涵盖系统生物学与分类学、生理学、生物化学、遗传学、分子生物学等专业；承担生态学专业课程的教师，应有良好的生态学专业背景和接受过严格的科研训练。专业核心课程的任课教师应有与教学密切相关的科学研究经历和较高的科研水平。教师队伍的专业面应涵盖生态学的主要分支学科。

建立健全助教制度，根据课程特点和学生人数配备适量的助教，协助主讲教师批改作业、答疑、沟通和协调理论教学与实验教学。

2. 教材

教材的选用要按照本规范确定的人才培养目标、规格和知识体系的要求选择。基础课程教材应为正式出版的教材，专业课程应选用规范的教材。专业课和选修课应选用正式出版的专业教材。教材所涉及的内容应涵盖本规范所要求的知识领域、能力和素质培养的要求。

3. 图书资料

学校图书馆（或学院资料室）应有一定数量与专业有关的图书、刊物、资料、数字化资源，具有检索这类信息资源的工具，并具有保证不断购置新图书、资料的能力。图书资料应涵盖生物学、地球科学、环境科学、生态学及其主要分支学科和领域。

4. 实验室建设

实验室建设是保证实现人才培养目标的必要条件。基础课程实验要达到教学大纲要求，学生人均拥有的实验仪器设备要达到教育部有关教学评估的基本要求。

5. 实习基地建设

要有能够满足教学需要、相对稳定的实习（实践）基地。实习应有教学大纲，明确实习内容与要求以及实习教学评估体系。学校要通过多种途径，建设特色显著、功能实用的各类实习（实践）基地。

6. 教学经费

新设专业不仅要具备以上条件和一定的固定资产，还要保证教育部关于教学评估中所要求的正常教学经费的投入。尤其要建立稳定的投入机制，确保对实验、实习、科研训练、毕业论文、教改研究等重要教学环节的经常性投入。

（六）备注

本专业规范所涉及的教学时间和学分的说明如下：

（1）本科学制：基本学制4年。

（2）在校总周数：200~202周（教育教学166~168周，寒暑假32~34周）。

（3）一般的四年制专业，普通教育（通识教育）与专业教育的总学分为160。

（4）学时与学分的折算办法：本规范建议课程教学按每16学时折算为1学分、集中实践教学环节按每1周折算为1学分的方法折算。在特殊情况下，某些课程的学时、学分折算办法可自行调整。未实行学分制的学校，学时与学分的折算由各校根据学校实际情况自行决定。

参考文献

[1] 章家恩，骆世明，秦钟，等．我国高校生态学专业建设与人才培养方向探讨［J］．应用生态学报，2009（7）：1630－1634.

[2] 段昌群．生态科学进展：第二卷［M］．北京：高等教育出版社，2006：231－255.

第三章 生态学人才培养方案制（修）订及课程体系设置

——以华南农业大学生态学专业为例

华南农业大学生态学本科专业于2002年申报开办，2003年开始第一届招生。除2003年第一次制订的专业人才培养方案外，随后基本上每隔两三年对人才培养方案修订一次，迄今为止，已先后于2005年、2007年、2009年、2012年、2015年、2017年对本专业人才培养方案进行了修订。下面对历次人才培养方案的课程体系设置和特点进行简要总结，梳理十多年来本专业人才培养方案及课程体系改革思路与发展过程，为进一步优化本专业的人才培养方案，提高人才培养质量提供经验借鉴和参考。

一、2003年版生态学人才培养方案的课程体系设置与特点

（一）基本概况

2003年版生态学人才培养方案是用于指导本校招收的第一届生态学专业学生。在该方案中，课程类别分为公共基础课、专业核心课、学校特色课、通识教育课和实践教育课五大模块（如表2－7所示）。

本专业学生毕业应取得最低学分为162，其中，公共基础课学分为57.5，专业核心课学分为30.5，学校特色课学分为25.5，通识教育课学分为14，实践教育课学分为34.5。

表2－7　2003年版生态学人才培养方案课程体系

课程类别	课程名称	备注
公共基础课（必修）	马克思主义哲学原理、马克思主义政治经济学原理、毛泽东思想概论、邓小平理论与“三个代表”重要思想概论、思想道德修养、法律基础、大学英语、大学数学、应用数学、大学物理Ⅱ、大学物理实验、无机及分析化学、有机化学、基础化学实验、计算机应用基础、程序设计、体育Ⅰ	共57.5学分
专业核心课（必修）	普通生物学、基础生物化学、普通生态学、微生物学、环境学、地学基础、进化生态学、作物栽培学、环境经济学、环境与资源法学、3S技术、试验统计学	共30.5学分
学校特色课（选修）	生态学专业概论（限选0.5学分），科技文献与论文写作（限选1学分），农业生态工程与技术、环境工程、环境监测与评价（限选4学分），生态旅游概论、测量与制图、园林艺术与设计原理（限选4学分），现代生态学专题、景观生态学、自然保护区学（限选4学分），体育Ⅱ（限选2学分），全校任选课程（任选10学分）	共选25.5学分
通识教育课（选修）	历史类（任选2学分）、文化与伦理类（任选2学分）、文学艺术类（任选4学分）、经济管理类（任选2学分）、可持续发展类（任选2学分）、哲学类（任选2学分）	共选14学分

（续上表）

课程类别	课程名称	备注
实践教育课（必修）	军事课、形势与政策教育、劳动、健康教育、社会实践调查、普通生态学野外实习、作物栽培学野外实习、地学基础实习、环境学野外实习、农业生态工程与技术课程实习、毕业实习、毕业论文、课外创新训练	共34.5学分

（二）课程体系设置特点及问题

（1）专业核心课程体系设置面较宽，充分体现了生态学与生物学、环境学、地学、农学、经济学、管理学以及常用实验研究技术的密切相关性。在该模块中，除生态学专业课程（如普通生态学、进化生态学）外，还包括普通生物学、微生物学、基础生物化学、作物栽培学等生物类课程，也包括环境学、地学基础等自然环境类课程，同时，还包括经济学（如环境经济学）、法学（环境与资源法学）等管理类课程。另外，还包括两门方法论课程（3S技术、试验统计学）。

（2）学校特色课的选修具有一定自由度。在该模块中，设置了环境监测与环境工程类、生态旅游与生态规划类、生态学进展类、全校任选类等几个类别的任选课，为学生的个性化发展与培养提供了条件。

（3）通识教育课注重对学生人文素养的培养。在该模块中，分别设置了历史类、文化与伦理类、文学艺术类、经济管理类、可持续发展类、哲学类等方面的选修课，有利于拓展学生在人文社科方面的知识面。

（4）采用理论课内设实验课模式。在该人才培养方案中，实验课基本上是穿插在相应的理论教学中，即实验课未单列出来，因此，常常由于课时有限，实验课得不到必要的时间保障，因而在一定程度上影响了实验教学效果。

二、2005年版生态学人才培养方案的课程体系设置与特点

（一）基本概况

与2003年版生态学人才培养方案相比，2005年版的课程体系结构有所变化。在该版人才培养方案中，课程类别分为公共基础课、学科基础与专业课、专业选修课、学校公共选修课和实践教学环节5个部分（如表2－8所示）。

在2005年版生态学人才培养方案中，本专业学生毕业应取得的课堂教学学分为156，其中，公共基础课学分为76.5，学科基础与专业课学分为37.5，专业选修课学分为30，学校公共选修课学分为12。实践教学环节学分为28.5，课外创新训练学分为6（不列入毕业学分要求）。

表 2-8 2005 年版生态学人才培养方案课程体系

<table>
<tr><th colspan="2">课程类别</th><th>课程名称</th><th>备注</th></tr>
<tr><td colspan="2">公共基础课</td><td>马克思主义基本原理、毛泽东思想、邓小平理论和“三个代表”重要思想概论、中国近现代史纲、思想道德修养和法律基础、大学英语（Ⅰ、Ⅱ、Ⅲ、Ⅳ）、大学计算机基础、程序设计、高等数学 AI、高等数学 AII、概率论与数理统计、线性代数、大学物理学 A、大学物理学实验 A、无机及分析化学 A、有机化学、基础化学实验 AI、基础化学实验 AII、体育（Ⅰ、Ⅱ、Ⅲ、Ⅳ）</td><td>共 76.5 学分</td></tr>
<tr><td rowspan="2">学科基础与专业课</td><td>学科基础课</td><td>气象学、土壤学、微生物学、植物学、动物学、普通生态学、环境学、经济学原理</td><td>共 19.5 学分</td></tr>
<tr><td>专业课</td><td>生态学专业概论、生态学各论、生态学实验研究方法与技术、理论生态学与生态学模型、基础生物化学、试验统计学</td><td>共 18 学分</td></tr>
<tr><td rowspan="4">专业选修课</td><td>公共选修模块 1</td><td>文献检索与论文写作（限选，1.5 学分），可持续发展导论（限选，2.5 学分），现代生态学进展（限选，2.5 学分），植物生理学、动物生理学、微生物生理学（3 选 1，2.5 学分），生态经济与循环经济学、发展经济学、产业经济学（3 选 1，2.5 学分），生态与环境法学、经济法、公共政策学（3 选 1，2.5 学分）</td><td>共选 14 学分</td></tr>
<tr><td>专业方向模块 2
化学生态与分子生态学模块</td><td>遗传学、细胞生物学、分子生物学、有机物的分离与鉴定技术、化学生态学、分子生态学</td><td rowspan="3">任选 1 个模块，共 16 学分</td></tr>
<tr><td>专业方向模块 3
循环经济与生态工程模块</td><td>环境监测、生态环境影响评价、生态工程与技术、污染生态学、产业生态学、环境审计与环境管理</td></tr>
<tr><td>专业方向模块 4
生态旅游与生态规划模块</td><td>3S 技术应用、测量与制图、园林艺术与设计原理、生态规划的原理与方法、旅游生态学、景观生态学</td></tr>
<tr><td colspan="2" rowspan="2">学校公共选修课</td><td>人文社会科学类课程（任选 8 学分）</td><td rowspan="2">共选 12 学分</td></tr>
<tr><td>自然科学类选修课程（任选 4 学分）</td></tr>
<tr><td colspan="2">实践教学环节</td><td>军事训练和军事理论、形势与政策、生产劳动、学生体质健康测试、健康教育、毕业教育、气象学与土壤学实习、植物学实习、动物学实习、环境学实习、生态学野外综合实习、毕业实习、毕业论文、课外创新训练</td><td>共 34.5 学分（不列入毕业学分要求）</td></tr>
</table>

（二）课程体系设置特点及问题

（1）公共基础课的比重过大。由于生态学属于理科专业，因此要求数理化方面的课程的难度加大，课时数加多。与 2003 年版相比，仅数学类课程（如高等数学 AI、高等数学 AII、概率论与数理统计、线性代数等）占用的学分高达 16.5；大学物理相关课程的学分增加到 9；化学类课程的总学分达到11。这造成学生在公共基础课方面的学习量和压力加大，相对减少了专业课的学习时间。

（2）对学科基础与专业课进行了调整。将2003年版的普通生物学拆分成植物学、动物学和微生物学3门课程，将原有的地学基础分解为气象学、土壤学两门课程；增加了生态学各论、生态学实验研究方法与技术、理论生态学与生态学模型3门新课程；删除了进化生态学、作物栽培学等几门课程或移至专业选修课模块。特别是单列出生态学实验研究方法与技术这一门综合性实验课程。

（3）专业选修课中设置了系列选修课模块。选修课包括1个公共选修模块、3个专业方向模块。为了满足不同学生的学习兴趣、个性化发展和未来就业需要，共设置了3个专业方向模块，即"课程套餐"，包括化学生态与分子生态学模块、循环经济与生态工程模块、生态旅游与生态规划模块。在3个模块中，学生只能任选一个模块，其中第一个模块是为学生继续攻读研究生而设置的，后两个模块以应用型为主，主要是面向学生的就业而设置的。这样设置的好处是可以让学生在其感兴趣的领域有更多的课程选择空间，进而集中精力学好某一个方向的课程，但不足之处是可能使学生的知识面变窄、知识结构不全面。

（4）突出了生态学实践教学的综合性。将原有的普通生态学野外实习整合调整为生态学野外综合实习。

三、2007年版生态学人才培养方案的课程体系设置与特点

（一）基本概况

在2007年版生态学人才培养方案中，课程类别沿用了2005年版的框架结构。本专业学生毕业应取得的课堂教学学分为159，在学分结构组成中，公共基础课学分为73.5，学科基础与专业课学分为43.5，专业选修课学分为30，学校公共选修课学分为12。实践教学环节学分为28（含军训2个学分），课外创新训练学分为6（不列入毕业学分要求）（如表2-9所示）。

表2-9　2007年版生态学人才培养方案课程体系

课程类别		课程名称	备注
公共基础课		马克思主义基本原理、毛泽东思想、邓小平理论和"三个代表"重要思想概论、中国近现代史纲、思想道德修养和法律基础、大学英语（Ⅰ、Ⅱ、Ⅲ、Ⅳ）、大学计算机基础、程序设计、高等数学AI、高等数学AII、概率论与数理统计、线性代数、大学物理学B、大学物理学实验B、无机及分析化学A、有机化学、基础化学实验AI、基础化学实验AII	共73.5学分
学科基础与专业课	学科基础课	气象学、土壤学、微生物学、植物学、动物学、植物生理学、生物化学、环境学、西方经济学、试验统计学	共26.5学分
	专业课	普通生态学、生态学各论、生态学实验研究方法与技术、理论生态学与生态学模型、生态学综合案例研究与实践、植物栽培学、遗传学	共17学分

（续上表）

课程类别		课程名称	备注
专业选修课	公共选修模块	生态学专业概论（限选 0.5 学分），应用文写作（限选 2 学分），水土保持学、保护生物学、环境污染与修复、昆虫学、植物病理学、有害生物综合控制、生物安全、农产品质量标准与控制体系、生物技术实验、仪器分析与应用、环境经济学、旅游生态学、环境与资源法学（任选 14.5 学分）	共选 17 学分
	专业方向模块 1 生态工程模块	环境监测、生态环境影响评价、生态工程技术与应用、工程设计与制图、生态工程案例调查与实践	任选 1 个模块，共 13 学分
	专业方向模块 2 生态规划模块	地图学与 3S 技术应用、生态环境评价技术、生态规划学、生态设计与制图、生态规划案例调查与实践	
学校公共选修课		人文社会科学类课程（任选 8 学分）	共选 12 学分
		自然科学类选修课程（任选 4 学分）	
实践教学环节		生产劳动、气象学实习、动物学实习、环境学实习、生态学综合案例研究与实践、生态工程案例调查与实践、生态规划案例调查与实践、毕业实习、毕业论文、军事理论、军事训练（2 学分）、体育（Ⅰ、Ⅱ、Ⅲ、Ⅳ）、健康教育、学生体质健康测试、毕业教育、课外创新训练（6 学分）、形势与政策	共选 28 学分（其中课外创新训练不列入毕业学分要求）

（二）课程体系设置特点及问题

（1）课堂教学和实践教学的总学分依然较多。由于公共基础课所占的学分比重较大，加上实践教学新课程的开设，增加了总学分数，使本专业整个课程学习保持较多的学时数，增加了学生的学习压力。

（2）在专业课程模块中加入了新课程。在专业课中增加了遗传学、植物栽培学、生态学综合案例研究与实践 3 门课，进一步突出了与农学结合及实践应用特色。

（3）在专业选修课的公共选修模块中，增加了可供选择的课程库数量。课程库有水土保持学、保护生物学、昆虫学、植物病理学、有害生物综合控制、生物安全、农产品质量标准与控制体系、生物技术实验、仪器分析与应用、环境经济学、旅游生态学、环境与资源法学等十多门课程，突出了与农学结合与实践应用特色，也为学生提供了更大的选修课空间。

（4）精简了专业方向模块。即删除了原有的化学生态与分子生态学模块。为应对社会经济发展的需求和学生就业需求，明确设立了“生态工程模块”与“生态规划模块”，但学生只能选择其中的一个模块，每个模块内的课程像一组“套餐”，需全部选定。

（5）强化了实践教学环节。在该人才培养方案中，删除了生态学野外综合实习，将其分解后，新开设了生态学综合案例研究与实践、生态工程案例调查与实践、生态规划案例调查与实践 3 门课程，旨在让学生在案例研究中进行实践学习，以期进一步提高实践教学效果。

四、2009 年版生态学人才培养方案的课程体系设置与特点

（一）基本概况

2009 年版生态学人才培养方案的课程类别设置包括通识教育课程、基础教育课程、专业教育课

程、实践教学环节、就业与创业教育环节五个部分。在该人才培养方案中，学生毕业应取得的总学分为174.5，其中通识教育课程51学分，基础教育课程55学分，专业基础课程35.5学分，实践教学环节27学分，就业与创业教育环节6学分（如表2－10所示）。

表2－10　2009年版生态学人才培养方案课程体系

课程类别		课程名称	备注
通识教育课程	必修	马克思主义基本原理、毛泽东思想、邓小平理论和“三个代表”重要思想概论、中国近现代史纲、思想道德修养和法律基础（含廉洁修身）、大学英语（Ⅰ、Ⅱ、Ⅲ、Ⅳ）、大学计算机基础、Java程序设计、军事理论、体育（Ⅰ、Ⅱ、Ⅲ、Ⅳ）	共41学分
	选修	人文社会科学类课程（任选8学分）	共10学分
		自然科学类选修课程（任选2分）	
基础教育课程	必修	高等数学AⅠ、高等数学AⅡ、概率论、线性代数、大学物理AI、大学物理AII、大学物理实验A、无机及分析化学、基础化学实验Ⅰ、基础化学实验Ⅱ、有机化学、气象学、土壤肥料学、植物学B、植物学实验B、微生物学B、植物生理学B、生物化学C、植物保护学、植物栽培学	共55学分
专业教育课程	必修	普通生态学、农业生态学、生态学实验研究方法与技术、生态工程技术及其应用	共10学分
	必选	专业概论、环境学、3S技术及其应用、试验统计学、西方经济学、科技论文与应用文写作	共11.5学分
	任选模块1	生态规划学、旅游生态学、循环经济学、景观生态学、环境与资源法学、园林制图C	任选8学分
	任选模块2	环境工程学、环境监测、环境影响评价、污染生态学、水土保持学	任选　6学分
实践教学环节	专业必修	毕业论文、军事训练、健康教育（4学时）、学生体质健康测试（8学时）、毕业教育（8学时）、形势与政策（32学时）、毕业实习	共19.5学分
	实践课程	生态学野外综合实习、气象学课程实习、土壤肥料学课程实习、农业生态学课程实习、环境学课程实习、植物栽培学课程实习	共7.5学分
就业与创业教育环节	必修	大学生职业生涯规划、职业素养提升与就业指导、创业教育讲座	共3学分
	任选	创新创业实践	任选3学分

（二）课程体系设置特点

（1）在基础教育课程和专业基础课程中增强了课程的针对性和实用性。例如，在基础教育课程中，将原有的土壤学课程改为土壤肥料学课程，且增加了植物保护学课程。在专业基础课程中，增设了农业生态学、生态工程技术及其应用、科技论文与应用文写作等实用性课程，进一步凸显农科特色和掌握“硬技术”的人才培养目标。

（2）在专业教育课程中设置两个任选模块，类似于2007年版的人才培养方案的“生态工程模块”与“生态规划模块”两个方向模块，不同的是这两个模块都需选，但模块内设置的课程可任选。这有利于学生学到更多的专业方向模块及其中的课程知识。

（3）就业与创业教育逐步得到重视。在该版人才培养方案中，将大学生职业生涯规划、职业素养提升与就业指导、创业教育讲座、创新创业实践等课程的成绩和学分纳入学生的毕业学分要求。

五、2012年版生态学人才培养方案的课程体系设置与特点

（一）基本概况

2012年版生态学本科专业人才培养方案的课程类别分为通识教育课程（含必修和选修）、专业教育课程（包括专业平台课程、专业准入课程、专业准出课程）、拓展教育课程（包括专业拓展课程和个人拓展课程）、实践教育环节（包括整合实验课程、整合实习课程、其他实践教育课程）等板块（如表2－11所示）。

在该版人才培养方案中，学生毕业应取得的总学分为163，其中通识教育课程45学分，专业教育课程44学分，拓展教育课程26学分，实践教育环节48学分。

表2－11　2012年版生态学人才培养方案课程体系

课程类别		课程名称	备注
通识教育课程	必修	马克思主义基本原理、毛泽东思想和中国特色社会主义理论体系概论、中国近现代史纲要、思想道德修养与法律基础（含廉洁修身）、形势政策教育、大学英语（Ⅰ、Ⅱ、Ⅲ、Ⅳ）、大学计算机基础、Java程序设计、体育（Ⅰ、Ⅱ、Ⅲ、Ⅳ）、军事理论、大学生职业生涯规划、职业素养提升与就业指导	共33学分
	选修	英语选修课程（2学分）	共12学分
		汉语选修课程（2学分）	
		A系列选修课程（8学分）	
专业教育课程	专业平台课程	高等数学BⅠ、高等数学BⅡ、概率论、线性代数、无机及分析化学B、有机化学、气象学、土壤肥料学、遗传学、植物生理学B、生物化学B、试验统计学	共30.5学分
	专业准入课程	普通生物学、环境学、农学概论	共6学分
	专业准出课程	专业概论、普通生态学、农业生态学、生态工程技术及应用、环境经济与生态管理	共7.5学分
拓展教育课程	专业拓展课程	选修组Ⅰ：环境与资源法学、旅游生态学、工业生态学、生态学前沿进展专题（任选5学分） 选修Ⅱ：管理学基础B、污染生态学、水土保持学、生态规划学（任选5学分） 选修Ⅲ：3S技术及其应用、环境监测、测量学、环境影响评价（任选6学分）	共16学分
	个人拓展课程	由学生根据个人兴趣及职业规划选课	共选10学分

（续上表）

课程类别		课程名称	备注
实践教育环节	整合实验课程	大学计算机基础实验、Java 程序设计实验、基础化学实验 BI、基础化学实验 BII、遗传学实验、生物化学实验 B、植物生理学实验 B、土壤肥料学实验、气象学实验、试验统计学实验、生态学综合实验、环境学综合实验、测量学实验	共 9 学分
	整合实习课程	农学概论野外实习（含作物学和作物栽培学）、农业生态学田间综合训练（结合生态学农场种田实践）、生态学野外综合实习、环境学野外综合实习（含环境监测实习）、生态工程技术野外综合实习、生态规划案例野外实践、生态学综合案例实践与创新研究	共 13 学分
	其他实践教育课程	社会实践、创新创业、学科训练（结合本科生导师制）、阳光体育、军事训练、毕业实习、毕业论文/设计	共 26 学分

（二）课程体系设置特点

（1）降低了毕业总学分要求。与 2009 年版的人才培养方案相比，本版人才培养方案所要求的毕业总学分适当，为 163 学分。这在一定程度上可减轻学生的课程学习压力，使学生有更多的时间进行创新创业实践。同时，进一步提高了实践教学的比重，约占总学分的 30%。

（2）在专业基础课程中设置了专业平台课程、专业准入课程、专业准出课程三类课程，更加明确了本专业学生所需学习的课程基础门槛和毕业时所需的基本专业知识与技能要求。另外，也体现了课程体系的层次性。

（3）将理论课与相应的实验课、实习课分开。即新开设了一系列的整合实验课程和整合实习课程。在整合实验课程中，新开设了土壤肥料学实验、气象学实验、试验统计学实验、生态学综合实验、环境学综合实验、测量学实验等课程；在整合实习课程中，新开设了农学概论野外实习（含作物学和作物栽培学）、农业生态学田间综合训练（结合生态学农场种田实践）、生态学野外综合实习、环境学野外综合实习（含环境监测实习）、生态工程技术野外综合实习、生态规划案例野外实践、生态学综合案例实践与创新研究等一系列的实践教学特色课程。

（4）首次开设了农业生态学田间综合训练课程。该课程结合大学生的生态学农场种田实践训练进行，分两个学期完成。该课程给每个学生分配约 10 平方米的农田，要求学生根据自己所学的农业生态学知识，自行制订种植计划、自行开展作物种植、自行实施田间管理、自行开展实验观测、自行开展农产品收获活动、自行进行产品产后处理（含销售），最终提交生态种田实践报告。该课程的开设已产生了明显的实践教学效果。

六、2015 年版生态学人才培养方案的课程体系设置与特点

（一）基本概况

2015 年版生态学人才培养方案在课程类别上与 2012 年版类似。在该培养方案中，学生毕业应取得的总学分为 160.5，其中通识教育课程 45 学分，专业教育课程 45.5 学分，拓展教育课程 23.5 学分，实践教育环节 46.5 学分（如表 2－12 所示）。

表 2－12　2015 年版生态学人才培养方案课程体系

课程类别		课程名称	备注
通识教育课程	必修	马克思主义基本原理、毛泽东思想和中国特色社会主义理论体系概论、中国近现代史纲要、思想道德修养与法律基础（含廉洁修身）、形势政策教育（Ⅰ、Ⅱ、Ⅲ、Ⅳ）、大学英语（Ⅰ、Ⅱ、Ⅲ、Ⅳ）、大学计算机基础、Java 程序设计、体育（Ⅰ、Ⅱ、Ⅲ、Ⅳ）、军事理论、大学生职业生涯规划、职业素养提升与就业指导	共 33 学分
	选修	英语选修课程（限选 2 学分）	共 12 学分
		汉语选修课程（限选 2 学分）	
		A 系列选修课程（限选 8 学分）	
专业基础课程	专业平台课程	高等数学 BⅠ、高等数学 BⅡ、概率论、线性代数、无机及分析化学 B、有机化学、气象学、土壤肥料学、遗传学、生物化学 B、植物生理学 B、试验统计学	共 30 学分
	专业准入课程	普通生物学、环境学、农学概论	共 5.5 学分
	专业准出课程	专业概论、普通生态学、农业生态学、生态工程技术及应用、环境监测、生态规划学、环境经济与生态管理	共 10 学分
拓展教育课程	专业拓展课程	环境与资源法学、旅游生态学、工业生态学、管理学基础 B（选修组 1：任选 4.5 学分） 环境微生物学、污染生态学、水土保持学、化学生态学（选修组 2：任选 4.5 学分） 环境影响评价、3S 技术及其应用、测量学、环境工程设计与 CAD 制图（选修组 3：任选 4.5 学分）	共选 13.5 学分
	个人拓展课程	生态学前沿进展专题、入侵生物及其生态防控、环境审计、转基因生物的安全性评价、全校公共选修课程（由学生根据个人兴趣及职业规划选课）	共选 10 学分
实践教育环节	整合实验课程	大学计算机基础实验、Java 程序设计实验、基础化学实验BⅠ、基础化学实验 BⅡ、遗传学实验、生物化学实验 B、植物生理学实验 B、土壤肥料学实验、气象学实验、试验统计学实验、生态学综合实验、环境学综合实验、测量学实验、环境影响评价实验、3S 技术及其应用实验、环境工程设计与 CAD 制图实验	共 10 学分
	整合实习课程	农学概论野外实习（含作物学和作物栽培学）、农业生态学田间综合训练Ⅰ（结合生态学农场种田实践）、农业生态学田间综合训练Ⅱ（结合生态学农场种田实践）、生态学野外综合实习、环境学野外综合实习（含环境监测实习）、生态工程技术野外综合实习	共 10 学分
	其他实践课程	社会实践、创新创业、学科训练（Ⅰ、Ⅱ）、阳光体育、军事训练、毕业实习、毕业论文	共 26 学分

（二）课程体系设置特点

（1）在专业准出课程模块中增设了新课程。在该模块中增设了环境监测、生态规划学两门课程。

（2）在专业拓展课程中调整了三个方向模块的课程库。3 个选修组各包括 4 门课程，从每个选修组中任选 4. 5 学分。与 2012 年版相比，课程难度加大，实用性增强。

（3）在个人拓展课程中，结合本学科的前沿进展及现有的优势科研领域，具体列出了一系列专业方面的任选课程。学生除可从学校公共选修课程中选课外，还可从新开设的生态学前沿进展专题、入侵生物及其生态防控、环境审计、转基因生物的安全性评价等几门课中任选课程。

七、2017 年版生态学人才培养方案的课程体系设置与特点

（一）基本概况

2017 年版生态学人才培养方案属于本校学科学院调整后本科专业人才培养方案的一次“大修”，在课程类别上有所调整和变化，主要包括通识教育课程（含通识通修课程、创新创业课程、通识特色课程）、专业教育课程（含专业基础课程、专业核心课程）、拓展教育课程（含 3 个选修模块）、实践教育环节（含通用技能训练、专业技能训练、创新创业训练）（如表 2－13 所示）。

在该版人才培养方案中，学生毕业应取得的总学分为 160，其中必修课程学分为 72. 5，选修课程学分为 42. 5，实践课程学分为 45。

表 2－13　2017 年版生态学人才培养方案课程体系

课程类别		课程名称	备注
通识教育课程	通识通修课程（必修）	马克思主义基本原理、毛泽东思想和中国特色社会主义理论体系概论、中国近现代史纲要、思想道德修养与法律基础（含廉洁修身）、形势与政策（Ⅰ、Ⅱ、Ⅲ、Ⅳ）、大学英语（Ⅰ、Ⅱ、Ⅲ、Ⅳ）、体育（Ⅰ、Ⅱ、Ⅲ、Ⅳ）、军事理论	共 24 学分
	创新创业课程（必修）	大学生职业生涯发展与就业力提升、大学生创新创业基础	共 4 学分
	通识特色课程（选修）	Java 语言程序设计、英语系列选修课、汉语系列选修课、A 系列选修课程、全校公共选修课	共 20 学分
专业教育课程	专业基础课程	高等数学 BI、高等数学 BII、概率论、线性代数、无机及分析化学 A、有机化学、生物化学 B、自然地理学基础、植物学 B、植物生理学 B、环境微生物学、动物学 B	共 31 学分
	专业核心课程	专业概论（生态学）、普通生态学（双语）、生态工程学（双语）、生态规划学、生态设计与制图、生态环境污染与防治、生态学研究方法与案例、生态统计学	共 13. 5 学分

（续上表）

课程类别		课程名称	备注
拓展教育课程	选修模块 1：理论与应用生态学模块	化学生态学、污染生态学、入侵生物及综合防控、保护生物学、土壤生态与全球变化、恢复生态学、工业生态学、旅游生态学、环境经济与生态管理、生态文化与生态文明建设	任选 5 门，共 7.5 学分
	选修模块 2：生态学方法论模块	环境影响评价、生态环境样品检测技术、群落生态调查技术、土壤微生物与土壤动物调查技术、分子生态学技术、作物栽培与耕作技术、植物保护技术	任选 4 门，共 6 学分
	选修模块 3：学院公共模块	生态环境监测、地理信息系统、生态环境测绘与遥感、土壤学基础、植物营养学基础、农业生态学（双语）、区域生态环境规划、水土保持学、循环经济与清洁生产、实验设计与数据统计分析、文献查阅与科技论文写作、资源与生态环境专题研究进展	任选 6 门，共 9 学分
实践教育环节	通用技能训练	社会实践（马克思主义基本原理）、社会实践（毛泽东思想和中国特色社会主义理论体系概论）、社会实践［思想道德修养与法律基础（含廉洁修身）］、阳光体育、军事训练	共 7 学分
	专业技能训练	基础化学实验 AI、基础化学实验 AII、生物化学实验 B、植物学实验 B、动物学实验 B、植物生理学实验 B、环境微生物学实验、生态学综合实验、生态设计与制图实验、3S 技术综合实验、生态学野外综合实习、生态工程学野外综合实习、自然地理学野外综合实习、生态规划实践与生态沙盘设计、生态种田综合训练Ⅰ（结合生态学农场种田实践）、生态种田综合训练Ⅱ（结合生态学农场种田实践）、毕业实习（生态学）、毕业论文	共 35 学分
	创新创业训练	工程技能通识训练、创新创业实践	选 3 学分

（二）本版方案及课程体系设置特点

（1）编制了生态学本科专业人才培养目标实现矩阵。根据本科专业审核评估的相关要求，本版人才培养方案中增加了人才培养目标实现矩阵，进一步明确了本专业人才培养目标（共提出了六大方面的知识、能力与素质要求）及其实施途径（即通过哪些课程和哪些教学形式来实现目标，均具体列出）。

（2）通识教育课程在学院层面统一开设。即全院各本科专业均使用统一的通识教育课程平台。

（3）在专业基础课程中，重新恢复了自然地理学基础、植物学、环境微生物学、动物学等生物学类和地学类的系列课程。

（4）在专业核心课程中，强调实用性和方法论课程的开设。新开设了生态设计与制图、生态环境污染与防治、生态学研究方法与案例、生态统计学等课程。

（5）在拓展教育课程中，设置了特色选修模块。包括理论与应用生态学模块、生态学方法论模块和学院公共模块 3 个模块。理论与应用生态学模块围绕当前生态学的热点研究领域设置了 10 门理论生态学与应用生态学方面的课程，学生可在其中任选 5 门。生态学方法论模块中设置一系列与生态学相关的实用性研究技术与绿色生产技术课程，学生可在其中任选 4 门。学院公共模块在全院各专业之间打通，即该模块为全院所有本科专业的公共选修模块，围绕资源、环境、生态的前沿领域和共性领域设置了12门课程，学生可从中任选6门。这个公共模块的设置有利于各专业的融合发展，拓展学生的知识面，并能充分利用学院层面的教学资源。这是本次人才培养方案修订的重要改革特色。

(6) 进一步强化了实践教育环节。该环节包括通用技能训练、专业技能训练、创新创业训练三个方面。在创新创业训练中，增加了非农的技能通识训练，即工程技能通识训练。

八、结语

本科专业人才培养方案的制订与修订是一个动态过程，不是一成不变的，它是根据学科知识体系的自身发展趋势、社会经济动态发展需求[1]、人才培养规范要求[2]，以及办学单位拥有的办学优势与基础条件等统筹兼顾的“产物”，人才培养方案及其课程体系的制订需要与时俱进。

本校生态学人才培养方案经过7次的制订与反复修订，现有的人才培养定位与目标更加明确，课程体系结构不断优化，学分和学时设置与分配逐步规范，实验与实践教学比重有较大提高，选修课的课程库和选修自由度明显扩大，因此，最新制订的人才培养方案与课程体系设置将对现代生态学人才培养质量的提升起到积极作用。然而，由于生态学属于理科，故相对农科专业而言，要求学生学习的专业基础教育课程多，但因毕业总学分的限制，结果不得不减少一些专业课程、专业核心课程和拓展教育课程的学分与学时，因此，专业课程学时数的不足，可能会影响到教师对课程知识点的充分深入讲授以及学生的学习效果。另外，尽管专业课程体系设置较为全面，但专业特色有待进一步凝练与提升，专业核心课程与拓展教育课程的设定还需进一步研究与优化。

参考文献

[1] 章家恩，骆世明，秦钟，等. 我国高校生态学专业建设与人才培养方向探讨 [J]. 应用生态学报，2009，20 (7)：1630-1634.

[2] 段昌群. 生态科学进展：第二卷 [M]. 北京：高等教育出版社，2006：231-255.

第三编
师资队伍与教学团队建设

第一章 教学团队的基本内涵及建设对策探讨

长期以来，我国高校教学活动的开展形成了以教研室为主的组织管理体制，但随着高校功能的扩展，科学研究与社会服务成为高校的重要职能，因此，教研室逐渐从原有单纯的实施教学活动、开展教学研究的职能向教学活动组织和开展科学研究的双重职能转变，而且出现“重科研轻教学”的趋向，即原有的基层教学组织管理与服务功能日益弱化。为全面贯彻落实科学发展观，切实把高等教育重点放在提高质量上，教育部在 2007 年提出了实施高等学校本科教学质量与教学改革工程的意见，并要求加强本科教学团队建设，重点遴选和建设一批教学质量高、结构合理的教学团队，建立有效的团队合作机制。自此，教育部、许多省市及高等院校相继开展了国家级、省级和校级教学团队的立项建设工作。据不完全统计，自 2007 年教育部启动第一批 100 个国家级教学团队建设以来，创立了 1 000 多个国家级教学团队建设项目，省级和校级的教学团队建设项目就更多了。

一、教学团队的基本内涵

目前，有关教学团队的概念和内涵有不同的说法。一些研究者运用西方国家企业人力资源管理理论把教学团队界定为“由少数技能互补、愿意为实现共同的教学目标而分工明确、相互承担责任的教师组成的队伍”，即“教学团队是指在高等院校中，由一定数量业务能力互补、教龄年龄梯次和职称结构合理的教师组成。他们认同专业建设和课程建设等方面的共同目标，并能够积极配合、密切协作、分担责任，其行为和谐统一，共同为打造品牌专业和精品课程而努力的集体”。还有的研究者根据教育部、财政部提出的“质量工程”要求对教学团队概念进行了诠释，认为“教学团队是指为完成共同的教学目标、建设目标，由教学任务相近的教师组成，由教学水平高、学术造诣深的教师领衔与负责，有合理的知识结构与年龄结构，有有效的沟通与合作机制，有合理配置教学资源的途径，经常性地开展教学内容与教学改革的研究活动，经常性地开展教学经验交流，经常性地开展学术合作，实现优势互补，实现共同发展，实现携手前进的教师群体”[1]。

一般认为，教学团队是以教书育人为共同的愿景目标，以教学工作为主线，以教学改革项目为抓手，以专业建设、课程建设、教学基地建设、教学研究项目等为重点，以教研室、研究所、实验室、教学基地、实训基地和工程中心等为建设单位，以系列课程或专业为建设平台，为完成某个教育教学目标而由分工明确、相互协作、责权利统一的，在学历、年龄、专业、学缘结构等方面优势互补的教师建构的群体组织[2]。

教学团队不同于简单的教学群体，它是以高水平团队带头人为核心，以团队骨干人员为支柱，才能互补、高效协作配合的教学人员为实现共同的教学与人才培养目标而凝聚起来的有机统一体。教学团队是一种充满交流与合作、共享与共赢的有机合作模式。

二、教学团队建设的意义与作用

教学团队建设是突破我国高校现行基层教学组织管理体制弊端，整合教学资源，推进教学改革的有效形式，是对普通高校普遍存在的对待教学和科研、理论研究和应用研究“厚此薄彼”失衡状态，特别是“重科研轻教学”的纠偏之举。

(1) 教学团队建设有利于激发教师在教学和科研方面的创新与资源共享。通过教学团队在本科教学中开展研究性教学、课程建设、教材建设、教学模式与教学管理、实践教学等系列教学研究活动，有利于教师之间的资源共享、各取所长。在教学团队中，教师之间构成一种彼此信任、互相开放的交互主体性（主体间性）的关系，使得教师之间的对话、研讨不仅成为教师获得教学信息和灵感的巨大源泉，而且还可推动教师创造力的发展，从而使教师之间互为学习资源。因此，通过教学团队的建设可有效地提高团队教师的教学能力、专业素质、凝聚力和团队合作精神。

(2) 教学团队建设有利于青年教师的成长与成才。教学团队通常是一支老中青相结合的队伍，可充分发扬老教师的传、帮、带作用。同时，通过培育教学团队成员之间所具有的共同愿景和良好的工作环境，有利于提升青年教师的认同感和归属感，完善其职业认知，提高其积极性和创造性。

(3) 教学团队建设有利于促进教学资源的精品化建设，增强教学的示范性。教学团队的组建及其工作开展，最终将产生一批精品课程、优秀教材、教研项目等标志性成果，教学团队自身和团队的这些成果与改革模式、成功经验可增强本科专业教学的示范性和借鉴性，从而产生良好的带动作用和辐射效应[3]。

三、教学团队建设的基本内容与要求

(1) 团队及组成。根据各学科（专业）的具体情况，以教研室、研究所、实验室、教学基地、实训基地和工程中心等为建设单位，以课程或专业为建设平台，在多年的教学改革与实践中形成团队，具有明确的发展目标、良好的合作精神和梯队结构，老中青搭配、专业技术职务结构和知识结构合理，在指导和激励中青年教师提高专业素质和业务水平方面成效显著。

(2) 带头人。带头人应为本学科（专业）的专家，具有较深的学术造诣和创新性学术思想；长期致力于本团队课程建设，坚持在教学第一线为本科生授课。带头人应品德高尚，治学严谨，具有团结协作精神和较好的组织、管理和领导能力。

(3) 教学工作。教学与社会、经济发展相结合，教学团队了解学科（专业）、行业现状，追踪学科（专业）前沿，及时更新教学内容。教学团队教学方法科学，教学手段先进，重视实验/实践性教学，引导学生进行研究性学习和创新性实验或野外实践，培养学生发现、分析和解决问题的兴趣和能力。在教学工作中，教学团队有强烈的质量意识和完整、有效、可持续发展的教学质量管理措施，教学效果好，无教学事故。

(4) 教学研究。教学团队积极参加教学改革与创新，参加过省部级以上教学改革研究项目，如国家级精品课程、教育部教学基地、国家级双语课程改革、实验教学示范中心等，获得过教学成果奖励。

(5) 教材建设。教学团队重视精品教材建设和教材研究，承担过国家级规划教材编写任务。教材使用效果好，获得过优秀教材奖等相关奖励。

(6) 运行和管理机制。教学团队积极探索并建立了运行机制、监督约束机制等运行和管理模式，能够为高校教学团队建设提供示范性经验。

四、教学团队建设存在的问题

（一）教学团队建设存在一定的虚化现象

虚化现象主要表现在五个方面：①重立项申报，轻建设。无论是国家级教学团队建设项目，还是省级和校级教学团队建设项目都不同程度地存在此类倾向。通常由于教学团队建设经费为一次性投入，且资金量少，加上缺少相应的管理规范与有效的激励机制，教学团队建设的可持续性不强。②团队带头人年龄偏大。据相关统计，在2007年教育部、财政部批准立项建设的100个国家级教学团队中，其团队带头人（团队有两位带头人的只统计列首位者）的平均年龄为56岁，年龄最大者为91岁，最小者为42岁。其中达到或超过退休年龄（60岁）的有40位，占总数的40%。在2008年批准立项建设的300个国家级教学团队中，团队带头人的平均年龄为53岁，年龄最大者为76岁，最小者为40岁，达到或超过退休年龄的有61位，约占总数的20%。③团队带头人的行政化倾向较明显。据相关统计，2007年100位国家级教学团队带头人中，担任校级领导职务（正副校长、正副书记）的有16人，占总数的16%；担任处级（不含学院正副院长及与学院级别相当的正副系主任）领导职务的有3人，占总数的3%；两项合计19人，占19%。2008年300位国家级教学团队带头人中，担任校级领导职务的有80人，约占总数的27%；担任处级领导职务的有8人，约占总数的3%；两项合计88人，约占总数的29%。④团队规模偏大。2007年立项建设的100个国家级教学团队中，团队人数最多的为191人，最少的为6人，团队规模平均为27人。2008年立项建设的300个国家级教学团队中，团队人数最多的为146人，最少的为5人，团队规模平均为26人[4]。⑤教学团队成员间的合作仍较为松散，未能形成一个真正运行的实体。

（二）教学团队建设存在一定的片面性

教学团队建设是一项系统工程，它不仅包括师资团队自身的建设与教师素质培养，而且包括相关的专业建设、课程建设、教材建设、教学设施配套、教学方法与模式研究、教学管理规范制定、科学研究、团队文化等内容。而目前的教学团队建设多关注教师培养与师资建设、课程建设与教学方法研究等方面，而常常忽视配套的教学设施、教材、教学管理探索与改革、团队文化及运行机制、科技创新能力等方面的同步建设，因此，较难提升教学团队的整体实力和教学质量。

（三）教学团队建设中一些相关关系尚未理顺

教学团队建设不是孤立进行的，它不仅需要内部激励和自上而下的组织管理，而且需要外部政策支持、资源投入、制度建设和文化培育等。在团队建设中，教学团队与相关教学基层管理机构的关系、教学团队与科研团队的关系、团队成员的教学与科研工作的关系、团队带头人与团队成员之间的责权利关系、团队建设与经费持续投入的关系等，都未能完全理顺，在一定程度上制约了教学团队的可持续发展。

五、加强教学团队建设的对策建议

（一）做好教学团队发展规划与建设立项工作

做好发展规划是教学团队建设的第一步。国家、省、市的各级主管部门要根据现代人才培养的需要和质量要求，认真做好教学团队发展规划。在国家级和省级层面，要做好宏观布局，制定切实可行的发展引导及相关支持政策。在学校层面，围绕各专业的现有基础和发展需求，做好各专业的教学团队建设规划，同时要和学校的本科专业建设规划、教学基础设施建设规划、学科建设与科研发展规划以及学校总体发展规划进行同步匹配和对接。同时，教学团队建设规划要具可操作性，并做到建设内容全覆盖。在此基础上，按照各级发展规划，认真遴选教学团队建设项目，包括团队名称、团队带头人（年龄、学术地位、教学水平、师德、时间保证等）、团队成员（结构与规模）、团队建设目标与任务等方面，组织领导专家小组进行认证评审、论证和立项。

（二）做实教学团队各项建设工作

教学团队立项后，需要落实各项工作。第一，签订教学团队建设任务合同，明确教学团队带头人及其成员的任务目标，做到任务到人，杜绝出现团队带头人或团队成员“只挂名不做事”的现象。第二，各级教学主管部门应制定并落实教学团队建设的各项配套政策，理顺教学团队与学校相关部门的责权利关系，做好教学资源的整合与共享服务，赋予教学团队相应的地位和团队管理的自由度。第三，加大建设资金的持续性投入。要把教学团队建设经费作为例行经费，纳入部门预算，为教学团队提供必需的师资培养、课程建设、教学研究、配套教学基础设施建设等经费。第四，要建立有效的教学团队内部管理及运行机制，加强团队各种建设任务的具体落实，实施团队文化建设，保证教学团队真正有序地运作起来，而不是形同虚设，流于形式。

（三）建立教学团队绩效考核与激励机制

要做好教学团队建设工作，构建责权利相结合的激励机制和自我约束机制，激发教学团队的积极性和创造性，是十分必要的。一方面，要建立合理可行的教学团队绩效考核指标体系，可从团队带头人及团队结构优化绩效、师资培养绩效、课程与教材建设绩效、教学理论与方法改革研究绩效、教学平台建设绩效、教学质量与人才培养绩效、团队科研绩效、团队活动与团队文化建设绩效、团队运行和管理规范水平等方面设置指标进行综合评估（可参考本书附录 2 中的相关评估指标）。在绩效评价过程中，可采取团队整体评价与个人评价、定量评价与定性评价相结合的方法，定期或不定期进行。另一方面，要建立教学团队建设绩效激励机制，对于考核结果优秀、合格者，要给予适当的奖励，或在职称评审、推优评优等方面给予支持；对于考核不合格的教学团队，要求其限期整改，若再度考核不达标者，可取消此教学团队，并采取相应的惩处措施。

参考文献

[1] 王志蔚，张彩云，王红玫，等. 近年来高校教学团队建设研究述略 [J]. 内蒙古师范大学学报（教育科学版），2010，23（1）：32－36.

[2] 张笑涛. 本科教学团队的界定及建设 [J]. 高等农业教育，2008（3）：43－46.

[3] 章兢，傅晓军. 谈基于课程或课程群的教学团队建设 [J]. 中国大学教学，2007（12）：15－17.

[4] 李红卫，张丽云. 高校教学团队建设的思考：以 2007、2008 年国家级教学团队为例 [J]. 大学（研究与评价），2009（7）：57－61.

第二章 农科生态学系列课程国家级教学团队建设的实践与探索

2007 年 1 月 22 日，教育部、财政部联合发布了《教育部财政部关于实施“高等学校本科教学质量与教学改革工程”的意见》（教高函〔2007〕1 号），该意见将“教学团队与高水平教师队伍建设”作为重要内容之一。华南农业大学的“农科生态学系列课程”国家级教学团队就是在这种背景下，于 2007 年由教育部立项并加以建设的第一批教学团队。经过近 5 年的建设与实践探索，已取得了一定的成效。现将本团队建设的相关内容、具体做法、措施等加以总结和介绍，旨在为其他教学团队建设提供相关参考。

一、教学团队建设的体系框架

教学团队是教育部“质量工程”建设的重要内容之一，是提高高等教育教学质量的重要举措，是加强教师队伍建设的新途径，是高校教学管理模式的有益探索[1]。团队的概念最初出现在企业管理中，20 世纪 70 年代，管理团队在日本风行，随着团队理论及其实践逐渐走向成熟，这一概念也被引入其他领域。我国在 20 世纪 90 年代逐渐将此概念引入教育系统，开始了教学团队的实践[2-3]。教学团队是根据各学科（专业）的具体情况，以系列课程或专业为建设平台，以一些知识、技能互补而又相互协作、沟通的教师为主体，以教学内容和教学方法的改革为主要途径，以提高教师教学水平、提高教育质量为目标而组成的一种创新型的教学基本组织形式[1]。

华南农业大学的“农科生态学系列课程”国家级教学团队以“师资队伍建设与系列课程建设”为主体，其目标是加强“农科生态学系列课程”或课程群的建设和师资梯队建设，加强教学科研融合，推进教学改革研究，提高教学质量，实现教学团队成员间的优势互补与共同发展。具体而言，本教学团队主要从四个层面展开相关的建设内容，包括：①师资团队建设；②课程群（或系列课程）建设；③教学方法与模式构建；④教学管理制度建设（如图 3－1 所示）。

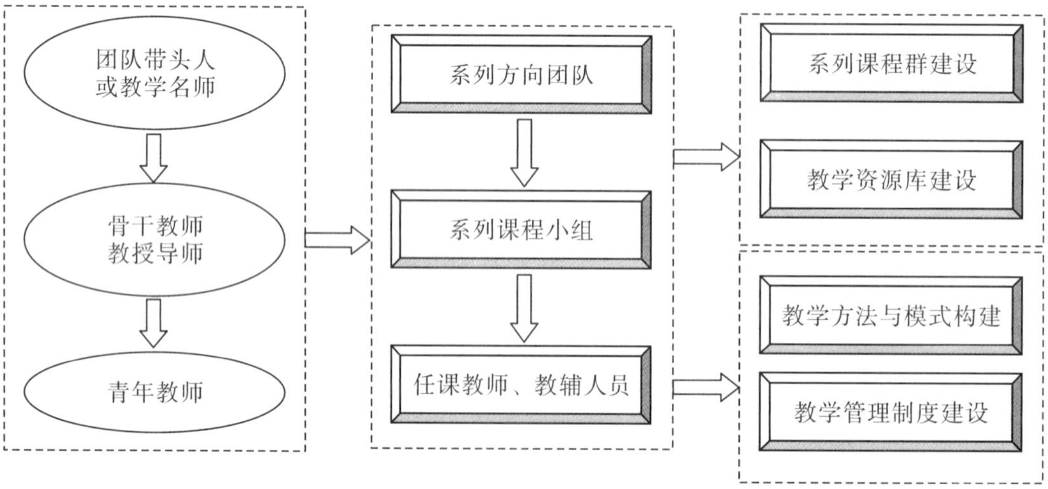

图 3－1 “农科生态学系列课程”国家级教学团队的建设框架

师资团队建设是国家级教学团队建设的首要任务，即根据专业培养计划与课程教学的需要，不断培养、组合、引进教师，形成由“团队带头人（或教学名师）—骨干教授—青年教师”组成的教学团队以及一系列相关的课程教学小组。在师资团队建设方面，尽量做到年龄结构、专业结构、学历结构等的优化组合与互补。

课程群建设是国家级教学团队建设的核心内容之一。课程群建设就是根据本专业的人才培养方案以及设置的不同生态学方向模块，将内容相近或关联性较大的一系列课程（包括专业基础核心课程、选修课程等）分门别类，进行组团式课程建设，形成不同特色的课程系列，同时与组建的相对应的课程教学小组匹配，这样有利于集中进行课程和教学资源库的建设（包括精品课程网站、教材、视频资源、习题库、文献资料等），有利于同一课程小组的教师集中备课，并相互交流教学内容和教学经验。

教学方法与模式以及教学管理制度是保证教学团队建设效果和提升本科教学质量的基本支撑与手段，也是教学团队建设的重要内容之一。教学方法与模式以及教学管理制度的构建包括课堂教学与实践教学等相关的方法与管理规范等的建立、健全及其实践与改革探索，以形成科学的、具可操作性的、切实能提高教学效果与质量的方法与模式以及管理规范体系。

二、教学团队建设的具体做法与成效

（一）师资团队建设的途径与做法

针对“农科生态学系列课程”国家级教学团队中青年教师较多的现状特点，本教学团队提出了“由教学名师带领一个教学团队，由骨干教授带领一个课程小组，由一名教授指导若干名青年教师”的发展思路与建设模式，通过传帮带以及青年教师导师制的作用，推动和促进现有师资队伍的建设。

根据生态学专业课程类别和特色方向课程模块以及教师的专业特长，优化整合与组建了 10 个左右的系列课程教学小组，包括普通生态学类、农业生态学类、森林生态学类、家畜生态学类、环境生态学类、生态规划与生态旅游类、生态工程类、生态学实验类、生态学野外实习类等系列课程教学小组，每个课程教学小组由 2 ~ 3 名教师或更多教师组成，并由理论知识扎实和教学经验丰富的教授领衔，每个小组负责一类课程的教学。要求每个课程教学小组的教师进行集体备课、教学观摩、互听课评议活动，共同研讨教学内容和教学方法。

同时，华南农业大学生态学专业通过重点学科建设和本科教学质量工程项目，设置青年教师培养专项经费（来自所在的重点学科与重点实验室设立的开放课题基金与联合探索课题经费、学术会议专项经费、出国进修访问专项经费等），资助青年教师启动科学研究，到国内外参加学术会议，或到国内外进修学习和进行科研合作。根据团队建设目标，将建设任务逐步分解，落实到人，“给任务，压担子”，使团队教师在完成各项工作任务中不断得到锻炼和提高。

（二）系列课程建设的做法与成效

首先，根据生态学专业和相关专业方向的人才培养方案，以及团队教师的专业背景，认真做好专业课程群建设规划。

由于生态学从某种程度上讲属于一门研究尺度比较宽泛、内容丰富的“横断科学”，因此，在教学和课程建设方面，就必须按照一定的分类体系进行课程群建设。在本教学团队所覆盖的相关专业人才培养方案中，分别设置了农业生态学、环境生态学、生态规划等几个系列课程群。同时，对于每一个方向性课程群，再进一步选择与确定相应的、内容相关联的专业基础课、专业课和专业选修课等核心课程，以组成一系列课程群。

其次，在课程群规划设置好之后，分别对各系列课程群中每一门核心课程进行集中建设，建设内容主要包括精品课程、精品教材、教学课件、教学网站、辅助教学资源库等。

通过近年来的努力，华南农业大学生态学专业现已拥有农业生态学国家精品课程、农业生态学国家级双语教学示范课程（它们同时为省级精品课程），以及普通生态学、生态规划校级精品课程、农业生态学校级精品视频课程等项目。同时，其他近 10 门课程也正朝着精品课程的要求与目标加以建设。在精品教材建设方面，本教学团队教师近年来已编写出版了 15 本以上教材，包括《普通生态学》《普通生态学实验指导》《生态学常用实验研究方法与技术》《生态学野外综合实习指导》《农业生态学》《农业生态学实验与实习》《生态保护导论》《环境生态与可持续发展导论》《污水处理的人工湿地构建技术》《生态农业的模式与技术》《农业生物多样性利用的原理与技术》《生态规划学》《生态规划的方法与案例》《旅游生态学》《农业循环经济》等，其中大多为“十一五”国家重点图书或国家“十一五”规划教材。同时，要求每位任课教师在教学过程中，不断积累教学素材，包括多媒体课件、教学视频资料、习题库、教学参考资料等，逐步建设和完善教学资源库。目前，已有部分课程建立了较为完整的教学资源库。

（三）教学方法与模式的构建与实践探索

传统的“满堂灌”“填鸭式”的教学方法只重视教师教，而不重视学生学，教师在教学过程中唱“独角戏”，学生未能真正参与到教学过程中来，其教学效果不理想。

为改变课堂上学生被动学习的局面，本教学团队大力探索和推行课堂启发式、参与式和互动式的教学模式，通过讲授、提问、讨论、辩论、座谈、观看录像、布置作业等教学方法，让学生系统、深入地理解和掌握生态学课程的基本知识与基本技能。具体做法包括：

（1）在讲授每一章节内容之前或之后，任课教师给学生布置一些预习或复习作业题，要求他们借助校内外图书馆、网络及其他渠道完成自学任务。

（2）经常开展课堂提问、课堂辩论或讨论。在课堂上，鼓励教师和学生之间互相提出问题；每次辩论或讨论均围绕一个主题，而且尽量让学生事先准备好发言稿或多媒体课件。在学生辩论或讨论过程中，教师和学生可以对主讲学生的讲解内容和观点进行质疑、讨论和评述。

（3）为进一步发挥学生学习的主观能动性，适当给学生提供“寓学于教”的机会，让学生当“教师”，让教师当“学生”，实现角色互换，即让学生在教师的指导下认真备课，之后让他们在课堂上讲授教材中的某些章节。

（4）在课堂教学过程中，根据课程的进度和需要，穿插播放一些生态学专题录像片，如全球生态环境问题、生态农业建设、生态学热点问题等视频资料或生态时事新闻，让学生及时了解国内外的一些生态学进展。上述参与式、互动式教学方法的使用，不但调动了学生学习的积极性和主动性，而且培养和增强了学生提出问题、分析问题和解决问题的能力，也锻炼和提高了他们的口头表达能力，加深了他们对理论知识和技能的理解与掌握。

同时，为了改变生态学专业教学“软”“空”“泛”的现状，实现向“硬”“实”“深”的根本性改变，近些年来，本教学团队加强了生态学实践教学的改革与探索。首先，设置了一系列专门的生态学实验课、野外实习课以及案例调查与实践研究课程，并编写了相应的教材。其次，在实验课教学中，加大了综合性、设计性与创新性实验的比重。在野外实习实践教学中，为配合专业核心课程的理论教学，同时设置了相应的实践课程，并纳入统一的学时和学分管理。例如，为配合普通生态学的理论教学，对应开设了生态学综合案例研究与实践课程；为配合生态规划学的理论教学，专门开设了生态规划案例调查与实践课程；为配合生态工程的理论教学，相应开设了生态工程案例调查与实践课程等。

为了激励大学生的课外科技创新活动，学校和学院设立了不同类型的科技创新基金，鼓励大学生结合课程学习的内容，进行选题申请，开展课外科研活动。同时，鼓励学生积极参加广东省和国家的大学生挑战杯竞赛。通过各级各类科技创新项目，推动学生建立科研小组，并实行导师制培养。在整个科技创新研究过程中，注重培养学生的科研思维、科研方法、科研技能以及科技论文的写作能力。对于获得各类科技创新研究项目或成果的同学，在评选"三好学生"、免试推荐研究生以及优秀毕业论文评选等方面给予优先考虑。这些激励措施和创新活动激发了学生的学习兴趣和创新活力，拓宽了学生的科技创新空间。

积极开展课外多元化的实践教学活动，实现有限的课堂教学与无限的课外教学相结合的目标。例如，定期或不定期地开展生态学社会实践调查活动、学术会议、生态学实验仪器使用培训、专业技术培训，以及让本科生直接参与研究生的读书报告、开题报告和论文研究工作，或让学生参与组织知识竞赛、学术社团、学术会议等活动。

（四）教学管理制度的建立、完善与实施

为保证教学团队的规范化建设，本教学团队在积极贯彻执行学校和学院制定的教学管理制度与政策措施的基础上，不断地健全、研究、探索和实践适合教学团队建设的管理制度与规范。近年来，建立和实施的主要管理制度包括以下五个方面：

（1）青年教师导师制度。即要求团队中每位 35 岁与中级职称及以下的专业教师都必须选择导师进行前期培养，通过这种方式有效提高了青年教师的教学与科研水平。

（2）教师集体备课制度。在课程小组内部，上同一门或同一类课程（课程群）的教师需在开课前和教学过程中定期或不定期地对课程教学内容、教案和教学方法等进行集中研讨，以取长补短，并统一和规范课程的基本知识点、教学重点和教学难点，保证课程群内课程之间内容的衔接，避免教学内容的重复。

（3）教师间互听课评教制度。在每学期中，要求每位教师至少听同行教师 3 ~ 5 次课，或组织教师集体听课，并要求做好听课记录，互相学习，取长补短，并相互提出评价意见和建议。同时，要求任课教师特别是青年教师每学期要坚持听教学名师和教授的课，学习他们的课堂教学方法与教学经验。

（4）教学工作研讨会议和教学研究制度。为了加大教学研究与改革力度，要求每学期至少召开 2 ~ 3 次教学工作研讨会议。同时，要求每位教师应承担相应的教学改革研究课题，并要求发表教学论文。

（5）全程教学规范管理制度。为了有效地监控本科教学质量，贯彻执行、实施，并建立了一系列教学管理制度，包括教学计划审批制度、教学大纲审批制度、教材选用审批制度、教师临时调停课审批制度、学生考勤制度、试卷与考试规范、学生评教制度、同行教师评教制度、野外实习教学规范、本科毕业论文规范、毕业实习规范等。

三、结语

国家级教学团队建设质量工程项目自 2007 年首次启动以来，迄今（2011 年）已有 5 年多的时间了。目前，在教学团队建设过程中尚存在不少问题，主要包括以下五个方面：①通过建立什么样的激励机制与团队文化[4]，来创建浓郁的团队合作氛围和特色鲜明的教学团队，以增强教师从事教学的责任感、积极性、主动性与创造性。②通过采取什么样的师资队伍建设与人才培养模式，来更有效地提高团队教师，特别是青年教师的教学科研水平与教学效果。③如何加强有利于教学团队成长与发展的平台建设，包括学科建设、专业建设、实验室建设、实习基地建设、教学科研资源共享平台建设等，以实现教学团队的系统建设目标。④应采取什么样的高效运作模式与机制进行教学团

队日常管理，才能推进教学团队规范化与人性化建设及其健康与可持续发展。⑤如何制定科学合理的国家级教学团队建设成效的评估指标体系和团队成员绩效的考核体系[4]，应该选取哪些指标，采用什么评价方法与标准等，均需要开展深入的探索研究（可参考本书附录2中的相关评估指标）。

参考文献

［1］沈慧．建设高效教学团队应处理好三组关系［J］．成功（教育），2012（2）：201.

［2］史烽，蔡翔，李远远，等．高校教学团队的概念、特征与组织要素分析［J］．价值工程，2012（8）：172－173.

［3］张玮．我国高校英语教学团队建设现状与对策［J］．湖北经济学院学报（人文社会科学版），2012，9（7）：201－203.

［4］李运庆．高校教学团队建设的主要方法与途径［J］．当代教育理论与实践，2012，4（7）：66－68.

第三章 加强高校青年教师培养的对策与措施

十多年来，高校招生规模的迅速扩张，导致师资力量紧张的矛盾进一步加剧。同时，随着“211 工程”、“985 工程”、高水平大学建设、双一流大学建设以及各级各类人才工程的相继推进，高校青年教师数量规模日益增大，并逐步成为高校的生力军。因此，青年教师的教学质量在很大程度上影响了高等教育的质量。然而，青年教师往往存在教学能力和经验不足的问题，再加上工作和生活中的各种压力与诱惑，使得他们可能存在思想状态不稳定、对教学工作疲于应付的情况，进而对大学生的培养质量势必产生一定的影响。因此，加强对高校青年教师的全方位继续培养具有十分重要的现实意义。

一、高校青年教师的优劣势分析

青年教师通常是指专门从事教学与科研工作的、年龄在 40 周岁以下的专任教师。随着高等教育规模的扩大，以及高水平大学学科建设与科研发展的需要，近年来，许多高校引进和留用青年教师特别是应届毕业研究生的数量不断增加，而且选用青年教师的基本门槛越来越高，动辄需要硕士和博士学位，而且大多还需具有海外留学经历，并要求发表过高水平的 SCI 学术论文或其他科研成果。在这种情形下，在高校中逐步形成了一个高层次的青年教师群体。

这类青年教师群体通常具有学历层次和科研素质高、体力和精力充沛、创新意识与竞争意识强、上进心与成就动机强、冲劲大等诸多优势[1]，这支新生力量在一定程度上影响着学校的科技创新能力和竞争能力，代表着学校未来的发展潜力和水平。

然而，这类青年教师在个人成长和职业发展方面也存在很多劣势或不足之处（如下表所示），主要表现在以下三个方面：

（1）教学能力与经验不足[2]。众所周知，高校的第一要务是教学。然而，由于许多高校师资短缺，青年教师入校后，首先要面对一定的教学任务，但很多博士、硕士毕业生“刚离开学习的课堂，又要走上从教上课的讲堂”，这无疑是“赶鸭子上架”，对青年教师来说是一个很大的挑战。事实上，许多青年教师在课堂上缺少教学经验及技巧，组织课堂能力弱，在讲授时往往照本宣科，把握不了课程的重点、难点以及知识体系结构，同时，也很难结合实例展开，使课堂教学显得“干瘪无味”，课堂气氛沉闷，教学效果不佳。

（2）发展定位不清，角色转换不到位。有些青年教师入校后，其所学专业往往与实际需要开展的教学科研方向不一致，或者干脆就没有其可以参与的教学科研方向，进入不了现有的教学科研团队，只能游离于现有的团队之外，“单打独斗”。工作几年后，由于缺少基础条件和学科支撑，青年教师在科研和教学上找不到方向。同时，许多青年教师在研究生阶段，通常是在导师的指导和管理下开展科研工作的，到高校后，既要进行科研，又要从事教学，还要应付许多日常工作任务，参加各种会议，有些青年教师很难适应这种“多重角色”的转变，结果往往是疲于应付，几年过后，在科研和教学上均无好的成果和建树。

（3）面临多重压力。青年教师入校后，首先面临着工作压力（教学与科研压力），同时也面临着绩效考核压力、职称晋升压力、成家立业压力、生活压力等多重压力。刚入职的青年教师，往往待遇不高、职称不高，一方面需要应对学校制定的各种绩效考核，需要通过自己的努力达到考核指标，以便稳定岗位，提高自己的工作待遇，并为职称晋升创造条件。另一方面，青年教师大多还需要成家立业，肩负着养家糊口等诸多责任，因此，他们势必要经受来自工作上和生活上的多重压力。这种理想与现实之间存在的巨大落差，容易使青年教师在思想上产生波动，工作状态不稳定，精力分散，繁重的教学和科研工作使高校教师的工作时间延长。很多青年教师每天的工作时间比法定工作时间要多3~4个小时，双休日加班成为常态，长期超负荷工作，严重影响青年教师的工作和生活质量以及身体健康，同时也严重影响教学与科研的效率和质量。

青年教师发展的优劣势分析表

优势	劣势或不足
➢学历层次高 ➢科研素质高 ➢体力和精力充沛 ➢创新意识与竞争意识强 ➢上进心与成就动机强	➢教学能力和经验不足 ➢发展定位不清 ➢角色转换不到位 ➢思想易波动、工作状态不稳定 ➢职称晋升压力大 ➢生活压力大

二、高校青年教师培养存在的问题

（一）缺少青年教师队伍建设规划

许多学校、学科、院系未能很好地制订或缺少青年教师队伍建设规划；即使有相关的建设规划，但通常缺少成套的、行之有效的、可持续性的培养措施，或者建设规划形同虚设，未能得到很好的贯彻落实。同时，在青年教师的引进和培养等方面未能很好地坚持需求导向，在青年教师队伍建设方面存在一定盲目性。例如，在一些重点优势学科或重点院系，通常大量引进和留用青年教师，而且以科研型教师为主，投入的建设与培养经费也多；而对一些潜势或弱势学科或院系，则新进的青年教师数量有限，相关的配套条件也不足。这样势必造成学科间、院系间青年教师队伍建设的不平衡发展，从而不利于学校教学和科研水平的同步提升。

（二）青年教师培养过程中存在不少误区

1. 在青年教师引进和培养上存在偏差

该方面主要表现为：①重学历，轻能力。在青年教师的引进选用方面，通常主要注重应聘者的学历，特别是海外留学或学习经历，注重是否发表了高水平的SCI论文，而忽视实际的科研教学能力，因此，这样引进的青年教师不一定能适应未来工作岗位的要求。事实上，也有不少引进来的海外博士，入职后“水土不服”，工作效果不佳。②重使用，轻培养。青年教师入职后，通常是教学任务和科研任务一起上，未能给他们“缓冲时间”，也没有为他们提供继续“充电”的机会，因而不利于青年教师的可持续发展。③重科研能力，轻教学能力。无论在引进还是在后期培养方面，通常趋向于引进和培养科研能力强的青年教师，而不是很关注教学能力强的青年教师。而且入职后，科研能力强的青年教师往往会得到更多的重视、更多的培养与发展机会。④重才学，轻师德。为人师表是对高校教师的最基本要求。但在青年教师的培养与考核中，往往忽视师德和政治思想等方面的考核和培养，有些青年教师为应对绩效考核，急功近利，甚至不择手段，出现学术不端等问题[3]。

2. 对青年教师的绩效考核机制存在偏颇

该方面主要表现在：①激励目标偏高[1]。为了提高学校的社会影响力和竞争力，对教师，尤其是对青年教师的要求不断提高，在年度考核、职称评定标准上“层层加码”。SCI 论文导向、基金课题导向、科研成果导向的绩效考核指标体系在高校中已“司空见惯”，结果驱使青年教师将大量时间和精力投入 SCI 论文撰写、基金项目和成果奖励申报中，而对教学工作的积极性不高，投入的时间和精力甚少，严重影响教学效果与人才培养质量。②评价指标过度量化[1]。绩效考核及职称评价的指标主要为 SCI/EI 论文、专利和（纵向）科研项目的数量，科研奖励级别与排名，教学课时量等，全部进行量化考核，甚至可以用科研业绩折换教学工作量，而教学和科研的许多公益性工作难以在量化指标中体现。这样驱使青年教师将主要精力和时间都放在了项目申报、论文发表、成果申报等量化指标方面，结果导致了重科研、轻教学，重数量、轻质量的问题。

3. 对青年教师的绩效激励手段单一化

在对青年教师的绩效激励过程中，过多引入企业管理的激励模式，忽视高校教师的特点，往往以单一经济激励为主，忽视了对教师道德、情感、态度和人格等方面的培养、评价与激励，使激励手段单一化、简单化。这种偏态化的激励机制逐渐淡化了教师教书育人和一些公益性服务的职责与义务。有些青年教师为了获得更多的经济激励，一味追求可量化的绩效考核指标，做事功利心强，毫无师德可言。另外，有些高校对一些优秀人才实行年薪制，有些青年教师按照相关主管部门制定的评价指标，也许就是因为一两篇高水平的学术论文和一两个基金课题而戴上了“人才帽子”，拿到了高额年薪，而大多数青年教师因未达标而只能享受较低的经济待遇。这种现象也会造成青年教师之间的不满乃至心理失衡。

（三）有关青年教师培养的有效措施不多

尽管许多高校十分重视对青年教师的培养，但由于科研教学等资源条件短缺和经费投入有限，加之长期以来存在对青年教师“重引进、重使用、轻培养”等方面的问题，因此，实际上，对青年教师培养的行之有效的措施和做法并不多。一些条件好的高校，通常会给青年教师提供一定的科研启动基金、科研平台、创新团队、专业培训，以及出国进修和参加国内外会议等相关的发展条件和发展机会。一般的高校则由于多方面的原因，不一定能够为青年教师提供上述条件，许多青年教师进校后找不到“归宿”和方向，给予他们的多是繁重的教学任务和事务性工作，青年教师在科研教学方面得不到很好的发展。

三、加强高校青年教师培养的对策措施

（一）做好青年教师发展及其职业生涯规划与全方位培养

高校及院系在青年教师的引进与培养方面，首先要切实根据自身学科发展和专业建设的需要，做好青年教师引进规划，做到“因需设岗，因需进人”，而不是盲目地引进。同时，要做好青年教师的发展及其职业生涯规划，要做到青年教师入职后，“人人有平台依托，人人有团队加入，人人有事可做，人人有发展机会”。一方面，青年教师入职后，学校、院系或教师发展中心应组织、引导和帮助青年教师制订职业生涯规划；另一方面，要根据制定的人才培养及其发展规划目标，积极创造条件，加强对青年教师的全方位培养，包括师德师风、科研能力、人文素养等各个方面（如图 3-2 所示）。在青年教师培养方面，不仅要关注教师的业务能力的培养与提升，更重要的是要加强师德师风建设，而且还需加强对青年教师的人文关怀和人文素养的培养。

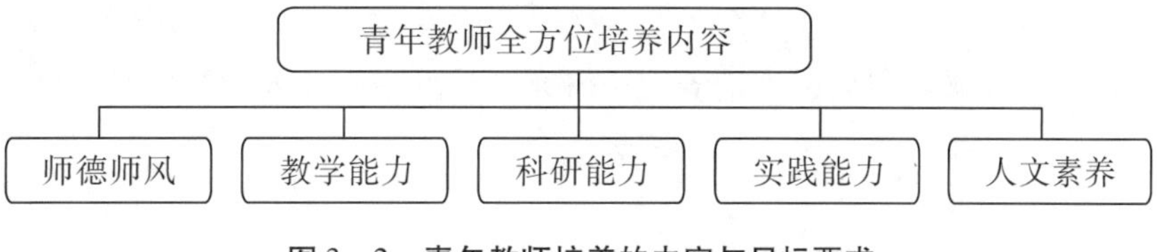

图 3-2　青年教师培养的内容与目标要求

（二）实施青年教师导师制培养

大多数青年教师通常是应届毕业的硕士和博士研究生，他们新入职后，往往缺乏教学能力与经验，同时科研上也找不到团队和方向，表现得较为盲目与被动。因此，实施青年教师导师制培养不失为一种行之有效的措施，目前许多高校已在推行此项措施。青年教师导师制培养模式的具体做法是为每位新入职的青年教师配备一名教学经验丰富、学术水平高、师德良好、治学严谨的教师作为导师，即进行青年教师与导师的“配对”（可签订导师制培养协议），通过传帮带等方式指导、帮助和扶持青年教师开展教学科研活动。青年教师可在导师的指导下，通过参与导师科研教学活动、申报课题、参加学术会议等不断提升自己的各方面能力，导师则通过言传身教，从师德师风、教学科研等方面对青年教师实行跟踪式全方位指导，帮助青年教师尽快成长。

（三）建立科学合理有效的绩效激励机制

高校教师的绩效激励机制是“指挥棒”，因此，制定科学合理的岗位聘任、绩效考核和职称晋升评价标准及评价方法对青年教师的培养和成长至关重要。在制定绩效激励指标体系时，应考虑以下四点建议：①给予青年教师一定的“缓冲空间”，即不能急于求成、拔苗助长，通过青年教师导师制让青年教师当助教、助研，在教学科研工作量计算和绩效分配方面，实施特殊的优惠政策，如青年教师在入职的2~3年内，可不参加一般教师的年终考评而获得相应的绩效奖励分配。②应注重青年教师的教学与科研的平衡发展及全面发展，即绩效考核指标不能过分强调科研课题、SCI论文和科研成果，而弱化对教师的教学能力与教学工作量的评估。同时，还要综合考察青年教师在师德师风、团队合作精神、公益性服务工作等方面的综合表现。③绩效激励指标宜适当、适度。若绩效激励指标定得过高，大多数青年教师达不到，则不利于青年教师的岗位聘任、职称晋升和奖励分配，无形增大了青年教师的各方面压力，不利于青年教师的身心健康、青年教师队伍的稳定及其可持续发展。同时，也不能将绩效激励指标定得过低，这样会导致青年教师“混日子”，不思进取，结果适得其反，起不到应有的激励作用。④采取定量与定性相结合的评价方法。在绩效评价过程中，不能一味地追求量化指标，如“记工分”“论点数”“比经费（钱数）”，而应该结合青年教师的实际能力、实际贡献、实际影响力、发展潜力、师德师风等方面的实际表现，对青年教师的能力与业绩进行全面综合评价。

（四）增加投入，为青年教师培养提供物质保障与软硬件支持

青年教师教学科研能力的提升离不开物质保障[4]。增加对青年教师教学科研培养的投入，不仅是项目基金的投入和优惠政策的实施，还包括必要的办公室、实验室、实验实践基地、图书资料与信息网络等硬件条件的提供。同时，还需为青年教师的教学科研工作提供学科、专业、团队等相关平台的支撑。另外，也需要积极解决青年教师的住房和生活等方面的问题。

参考文献

[1] 李年银，刘平礼，罗志锋，等．高校青年教师培养模式中的激励机制探讨［J］．大学教育，2017（4）：165-167.

[2] 刘丽，赵达．高校青年教师培养与发展问题探究［J］．牡丹江师范学院学报（哲学社会科学版），2015（2）：143-144.

[3] 傅君君．高校青年教师培养问题探究［J］．无锡商业职业技术学院学报，2009，9（6）：33-35.

[4] 杭慧．高校青年教师科研能力培养问题研究［J］．中国成人教育，2013（19）：111-112.

第四编
生态学专业课程建设及教学综合改革

第一章
生态学专业核心课程群建设模式研究与实践

课程建设是专业建设和课程教学的核心组成部分。针对许多新开办的本科专业，通常会出现注重单一的课程建设，而忽视专业课程群体系建设的现象。同时，在课程建设过程中，往往只关注精品课程的建设与教学改革，而忽视配套的教材建设、网站建设和教学资源库的同步建设，即有的专业仅重视课程教材建设，有的则仅侧重课程网站建设，或有的仅关注课程教学方法的改革研究。这种单一的、孤立的课程建设均不能全面地、同步地、系统地提升专业建设水平和教学质量。因此，加强专业核心课程群立体化建设具有十分重要的意义。

一、专业课程建设存在的共性问题

在本科专业建设中，特别是新专业，课程教学中常出现的“无精品课程、无特色教材、无课程网站、无教学资源库”“四无”现象，以及在专业建设中，往往出现课程教材、课程网站及教学资源库的单一化和孤立化建设，导致学生“学无所依”的局面。任课教师在备课时，则从不同的教材参考书、期刊或网络上摘抄相关内容，制作 PPT 课件，上课时有的教师照本宣科，像“放电影”一样；有的教师则天马行空，教学内容跳跃性大、系统性不够，学生上课就像“听天书”。下课后，也无相应的、合适的教材参考，学生很难进行预习、复习和自学，严重地影响了课堂教学效果。

另外，有些专业在课程建设过程中，通常只集中力量和资金投入在某门或某几门重点课程（如某一两门精品课程）的建设上，其他的专业课程建设很不到位，出现“瘸腿”现象，因此势必影响专业教学与人才培养的总体效果与质量。

二、专业核心课程群建设思路与模式

具体的建设思路是，根据本科专业人才培养方案，以核心课程群建设为抓手，以“精品教材建设—精品网站建设—教学资源库建设”为主线，实施系列核心课程教材编写和精品课程网站（含教学资源库）“捆绑式同步推进”的建设模式，打造全方位、立体化的专业课程教学的“航空母舰”。在教材建设方面，应注重理论教学类教材与实验实践类教材、辅助参考类教材的配套集成建设；在课程教学模式方面，将课堂现场教学与视频教学、课程网站教学以及教学资源库链接，建立课上/课下的全程教学模式[1]（如图 4－1 所示）。

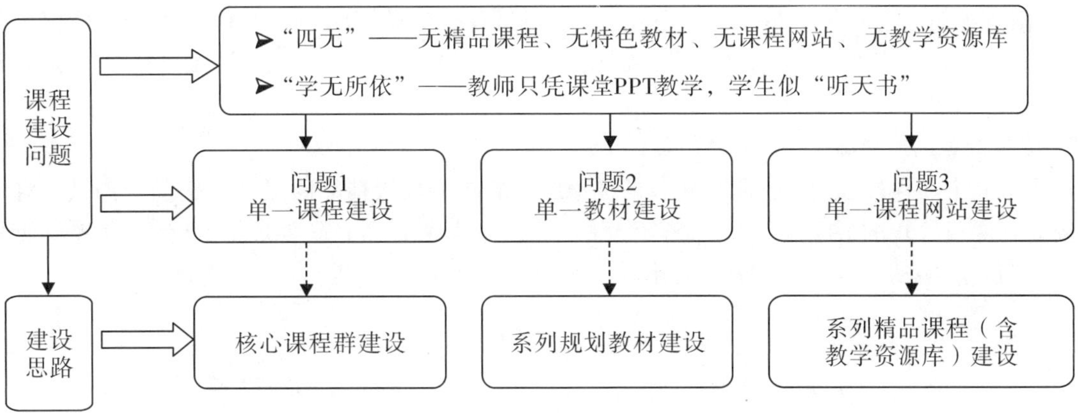

图 4－1 问题导向的核心课程群建设思路及其内容

三、生态学专业核心课程群建设的具体做法与初步成效

（一）具体做法

华南农业大学生态学专业自 2003 年开办以来，针对当时存在的课程建设、教材建设、教学资源库建设滞后的现实情况，开展了生态学专业系列课程群的建设工作，经过十多年的努力取得了一定的成效。具体做法包括以下几个方面。

首先，围绕本校生态学专业人才培养目标，制订了专业核心课程群建设规划，基本做到每门核心课程有理论课教材和配套的实验或实习教材，每门核心课程建有相应的精品课程网站和教学资源库。

其次，以核心课程群建设规划为指导，有计划地积极申报省部级和国家级规划教材，以及各级各类教学质量工程项目、教改课题立项，并以项目为依托，开展一系列教材的编写出版和相应的精品课程的集成建设。

再次，以上述的规划教材和精品课程网站（含教学资源库）已有的建设成果为基础，开展课程群网站和系列教学资源库建设，并融于课堂教学之中，延伸于课堂教学之外，进而为课程教学和专业人才培养提供全程和全方位的载体。

（二）取得的初步成果

围绕上述提出的"精品教材建设—精品网站建设—教学资源库建设"的建设模式，十多年来，取得了以下几方面的成果（如图 4－2 所示）：

1. 精品教材建设

本专业教师已主编出版了 12 部国家级、省部级规划及相关参考教材，包括《普通生态学》（国家"十一五"规划教材）、《农业生态学》（国家"十一五"规划教材）、《生态规划学》（国家"十一五"重点图书）、《旅游生态学》《普通生态学实验指导》（广东省精品教材）、《生态学野外综合实习指导》（广东省精品教材）、《农业生态学实验与实习指导》《生态农业的模式与技术》（国家"十一五"重点图书）、《生态规划的方法与案例》《生态旅游的理论与实践》《环境生态与可持续发展导论》、*Agroecology in China* 等。

2. 精品课程建设

完成了八门国家级、省级和校级各类精品课程质量工程建设任务，包括一门国家级精品课程"农业生态学"、一门国家级双语示范课程"农业生态学"、一门国家级视频公开课程"生态文明之路”、一门省级精品资源共享课程“生态规划”、一门省级精品视频公开课程“生态环境保护与农业可持续发展”、两门校级精品课程“普通生态学”和“生态规划”、一门校级精品视频公开课“农业生态学”等。

3. 课程教学网站建设

建成了九个课程教学网站，除已建成的国家级、省级和校级精品课程（含精品资源共享课、精品视频公开课程等）的教学网站（含教学资源）外，还建成了“生态学综合实验”“生态学野外综合实习”“旅游生态学”等课程教学网站。

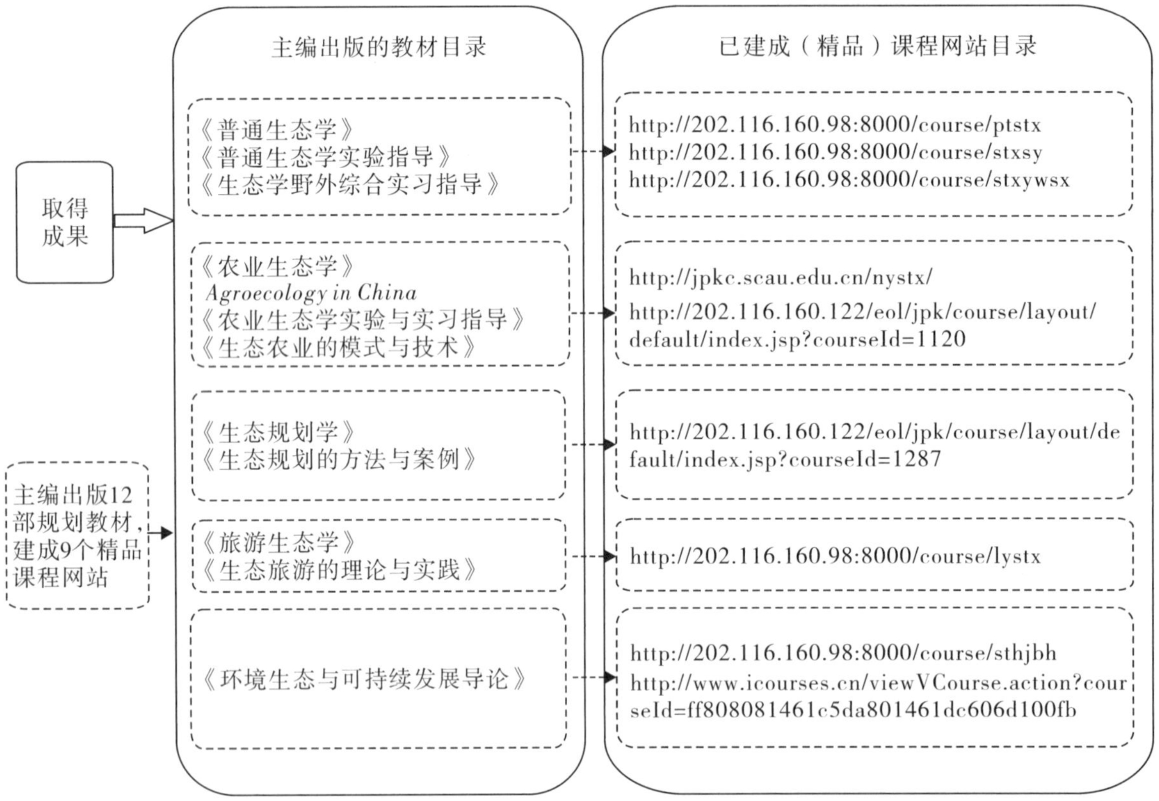

图 4－2　生态学专业核心课程群建设的初步成果

（三）取得的基本成效

多年来的核心课程群建设与实践探索，使本专业的课程体系建设逐步呈现出以下几方面的特色与特点：

（1）以专业核心课程群建设为重点，而不是孤立地或单一地建设某一门课程或某一种教材，体现了“课程聚群与集成建设”的明显特色和创新，使专业课程教学具有“航空母舰”功能。

（2）将“课程教材—课程网站—教学资源库”“三位一体”同步建设与融合发展，避免了以往专业课程建设中常见的“瘸腿、短腿”现象，保证了课程教学资源的系统性和全程化，并将上述建设成果融于课堂教学之中，且延伸于课堂教学之外，打破了课堂教学时间的限制，扩大了学生学习的自由度和学习空间。

（3）在教材编写方面，做到主要核心课程既有理论教材，也有实验或实习教材；在课程建设方面，既有以前的精品课程、双语教学示范课程，也有近年来建设的精品视频公开课、精品资源共享课等类型，课程资源类型丰富多样，内容全面互补。

在成果推广应用方面，近年来，本专业以“课程教材—精品课程网站”为载体的生态学核心课程群建设的社会效应逐步凸显。系列成果不仅满足了本校生态学专业的教学需要，提高了人才培养质量，而且也为相关高校的相近专业提供了较好的教学改革实践参考与教学资源。例如，本校主编出版的《农业生态学》《普通生态学》《生态规划学》《农业生态学实验与实习指导》《旅游生态学》等已成为国内众多高校的主流参考教材。其中《农业生态学》从20世纪80年代开始，已再版四次（印刷十多次），而《普通生态学》也已再版两次。已建成的9个专业课程教学网站及教学资源库已向公众开放，国内外高校师生及科研人员等可利用课程教学网站进行学习、信息交流和科研参考，覆盖面和受益面十分广泛。《农业生态学》《生态规划学》等课程的教学网站均已逐渐成为国内较为热门的课程教学网站。这些精品课程与精品教材在国内生态学专业人才培养方面产生了良好的影响和社会效应。

四、下一步的建设思路

（一）继续加大精品教材建设力度

根据本专业人才培养需要，组织编写出版一系列具有热带、亚热带区域特色的生态学专业教材或教学参考书，重点开展实验与实践教学、生态学研究方法论、生态学案例研究、生态学新兴分支学科、生态学前沿进展等类别，以及双语教学的教材或参考书，并争取申报纳入国家或省市相关部门的规划教材或重点图书。

（二）继续开展“三位一体”核心课程群建设

按照本专业人才培养方案课程体系设置要求，进一步梳理各课程之间的知识层次、内在联系与课程模块，建立若干个核心课程群，并按照“课程教材—课程网站—教学资源库”“三位一体”模式进行课程建设，逐步实现本专业主要课程建设的全覆盖。

（三）运用新媒体手段，加强不同形式的精品课程和教学资源建设

一方面，继续加强原有的国家级、省级和校级精品课程、精品视频公开课、精品资源共享课程、双语教学示范课程等建设与提升。另一方面，在此基础上，运用新媒体手段，建设一批MOOC、微课、动画、小视频、图片、手机APP等精品课程或教学资源。利用现代信息网络技术和智能技术打造系列智慧课程或智慧课堂[2]。

参考文献

[1] 丁云华．基于翻转课堂理念的O2O教学模式与管理机制探索［J］．高校教育管理，2016，10（1）：111－115.

[2] 苏明骜．智慧课堂研究现状的实证分析［J］．河南科技学院学报，2017，37（10）：64－69.

第二章
“农业生态学”国家精品课程建设的实践与思考

精品课程建设是高等教育适应社会对高素质人才培养的必然要求，是高等学校教学质量与教学改革的重要组成部分[1]。2003 年教育部启动了第一批精品课程建设。华南农业大学的“农业生态学”课程于 2006 年分别被教育部和广东省遴选为国家级精品课程和省级精品课程。经过近几年的发展，在师资队伍建设、课程网站建设、教材建设、双语教学、视频课程、实践教学等方面均取得了一定的成效。

一、“农业生态学”精品课程建设的途径与做法

农业生态学（Agricultural Ecology，Agroecology）是运用生态学和系统论的原理与方法，研究农业生态系统中生物与环境之间的相互联系、协同演变、调节控制和持续发展规律的学科。农业生态学是生态学理论与方法在农业领域中的应用，属于应用生态学的范畴。本课程的综合性和应用性很强，是全国农林高校的生态学、生物学、农学、资源环境科学、农业经济管理等相关专业的必修课或选修课之一。因此，开展“农业生态学”精品课程建设对现代人才培养和提高公众的生态环境意识具有十分重要的现实意义，受益面广。

按照国家精品课程所倡导的“一流的教师队伍、一流的教学内容、一流的教学方法、一流的教材、一流的教学管理”建设目标，近年来本教学团队对“农业生态学”国家精品课程开展了多方位、立体化的建设工作（如图 4－3 所示），主要体现在以下几个方面。

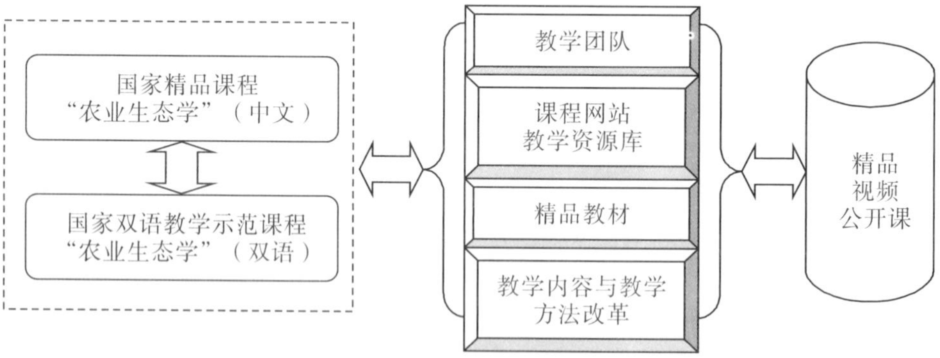

图 4－3　“农业生态学”国家精品课程建设内容

（一）课程教学团队建设

教学团队是精品课程建设得以顺利开展的基础支撑与人力资源保障，因此，加强高水平的师资队伍建设至关重要。通过自身培养以及引进新教师，并通过实施青年教师导师制培养计划，发挥骨干教师的“传、帮、带”作用等措施，本课程的师资队伍规模在不断扩大，师资结构在逐渐优化，

教学水平也在逐步提高。目前，承担和参与“农业生态学”精品课程理论与实践教学的教师共计十余人。从职称结构上看，现有教授六名，副教授三人，讲师和教学辅助人员等五人；从学位或学历结构来看，具有博士学位的有十人，具有硕士学位的有三人，其中50%以上的教师有出国进修或合作研究经历；从年龄结构来看，45岁以上的教师有六人，约占43%；从专业结构来看，涵盖生态学、农学、作物学、土壤生态学、环境生态学、生物技术、仪器分析等方面的研究背景，专业结构较为互补。在主讲教师中，现有全国高等学校教学名师一人、广东省高等学校教学名师一人、广东省“千百十工程”国家级培养对象两人、省级培养对象两人、校级培养对象四人。本课程的师资队伍与本校其他生态学方向的师资组成的“农科生态学系列课程教学团队”于2007年被教育部遴选为国家级教学团队，雄厚的师资力量为“农业生态学”精品课程教学打下了坚实的基础。

（二）精品课程网站建设

课程网站建设是精品课程建设的重要内容之一，是实现课堂教学和远程教学的现代技术手段，它不仅在课堂上可作为教学的媒介与载体，在课外（随时随地利用网络）还可作为学生预习、复习、练习、自学、互动交流的平台。“农业生态学”精品课程网站的内容较为丰富，主要涵盖10个方面，包括课程介绍、师资队伍、教学大纲和教案、多媒体课件、视频录像、实践教学（含实验和实习指导）、练习与考试（包括习题库和试题库）、在线答疑、教学资源库（包括生态热点、生态图库、学术报告、生态论坛、生态期刊、生态论文、生态网站、生态视频、学生报告、绿色家园、教学参考教材信息等内容）、站内公告（及时发布一些与课程相关的动态信息、会议通知等）。在精品课程网站的开发设计方面，从“为学生服务，以学生为本”的理念出发，十分注重网站的精品性、易用性和多功能性，网络课件（网络教程）的可视性、美观性和可更新性[2]，以及网络界面的友好性建设。2007年，“农业生态学”课程网站获第六届全国高等农业院校教育技术年会多媒体课件评比二等奖。

（三）精品教材建设

精品教材是精品课程建设的重要标志之一。华南农业大学是我国最早设立“农业生态学”课程的农业院校之一，1987年由本课程负责人骆世明教授等编著出版了我国较早的《农业生态学》教材，连续加印四次，印刷了近两万册才满足当时的需要。该书获得1992年全国首届“兴农杯”优秀图书奖。国内后来的多本农业生态学教材都或多或少参考了该书的内容。2001年，在十多年课程教学的基础上，骆世明教授等重新组织编写出版了一本面向21世纪教材《农业生态学》，结合农业生态环境问题与生态学发展前沿领域，增添了许多新内容，如中国生态农业发展、全球气候变化、生物多样性、可持续发展、植物化感作用、分子生态学、景观生态学、资源经济学等内容。该书2005年获全国高等农业院校优秀教材，先后已印刷四次，印数达三万多册，成为国内高校或科研单位的本科教学和研究生入学考试的必备教材，对全国农林院校的农业生态学教学和科研产生了积极影响。2009年，《农业生态学》又被列入普通高等学校“十一五”国家级规划教材、面向21世纪教材、全国高等农林院校“十一五”规划教材的出版计划。由骆世明教授组织国内五所大学的12位专家编写了新版的《农业生态学》教材，在内容体系上进行了较大的调整，使得知识结构更为清晰，同时增加了生态学热点方面的内容。为配套理论课教学，本团队还编写出版了《农业生态学实验与实习指导》教材（全国高等农林院校“十一五”规划教材、普通高等学校“十一五”国家级规划教材配套教材）。近年来，骆世明教授还主编出版了《生态农业的模式与技术》《农业生物多样性利用的原理与技术》两本著作，它们可作为农业生态学课程教学的辅助读本。《农业生态学实验与实习指导》获2011年全国高等农业院校优秀教材；《生态农业的模式与技术》获第十一届中国石油和化学工业优秀科技图书一等奖。上述系列精品教材的出版为“农业生态学”精品课程教学提供了丰富的教学资源。

（四）双语示范课程建设

双语教学是当前我国高校改革中的一个新生事物。随着当今国际化、现代化和全球经济一体化的发展趋势，培养既熟悉汉语和汉语文化，又了解外语和外国文化，全面发展的复合型、国际型、拥有过硬专业知识与技能的人才将成为社会经济发展和提升国际竞争力的必然要求[3]。为推动“农业生态学”国家精品课程不断与国际接轨，近年来，本团队积极开展了该课程的双语教学工作。在双语教学的教材方面，以骆世明教授主编的《农业生态学》（2009 年版）为蓝本，参考使用英文原版教材（GLIESSMAN R. Agroecology：the ecology of sustainable food systems ［M］. 2nd ed. CRC Press，Taylor & Francis Group，2006；CHAPMAN L and REISS J. Ecology：principles and applications ［M］. 影印版. 剑桥大学出版社，1999），同时建立了“农业生态学”双语教学网站。在双语教学过程中，采用小班上课方式。根据学生的实际情况，前期采用英语全面讲授（约 80%）和中文重点小结（约 20%）相结合的方式，后期采用全英授课。学生的考试、作业、提问等环节均使用英语，学生可以根据自己的英语水平选择用英文与中文回答。上课前教师提前发放下节课的 PPT 课件、主要术语和上课要点，使每名学生对下一节课的内容都有较多了解和准备，英语基础不太好的同学可以提前做好准备。本团队已有四名教师获得了华南农业大学双语教学资格认证。因双语教学方面取得的突出成绩，2008 年，本团队的“农业生态学”精品课程获得了“国家双语教学示范课程”建设立项。

（五）精品视频公开课程建设

2010 年，一股“开放课”热潮在中国蔓延开来。在国外开放课程火爆网络的同时，我国的精品课程建设也在迅速发展。2011 年，教育部发布了《教育部关于国家精品开放课程建设的实施意见》（教高〔2011〕8 号），其中提出，在“十二五”期间，教育部、财政部将立项建设 1 000 门精品视频公开课[4]。所谓精品视频公开课是指以高校学生为服务主体，向公众免费开放的科学、文化素质教育的网络视频课程与学术讲座。高等学校通过开展精品视频公开课建设，实现服务社会和文化传承创新的社会责任，激励教师积极投入教学和人才培养工作，推进教学观念转变、教学内容更新和教学方法改革，造就一批“名师名课”，进一步提高教育教学水平和质量[5]。

目前，教育部、许多省份和高等院校都在积极推动不同级别的精品视频公开课的建设工作。2012 年，“农业生态学”精品课程被遴选为华南农业大学精品视频公开课加以建设。此视频公开课的完成将进一步提升国家精品课程“农业生态学”的水平和知名度，进一步增强精品课程的社会服务功能和辐射应用功能，扩大其社会影响力和公众教育效用。

（六）实践教学改革与探索

农业生态学是一门应用性很强的生态学分支学科，因此，要建设好“农业生态学”精品课程，就必须加大“农业生态学”的实践教学比重，探索适宜的“农业生态学”实践教学的方法与模式。近年来在实践教学方面，本精品课程采取了两种形式：一是生态农业模式与农业生态环境的实地调查和参观实习，即在课堂教学过程中，根据教学进度的安排，适时带领学生到生态学野外实习基地（如华南农业大学增城教学科研基地、新会教学科研实习基地等）进行生态农业模式（包括鸭稻共作生态农业模式、稻田间套种模式、旱坡地立体农业模式等）以及农业与农村生态环境的观测调查，以便让学生在实践中获得农业生产第一线中的第一手资料，从而加深对课本知识的理解和掌握。二是农业生态学种田实践教学活动。在华南农业大学的校内生态学农场，结合农业生态学或普通生态学课程的教学，从大学三年级开始，实施“本科生亲自生态种田计划”的实践教学活动，即给每个学生平均分配 8 ~ 10 平方米土地，3 ~ 5 人一组，开展种田实践，历时 2 个学期。要求学生根据自己所学的农业生态学知识，“自行制订种植计划、自行开展作物种植、自行田间管理、自行进行实验观测、自行开展农产品收获、自行进行产品产后处理（含销售），最终提交生态种田实践报告”。任课教师则根据学生的实践过程表现和实习报告质量综合评定其成绩。这些种田实践教学活动使学生切身了解和体验农业生产的全过程，并牢固领会和掌握课堂中所学的理论知识。

二、精品课程建设的启示与建议

2003年，教育部决定实施“高等学校教学质量与教学改革工程”，精品课程建设项目作为“质量工程”的重要抓手，经过几年的努力，精品课程建设取得了明显成效，从数量到质量，从学科门类到地区分布都达到了较高的水平。然而，在精品课程建设过程中，仍存在着误区或问题，主要包括：重结果轻过程，重数量轻质量，重形式轻内涵，重实践轻理论[6]，重“软件”轻“硬件”，重立项轻管理，重建立轻维护。精品课程建设是一个不断积累、动态管理、系统优化和示范辐射的过程[6]，因此，必须充分认识到精品课程建设的长期性、动态性、持续性、系统性等特点。

精品课程建设是一项系统工程，涉及方方面面，因此，必须从师资队伍、课程网站、精品教材、多媒体课件、视频资料、教学资源库、教学内容与教学方法、教学平台、教学管理等方面进行全方位建设与全程优化，方能实现“五个一流”的目标。

精品课程建设是一项长期工程，具有动态性。一门课程要成为精品课程并非一朝一夕就能达到，应该充分重视长期的教学工作积累与建设，需要众多甚至几代教师的共同努力和贡献。“精品”是一个动态目标，精品课程建设和打造是一个通过不断努力而逐步接近目标的长期过程，不是靠突击式的一蹴而就[6]。精品课程建设的许多要素，特别是对于教学内容及教学资源而言，需要不断地完善与动态更新，才能保持精品课程的先进性与可持续性的教学示范效应。

精品课程建设不仅强调“软件”建设，也需要“硬件”教学平台的支撑，因此，必须通过多种渠道加大资金投入，以保证基础教学平台（如教学设备、实验室、实习基地等）、课程建设和教学活动的持续运转，否则可能会“半途而废”。目前，许多精品课程建设仅仅在立项时有一定的经费投入，而缺乏后续的资金保障。希望相关部门对此问题给予足够重视。

精品课程建设作为一种教学活动，具有其内在和共性的发展规律，因此，在建设过程中，需要加强相关教育理念与学生认知发展规律、教学管理理论等方面的研究，以便为精品课程建设实践提供理论指导，最终方能真正实现精品课程建设在形式、内涵与实效上的完美结合。

精品课程是具备一流教学水平的示范性课程[6]，因此，需要加强对精品课程建设的动态评估与日常管理工作。要建立和优化精品课程建设绩效的评估指标体系（可参考本书的附录3）；要扩大精品课程的资源共享和社会服务功能，以及对其他课程的示范带动效应；要加大相应的精品视频公开课的建设力度，进一步提升精品课程的社会公益性效用与示范功能。但同时要制定相关的法规和措施，加强对教学团队及其精品课程相关的创新教学资源知识产权的有效保护。

参考文献

[1] 潘留仙. 启动精品课程，提升教学质量 [J]. 湖南涉外经济学院学报，2006，6 (1)：1-5.

[2] 李涛，张波，何斌斌，等. 国家精品课程——《农业生态学》教学网站开发与设计 [J]. 电脑开发与应用，2009，22 (9)：7-9.

[3] 庄建东，曾勇进，李思. 双语教学理论的探讨及其应用 [J]. 心智与计算，2010，4 (1)：8-13.

[4] 张权，谢晓霞. 精品视频公开课建设中的思考与建议 [J]. 时代教育，2012 (5)：142.

[5] 许玮，董榕，李红美，等. 努力推进中国特色的视频公开课建设——2012年全国高校精品视频公开课建设研讨会综述 [J]. 现代教育技术，2012，22 (6)：122-125.

[6] 童乃诚. 谈高校精品课程建设的全程优化 [J]. 湖北生态工程职业技术学院学报，2007，5 (4)：21-24.

第三章
优化“普通生态学”教学内容与环节的研究与实践

现代生态学作为联结自然科学和社会科学的桥梁，是解决当前世界各国的人口、资源、环境和发展问题的有力“武器”，也是当前我国实施生态文明建设、循环经济建设与可持续发展战略的重要科技支撑。在全球性生态环境问题日益突出的今天，人们对生态学的研究、教学和应用越来越重视[1]。十多年来，我国许多高校陆续开办了生态学专业，或开设了生态学有关课程，作为生物类、环境类、资源类等专业的基础课或专业课，或者作为其他专业学生素质教育的选修课，“普通生态学”的教学具有基础性和重要性地位，因此，加强对本课程的教学研究与改革实践十分必要。

一、华南农业大学“普通生态学”教学改革的基本概况

生态学是华南农业大学的优势学科之一，具有相当长的研究和发展历史，早在1983年就成立了农业部批准的农业生态学研究室，1986年获批全国首批生态学硕士学位授权点，1993年和2000年先后被批准为广东省重点学科和农业部重点学科，并列为省部共建“211”“九五”“十五”和“十一五”工程的重点建设学科，2011年获批生态学一级学科博士学位授权点、硕士学位授权点。华南农业大学拥有农业部生态农业重点开放实验室（现名为：农业部华南热带农业环境重点实验室）和广东省高等学校农业生态与农村环境重点实验室，具有很好的科研基础和优势以及一批野外科研实验示范基地。为适应当前人类社会对生态环境保护与建设的需求和多学科交叉融合的趋势，华南农业大学于2003年新开办了生态学本科专业，“普通生态学”是本专业学生的必修核心课程。目前，“普通生态学”不仅是生态学专业本科生的专业主干课，而且是环境科学专业、草业科学专业、资源环境科学专业本科生的专业必修课，还是土地管理学、生物技术、农学等专业本科生的选修课程。

由于生态学内容广泛、发展迅速、实践性强，现有教材中的部分内容存在陈旧、过时等问题，因此我们在教学过程中尽可能地与生产实际相结合，与相关领域的研究相结合，尤其是与学科发展态势、科研成果、前沿发展动态、交叉学科相结合，使课程教学内容与时俱进。同时，我们针对各专业性质和背景的不同，通过征求不同专业学生的意见、听取同行教师的建议，以及比较国内外“普通生态学”不同教材的内容，逐步改革和完善“普通生态学”的教学内容，不断改进课程教学方法和手段，尤其是进行了开放式的实践教学模式，大大加强了“普通生态学”的实践教学环节。

二、“普通生态学”课程教学内容的整合、优化和更新

目前全国高校生态学本科专业存在“普通生态学”课程定位不明确、与相关课程内容重叠过多等问题，特别是“普通生态学”与后续课程之间的教学内容在各知识层面上都有大量重复。华南农业大学生态学本科专业除开设有“普通生态学”外，还开设了“生态学专业概论”“旅游生态学”“污染生态学”“生态学各论”“生态工程技术与应用”“理论生态学与生态学模型”以及“农业生态学”等，这些课程的很多知识点与“普通生态学”存在重复。而环境类、资源类专业也存在类似

的现象，如“普通生态学”中有些内容（如“生态系统管理”“生态环境保护与可持续发展”“生态恢复”等）与“环境科学概论”“土壤学”等课程中的部分内容重叠。除理论课外，不少实验课也存在重复现象。这些教学内容的重复，不仅造成教学资源的浪费，还影响了学生的学习积极性[2-3]。因此，整合、优化“普通生态学”教学的各环节内容，可以大大提高教学效率和教学质量。

针对上述问题，我们主要进行了以下几方面的改革实践：

（1）因材施教，因教选材。为了保证教学质量，我们在进行“普通生态学”讲授时，在现有教材的基础上，从学生的实际情况出发，有的放矢地进行教学。同时，根据教学的需要，参考其他相关教材，组织教学内容，做到因材施教，因教选材。如对于不同专业的学生，根据其专业背景不同，在课程内容上有所区分，如环境科学和资源环境科学专业的学生缺少生物学相关知识，因此讲授有关“动植物生态学”“分子生态学”等部分的内容时，需对一些相关知识及术语进行必要的介绍。

（2）针对生态学课程课时少、内容繁多等问题，将生态学中最基本、最重要、相对稳定的知识和理论确定为主体内容，在此前提下根据需要有针对性地对教材其他内容作必要的取舍和补充。

（3）针对生态学发展迅速而教材内容相对落后的现实情况，将教学内容与当前生态学的研究发展和应用紧密结合起来，不断更新教学内容，将本学科的发展前沿和科研动态及时地传授给学生。

三、“普通生态学”课堂教学方法和手段的改进与创新实践

本课程注重研究性学习、探究性学习和协作性学习等现代教育理念的应用，在教学方法上以大力提倡“学生参与”、高度重视实践教学为鲜明特色，变“填鸭式”教学为“参与性”教学。在课堂上采用启发式和参与式的教学模式，通过讲授、提问、讨论、辩论、座谈、观看录像、布置作业等活动，让学生系统、深入地理解生态学的基本知识。为了调动学生的学习积极性，变学生的被动学习为主动学习，本课程授课教师在教学过程中普遍采用了以下方法：

（一）案例教学

生态学与我们的现实生活和区域生态环境建设密切相关。因此，结合现实环境中鲜活的实例进行生态学知识的讲授，不仅可以丰富教学内容，还可以增强学生的兴趣。如讲授生态系统中物质循环时，结合“全球气候变化”“水体富营养化、赤潮”等案例进行教学。同时，在每次课前利用1～3分钟时间请学生进行“生态小新闻”报道，主要是介绍当前与生态学有关的最新新闻报道和生态学新技术、新方法或新进展等。

（二）基于问题的学习模式

这是一种重要的启发式教学方式，例如，我们在介绍“生活型”“生态型”等术语时，为了让学生不死记硬背，在讲授之前先直观地将鸟、蝙蝠、蜻蜓等飞翔动物放在一张幻灯片中，并提出“它们之间有什么相同之处”“它们在生物学分类上都属于哪一科”等问题，然后引入生活型的概念。

（三）角色互换式教学

为了更进一步发挥学生学习的主观能动性，适当给学生机会“寓学于教”，让学生当“老师”，老师当“学生”，进行角色互换。具体做法是，教师事先拟定一些选题给学生或者让学生自选题目，学生以组为单位，每组围绕不同选题，查找相关资料，自学备课，共同制作PPT，在上课时小组代表给老师和其他同学进行讲授，随后让其他同学提问并进行讨论。同时，老师对学生讲授的内容进行分析、补充和评述。这种形式既增强了学生的参与意识，又极大地提高了学生的学习兴趣和积

极性。

（四）开展研讨和辩论教学

每次辩论或讨论都确定一个主题，在辩论之前，我们要求学生利用网络或到图书馆收集、查阅资料，让学生准备好发言稿，学生辩论或讨论结束后，老师对辩论或讨论中出现的各种观点作出评述。通过激烈的辩论交锋，大量的事实和理论依据一一展现，既开拓了学生的视野，加深了学生对基础知识的理解，又培养了学生严谨求实的科学态度，提高了学生深入剖析问题分析本质的能力。

四、进行开放式实践教学，加强“普通生态学”实践教学环节

实践教学是课堂讲授的重要补充，但由于课内学时有限，所以我们实行了开放式实践教学模式。这主要体现在两个方面：一方面利用课余时间组织学生对当前生态环境热点问题进行讨论；另一方面利用华南农业大学农业生态学教研平台的优势，引导学生对感兴趣的生态学现象进行有创新性的探索研究。实践教学内容从最初的单纯理论课附属的实验课发展到目前包含生态学实验研究方法与技术、生态学野外综合实习、生态农场种田实践活动、科技创新等方面的综合性实践。具体改革实践措施如下：

（一）加大实验教学力度

从2005年开始，将生态学专业的“普通生态学实验”单列为一门独立的实验课程“生态学实验研究方法与技术”，学时数增加到56学时，大大提高了普通生态学实验教学的比重。该课程共设有14个实验，其中大部分实验是综合性、设计性实验，这些实验内容对提高学生的实际动手能力、课题设计能力以及综合分析能力具有明显的效果。在综合性、设计性实验教学过程中，将学生分成几个小组，要求每个小组根据规定的主题进行开题报告，提出研究目的和科学假设，设计相应的实验方案，确定具体的研究方法，然后再开展实验研究获得相关结论。

（二）重视野外实践教学

为了提高生态学实践教学效果，近年来本专业建立了“普通生态学”课程的多个校外实习基地，包括新会实习基地、高明现代农业生态园实习基地、增城教学科研实习基地等。每届学生都有1~2次机会到校外实习基地进行参观学习和实践，增强了学生的感性认识，加深了学生对课堂上所学理论知识的理解。从2008年开始，本专业单独开设了一门实践课程“生态学野外综合实习”，野外实践的时间和经费得到了更大的保障。同时，为了给学生提供更好的实验和实习场所，本专业利用生态学科建设经费投入校内生态农场建设，目前已建成了较为完善的校内生态农场（包括温室、网室、实验田等设施），并且从2009年开始给生态学专业的每名学生分配了约10平方米的田地供其进行生态种植实践，要求每名学生在大三期间必须在生态农场进行实地种植活动，并提交种植设计报告及种植产品等，大大提高了学生的野外实践能力。

（三）鼓励大学生参与课外科技创新研究活动

为了建立研究性学习、探究性学习和协作性学习的良好氛围，学校和学院设立了不同类型的科技创新基金，如华南农业大学科技创新计划、农学院金穗计划等，鼓励大学生结合课程学习的内容进行选题申请，开展课外科研活动。通过这些活动，拓宽了学生的实践创新空间，先后有20余人获得了各级科技竞赛奖励。2011年，有两个学生团队获得了第十二届“挑战杯”全国大学生课外学术科技作品竞赛二等奖和三等奖各一项、第十一届“挑战杯”广东省大学生科技作品竞赛特等奖两项。本科生作为第一作者发表的高水平科技论文也越来越多。

（四）采用其他实践教学形式激发学生的学习兴趣

近年来，开展了生态学名师讲座、生态学知识竞赛、生态沙盘设计大赛、广东农村生态环境现

状调研等活动，探索出了一条“理论联系实际”的多方位实践教学方法。毕业论文研究是学生对所学的课程知识的系统运用过程，因此，本课程教学充分利用教师充足的科研课题和经费，注重对本科生毕业论文的全程指导，将本科生毕业论文与“普通生态学”教学联系起来，使学习真正达到学以致用的目的。

上述开放式实践教学模式的应用，突破了“普通生态学”理论课程教学的学时数限制，融实践教学于整个专业学习之中，调动了学生的学习积极性和主动性，有效地提高了学生的实践能力，增强了对学生创新能力和团队合作精神的培养。

参考文献

[1] 章家恩，骆世明，秦钟，等．我国高校生态学专业建设与人才培养方向探讨［J］．应用生态学报，2009，20（7）：1630－1634.

[2] 武正军，马姜明，梁士楚，等．生态学系列课程教学内容与课程体系整体优化的研究与实践［J］．科技创新导报，2009（28）：16－17.

[3] 王友保，刘高峰．大学生创新素质培养与生态学教学改革［J］．黑龙江教育（高教研究与评估），2007（5）：40－41.

第四章 高等农业院校生态学专业实验教学改革的探索

生态学是一门基础性强、研究范围广、学科间渗透面大的正在蓬勃发展的综合性学科[1]。在高校实施生态学教育是增强学生生态意识、树立科学的发展观念、提高综合素质的重要途径[2]。生态学现已经成为许多高等院校文、理、农、工等专业的必修或选修课程，并被确定为环境科学和生物学类专业的主干课程。近年来，国内部分高校相继设立了生态学本科专业。生态学作为实践性和应用性很强的一门学科，实验教学是其中十分重要的环节[3-4]，而目前国内高校对于生态学本科专业的实验教学基本上仍处于探索阶段。下面介绍一下华南农业大学近几年来在生态学实验教学改革方面的一些思路和措施，以供同行共同探讨和参考。

一、生态学实验教学中存在的主要问题

华南农业大学于2003 年开办生态学本科专业，2003—2006 年，生态学专业的实验教学基本上按照传统的教学模式，实验课均隶属于相应的理论课程，作为理论课程教学的一部分，把实验教学看作验证课堂理论的方法和手段。这种传统的实验教学体制和内容重在培养学生的基础实验技能，并通过实验验证，巩固所学的理论知识，这种实验教学方式无疑会起到一定的效果。但也存在着明显的不足，主要表现为：

（1）实验内容重复。由于实验课隶属于各门专业课程，再加上交叉学科发展较快，各相关课程独立制定实验教学大纲和内容，造成了各课程实验教学内容有较多重复，导致了时间和资源的浪费。如在“普通生态学”“气象学”和“地学基础”等课程中都安排了生态因子的测定实验。

（2）实验内容以验证性实验居多，并多停留在对一些简单指标的测定，而与现代生态学的研究内容和方法衔接较少，缺乏新意，不利于学生学习新知识和提高综合素质。

（3）实验课教学方法单一。教学方法基本以灌输、模拟、验证为主，实验讲义写得很详细，学生只需按规定好的实验步骤与方法“照方抓药”，在整个实验教学过程中学生处于被动的学习状态，难以让学生发挥其主导作用。单一的教学模式严重影响了学生对实验课的兴趣，学生在实验过程中的参与性、积极性和创新性不高。

（4）实验内容分散，系统性不强。由于生态学专业各相关课程的实验课均隶属于相应的理论课程，每门课程的实验学时数一般只有 10 学时左右，实验课时所占比重较小，且缺乏连贯性和系统性，未能形成一个完整的生态学实验教学体系，因此，学生在做完实验后，往往只停留在对实验现象和实验结果的表面观察，缺乏深入的比较分析研究。而且目前缺乏专任的实验教师，加上近年高校扩招，学生人数剧增，实验室硬件建设跟不上，使得生态学实验教学的效果不理想。

二、生态学实验教学的改革实践

为解决生态学实验教学中存在的问题，我们尝试对其进行改革，在实验教学内容和实验课程体系上打破传统的教学体系，从2005 级开始将生态学各实验课从其理论课程体系中脱离出来，独立

开设统一的实验教学课程，并制定相应的学时与学分，把实验教学由原来的从属地位提升到与理论课并重的地位，凸显了实验教学的重要性。在进行实验教学体制改革过程中，坚持“以学生为本”，以“训练实践动手能力为基础，培养综合素质为核心，培养创新能力为主线”，不断转变实验教学观念，完善实验条件，更新和重组实验教学内容，改革实验教学方法和手段，强化实验教学考核，加强教学与科研的结合，逐步提高实验教学质量。具体做法主要有以下几个方面：

（一）积极完善实验条件，满足新时期人才培养的需要

近年来，随着政府和学校对教学和科研投入力度的加大，本科实验室空间日益拓展，实验教学用房面积逐步达到1 000平方米左右。“十五”期间，新购进仪器设备价值423万元，目前仪器设备总值达到了800多万元，基本可以满足生态学各方向的实验，如重金属的测定、农药残留的检测、挥发性气体的测定、各种微量有机物的测定、定性和定量PCR、光合作用测定、微生物培养、细胞观察和计数、生态毒理实验、营养元素（如N、P、K等）的测定，RS、GIS和GPS实验、大气采样、农业气象生态环境监测，以及土壤紧实度、照度、水势、溶解氧、pH值和温度等生态环境因子测定的要求。现有的实验设备能够保证不同专业性实验教学内容（如农业生态学实验、土壤生态学实验、环境生态学实验、森林生态学实验、动物生态学实验、化学生态学实验、分子生态学实验、景观生态学实验等）的开设，实验教学条件上了新台阶。目前，生态学系已经完成校级生态学公共实验教学平台的筹建，将向全校主修、选修生态学专业的实验课程以及生态学相关实验课程的学生开放，该平台的建设将为学生进行生态学创新实验提供更加优越的实验条件。

（二）全面整合实验内容，反映学校科研教学特色

由于生态学的综合性、应用性和交叉性，在实验内容上可选择的空间很大。因此，在生态学实验内容的选择上，既要反映生态学重要的理论基础和学科前沿研究领域，也要体现生态学专业的自身特色。为了避免生态学各专业课程实验教学内容的重复、分散等问题，本校生态学专业从2005级本科生开始，将有关专业实验整合为一门独立的新实验课程“生态学实验研究方法与技术”（实验学时56学时，3.5学分）。在该课程的整合过程中，我们按照生态学学科的特点，设置系列生态专题实验。同时，根据本校生态学的科研优势和特色，设置系列专业方向实验，如农业生态学实验、化学生态学实验和分子生态学实验等，并且加大了综合性和设计性实验教学的比重。综合性实验主要是培养学生分析问题和解决问题的能力；设计性实验具有一定的探索性，重点是培养学生的独立思维和创新意识。通过实验课程教学的改革，逐步由过去以教师为中心转变到以学生为中心，增多了学生实验技能和科研能力训练的时间和机会，有利于学生创新能力的培养。

（三）改进实验教学方法和手段，发挥学生学习的主动性

以往的实验教学都是教师在授课前为学生准备好实验内容、实验材料，在授课中给学生演示、指导，学生只需按规定好的实验步骤与方法“照方抓药”，课后提交一份实验报告就完成了。这种被动的实验教学方式不利于创新人才的培养。因此，在教学方法和手段上，我们也进行了改进，以充分体现学生的主体地位。首先，让学生参与实验课的准备工作，如配制试剂、准备材料、野外采样等。其次，结合学校的各种创新活动，让学生成立科研兴趣小组，自主设计实验方案，申报学校和学院的科研创新基金，例如，2006年生态学专业共有13个科研小组申请得到了学校、学院科技创新项目的资助，学生通过参加这些科研活动，使实验与科研有机地结合起来，二者相互促进，从而提高了实验课的教学质量。再次，实验室面向学生开放，让学生利用课余时间到实验室做实验，或结合毕业论文研究，参与指导教师的科研课题，这样可以充分发挥学生的学习积极性和主观能动性，扩大知识面，培养独立科研能力。最后，我们还安排了野外实践课，组织学生进行野外实习和调研，这样对加强学生理论联系实际、培养学生广泛兴趣、开发学生创新潜能、开阔其眼界起着十分重要的作用。

（四）建立科学的实验课考核体系，全面反映学生的综合素质

以往的实验教学考核主要以实验报告为主，结果易使学生养成抄袭报告的不良习惯，难以全面、客观、公正地反映出学生对实验基本操作技能的掌握情况。生态学实验教学的改革是以培养学生的科研思维和创新能力以及综合素质为目的，因此，我们对生态学实验考核体系进行了改进和完善。考核由平时成绩和期末考试两大部分构成。平时成绩占80%，主要由以下几项构成：

（1）实验报告完成情况、原始记录和随堂操作考查占55%。

（2）创新型实验的创新意识、实验完成情况和结果讨论分析占15%。

（3）学生的团结协作精神和科研素质等占10%。

期末考试成绩占20%，主要是考查学生实验操作的规范性和结果的可靠性。考核的形式采用实验小组考核和个人考核相结合。实验小组要对整个实验开展情况作出总结和汇报，个人对自己所承担的实验工作作出小结，最后，根据上述两方面的情况给出综合考评成绩。

（五）加强实验教学与科研的结合，提高学生的创新能力

在实验教学过程中，我们特别注重教学与科研的结合，以教助研，以研促教。充分发挥本专业教师在生态学领域的科研优势，利用承担国家级、省部级等科研课题的条件，结合毕业论文研究，让学生以科研小组的形式参与其感兴趣的科研项目，将实验教学融入科研工作，不仅可以增强学生的学习兴趣，而且将教学和科研紧密结合，进而形成“教学带动科研，科研促进教学”的良性循环。这种教学科研融合发展模式，有利于培养学生的研究方法和科学思维，对提高学生的综合素质和创新能力具有重要作用。

参考文献

[1] 宋日，吴春胜，马丽艳．试论农业高校的生态学教育［J］．高等农业教育，2002，128（2）：53－54.

[2] 章家恩．关于生态学专业人才培养与未来就业的思考［M］//罗锡文．新世纪本科教学改革与实践．广州：广东科技出版社，2004：72－75.

[3] 骆世明．普通生态学［M］．北京：中国农业出版社，2005.

[4] 杨持．生态学实验与实习［M］．北京：高等教育出版社，2003.

第五章 “生态学实验研究方法与技术”课程改革探讨

生态学是研究生物与环境之间相互关系的学科，迄今已有近150年的发展历史，它是一门研究范围广、应用范围宽、学科交叉多的综合性学科[1]。1977年，内蒙古大学首先在高等院校中开设生态学专业，近年来，为了适应社会经济发展和生态环境建设对生态学人才的迫切需要，国内52所院校相继增设了生态学本科专业，华南农业大学也于2003年正式招收生态学专业本科生。自从本校招收生态学专业的本科生以来，本专业教师一直围绕着培养具备生态学的基本理论、基础知识和基本技能，能够在科研机构、高等院校、企事业单位和行政部门等从事自然资源、生态、环保、旅游、农业与农村可持续发展等方面的教学、科研以及管理工作，具有创新精神和实践能力的高级复合型人才的目标努力。

生态学作为一门实践性和应用性较强的学科，实验教学是验证和发展生态学理论的重要环节，是对学生进行综合能力训练的重要教学手段，是理论知识向实践过渡的重要过程[2]。在本专业刚开设的几年中，实验教学基本上按照传统的教学模式，实验课均从属于相应的理论课程，作为理论课程教学的一部分，将实验教学看作验证课堂理论的方法和辅助手段，这种“重理论、轻实验实践”的教学观念与做法无法充分发挥实验教学在培养学生实践创新能力中的重要作用[3]。因此，为了适应社会经济发展和大学生就业的需要，本专业进行了相应的人才培养方案修订与课程调整，于2008年开设了一门单列的实验课程——“生态学实验研究方法与技术”课程（56学时，3.5学分），并不断进行实验教学改革。下面主要介绍这门实验课程近几年来的改革情况。

一、实验教学内容的精选

生态学的知识体系包含多门学科的知识技能，其课程内容十分丰富，但受课时数的限制，不可能逐一操作与实施。通过这几年的改革，我们将生态学有关的实验内容逐一精选，把课程内容分成六章，包括生态学实验导论、生物与环境因子的相互作用实验、物种之间的相互作用实验、群落的结构与功能实验、生态系统的结构与功能实验、环境生态学实验，并将相关实验内容编写出版了《普通生态学实验指导》教材，该教材的内容更加丰富和广泛[4]。生态学实验导论（第一章）主要从总体上介绍生态学实验的基本特点与要求以及生态学实验研究的基本类型与体系；第二章至第五章（生物与环境因子的相互作用实验、物种之间的相互作用实验、群落的结构与功能实验、生态系统的结构与功能实验）分别从个体生态学、种群生态学、群落生态学、生态系统生态学不同尺度和层次安排实验内容；环境生态学实验（第六章）主要是在考虑当前各类生态环境问题不断出现的情况下，安排学生感兴趣的相关实验。

在第二章至第六章的实际教学内容安排中，我们调整了每一章实验内容的结构，既考虑到实验对理论教学的验证和巩固作用，又兼顾到实验教学对学生实验设计能力、创新能力和探究能力的培养，从而激发学生开展实验方法学习的热情。每一章的实验内容均从三个层次上安排，最终构建成一个验证性、综合性和研究性的多层次实验体系。验证性实验属于基础层次的实验，以生态学领域内的经典实验为主，反映生态学的基本理论和实验技能。例如，生物与环境因子的相互作用实验

（第二章）中有关生态因子（光照强度、温度、湿度等）的测定；群落的结构与功能实验（第四章）中群落结构（包括物种组成、水平结构、垂直结构、时间结构等）的调查。开展此类实验的目的是让学生在掌握基本操作技术规范、熟悉实验仪器、学会实验方法的同时，巩固课堂上所学过的理论知识。

除了安排验证性实验外，我们还不断对实验内容进行改革，增加了综合性实验和研究性实验的内容。综合性实验即提高层次的实验，实验课老师在每一章均给出多个综合性实验题目，由学生根据自己所学的专业知识和科研兴趣进行选择。例如生物与环境因子的相互作用实验（第二章）中就有干旱胁迫对植物生理生态性状的影响、淹水胁迫对植物生理生态性状的影响、模拟气温升高对土壤动物群落结构的影响、模拟酸雨对土壤微生物数量的影响、模拟重金属污染对土壤微生物数量的影响、模拟农药污染对土壤动物群落结构的影响、模拟盐渍化胁迫对植物生长的影响七个综合性实验供学生选择。这类实验可以充分发挥学生的主观能动性，培养学生理论联系实际、动手动脑和独立思考的能力。研究性实验属于探索层次的实验，是每一章课程内容的延伸和拓展，学生可以根据自己对所学专业各部分内容的兴趣，并结合任课教师的科研课题来独自设计实验。例如，如果学生（团队）对种群间的化学相互关系感兴趣的话，就可以在植物化感作用方面查找国内外最新文献，确定选题，并进一步设计出具有创新性的实验，整个实验研究过程要求在教师的指导下独立完成。这类实验可以使学生真正了解和熟悉整个科研过程及相关环节，同时培养科学研究的严谨态度和诚实作风，调动学生思考问题的积极性和探索问题的主观能动性。

二、实验教学师资的配置

教学质量在一定程度上是对教师水平的反映，没有优秀的教师，就难以有优质教育。实验教师队伍的建设在实验教学中起着非常重要的作用。因此，我们自开设独立的实验课程“生态学实验研究方法与技术”以来，十分注重实验师资队伍（实验教学团队）的建设，即根据本学科不同研究方向和优势，精心挑选在个体生态学、种群生态学、群落生态学、生态系统生态学和环境生态学的相应领域中研究较深入且在科研教学第一线的教师担任相应类别实验的主讲教师，这样可保证每位教师能够结合自己的科研领域给学生讲解“最拿手”的实验内容，将教学与科研接轨。在讲授第一章实验导论时，先向学生介绍每位任课教师的研究方向和科研情况，这样有利于学生在研究性实验探索过程中设计相关实验并选择相应的指导教师。担任每一章实验内容的教师均会结合自身的科研实际情况，认真为学生设置相关内容的验证性实验、综合性实验，并积极指导学生完成他们感兴趣的研究性实验，从而体现出师生之间良好的互动、沟通与协作精神。

三、实验教学模式的优化

以往的实验课教学模式比较单一，往往是担任实验课的教师在课前将实验所需仪器、试剂和实验材料准备好，上课时将实验目的、原理、操作步骤及注意事项逐一讲解，然后学生根据准备好的材料按照实验步骤，按部就班地完成实验，最后提交一份实验报告。这种以教师为主导的教学方法会使学生处于被动地位，其学习兴趣不高，只是按实验步骤做了一次实验，并没有经过充分的思考，结果使学生除了掌握基本的实验技能以外，难以培养他们的综合科研素质，不利于学生实践能力和创新能力的提高。自开设了“生态学实验研究方法与技术”独立实验课程以来，我们也在实验教学模式方面进行了改进，即要求各任课教师在课上“少讲多练、以指导为主”，要求学生由被动实验者变成科学研究的主动设计者、操作者和完成者。具体的教学模式因教学内容类型（验证性、综合性和研究性实验）的不同而有所不同。

在进行验证性实验讲授过程中，上课前教师将实验步骤和方法提前发给学生预习，上课时只强调重点、难点和注意事项，而把主要精力放到对学生实验过程的指导上，同时指导他们完成数据的统计分析与处理工作并撰写实验报告，从而加深学生对生态学基本理论知识的理解。此类实验重在培养学生基本的实验技能，要求学生按照科学规范进行实验、记录和处理数据，养成严谨的学风。在综合性实验实行过程中，各组学生在教师给出的实验题目中选择感兴趣的实验，独立设计实验方案和准备实验材料，教师在实验过程中对学生的实验过程进行监督检查和指导，从而培养学生的独立实验能力，以及分析问题和解决问题的能力。研究性实验具有探索性，各组学生从开课之初，了解各任课教师的科研方向并选定指导教师。同时，要求学生必须通过充分查阅文献，找出该研究方向的切入点和创新点，然后拟定题目，制订出具体的实验方案，确定各指标的实验方法，完善后再将实验方案提交给指导教师；在此基础上，指导教师和小组学生讨论完善实验方案；实验方案确定后，由各小组独立完成，遇到不能解决的问题时再请教指导教师，最后对获得的实验结果进行分析和讨论。这类探究性实验的教学模式大大调动了学生思考问题的积极性和探索问题的主观能动性，提升了学生的科研能力与素质。这几年通过增设研究性实验的教学模式，一些优秀的本科生将实验结果分析整理成论文正式发表在相关的核心期刊上；也有些学生根据他们的思路成功申请到了国家级、省级和校级的科技创新项目，或获得大学生“挑战杯”科技竞赛奖励，这极大地激发了学生科研探索与创新的积极性。

四、实验教学仪器设备的改善

实验仪器是提高学生动手能力、培养学生科研素质的硬件条件。实验经费投入不足、实验仪器设备相对缺乏是制约生态学实验教学发展的重要因素。本专业所依托的生态学学科为农业部和广东省重点学科，近几年获得了“广东省普通高校农业生态与农村环境重点实验室”“农业部生态农业重点开放实验室”，以及国家级、省部级教学质量工程项目的立项建设，从而大大增加了实验室建设经费的投入，科研实验设备和实验教学仪器条件均有了较大幅度的改善。例如，增购了多台照度计、温度湿度计、GPS 定位仪、大气采样器、酸度计、氧弹式热量计、土壤水分测定仪和电热恒温水槽等，还添置了农业气象生态环境监测系统、离子色谱仪、高效液相色谱仪、便携式光合作用测定仪、叶面积仪、叶绿素荧光仪、根系扫描仪、氮磷钙快速测定仪、凯氏定氮仪、分光光度计、火焰光度计、酶标仪、核酸提取仪、荧光定量 PCR 仪和杂交交联仪等仪器。这些仪器设备基本能满足学生开展基础层次、提高层次和探索层次实验的需要，保证了实验教学的顺利开展。

五、课程考核的改进

实验课程的考核既是对学生综合能力的评定，又是促进学生不断提高综合素质的动力。以往的做法是，实验课从属于相应的理论课程，实验教学的考核只占总成绩的 20% 或 30%，成绩主要以实验报告为依据，有的学生平时不重视实验，不认真做实验，抄袭同学的实验数据和报告却能得到好成绩的现象时有发生，结果挫伤了其他学生的积极性，因此，这就要求我们必须改进实验课程的成绩考核方法。自开设独立的“生态学实验研究方法与技术”实验课程以来，我们也逐步探索实施了新的考核办法。每个学生均需要完成规定的验证性实验，选做综合性实验，参与研究性实验。考核办法中验证性实验、综合性实验和研究性实验分别占总成绩的 40%、40% 和 20%。验证性实验主要考核出勤率、实验操作的规范性、实验报告完成情况等方面；综合性实验主要考核出勤率、团队协作能力、实验操作的正确性、实验报告完成情况、实验结果的分析能力等方面；研究性实验主要考核实验项目设计的可行性、实验设计思路和实施方案的创新性、团队协作能力、实验报告完成情况、对实验结果的分析能力和对实验心得体会的总结概括能力等方面。其中验证性实验和综合性实验的考核需要每个任课教师均给出各自负责的实验教学部分的成绩，然后取平均值；而研究性实验的考核成绩则由指导教师单独给出。这样，可保证考核方法贯穿于实验课的始终。这种考核方式要求学生必须重视每一环节的学习和实验实践，进而切实提高了实验学习的效果和质量。

参考文献

[1] 杨持. 生态学 [M]. 北京：高等教育出版社，2008.

[2] 乔永民，于霞. 浅议生态学实验课程教学改革 [J]. 生态科学，2007，26 (5)：478 - 481.

[3] 陈桂葵，章家恩. 高等农业院校生态学专业实验教学改革的探索 [J]. 安徽农业科学，2010，38 (1)：483 - 485.

[4] 章家恩，陈桂葵，冯远娇，等. 普通生态学实验指导 [M]. 北京：中国环境科学出版社，2012.

第六章
“普通生态学”课程实验教学存在的问题及改革初探

生态学是一门实验性、实践性和应用性很强的学科，随着生态学理论在环境保护和资源开发等领域的广泛应用，“普通生态学”已逐渐成为高等院校资源环境科学、环境科学专业的必修课程。然而，由于对“普通生态学”实验课程教学的认识和重视程度不够，实验课是以课程实验教学的方式开展，且实验学时有限，再加上教学内容陈旧、结构体系不合理，影响了学生在实验课程中的积极性、主动性和效果。这不仅与大学教育要培养具有实践能力、创新能力的综合型人才的教育目标相矛盾，也与社会对具有实验技能和动手能力的生态学人才的需要相矛盾[1]。

为了全面提高学生的综合素质，在实验教学中培养创新型人才[2]，结合华南农业大学资源环境科学专业和环境科学专业“普通生态学”课程教学的实际情况，分析目前“普通生态学”课程实验教学中存在的问题，并有针对性地提出解决问题的方法，从体现学生素质教育和创新能力与实践能力培养要求的角度来加强和改革该课程的实验教学。

一、当前华南农业大学“普通生态学”课程实验教学中存在的问题

（一）“普通生态学”课程实验教学体系不合理

由于课程数目的增加和课程改革的深入，华南农业大学相关专业“普通生态学”课程的课时量有所减少，例如，2005、2006 级环境科学专业的“普通生态学”的学时数为 34，无实验教学学时，也无课程实习教学。2007、2008 级环境科学专业的“普通生态学”在总的 34 学时中划出 10 学时作为课程实验教学。对比 2006 级资源环境科学专业的“普通生态学”，虽增加了学时数（共 48 学时），但每个班级的实验教学的学时数也只有 10 学时。这一方面不利于学生动手和创新能力的培养，另一方面也对任该课程的教师开展实验教学提出了更高的要求，即要在有限的实验教学学时内让学生对普通生态学的理论授课内容有深刻的实验实践认识。此外，实验课的内容缺乏整体布局，只是“跟着理论课教学的内容走”，不同的任课教师按自己课程的要求和所掌握的知识背景选择实验内容，造成同一门课程存在实验教学内容不一致的问题。

（二）课程实验教学内容单调、方法滞后

由于环境科学专业的“普通生态学”课程实验学时数的限制，故在课程实验教学中，为了节省时间，演示性和验证性实验偏多，导致实验内容单调，教学方法呆板，缺乏新意，实验教学与社会经济建设需求、科研、生产第一线脱节，难以激发学生学习的热情与积极性。为了节约时间和减少学生在实验过程中出现问题，以往的实验教学方法大多采用“照方抓药”模式，即实验内容、测定方法和步骤及实验准备工作均由任课教师设计好，学生只是机械地重复和模仿，在实验过程中，学生不用去“想”，思维处于被动状态，心理上有一种“完成任务应付差事”的想法，没有主动地参与到实验中去。课堂理论内容与实验实践内容的脱节，导致学生实验能力差，科研素质低，依赖性强。显然，这种实验教学模式难以发挥学生的主观能动性，已不能适应新世纪知识经济时代对创新型人才培养的要求[3]。

（三）实验队伍建设不合理

由于对实验教学认识不足，造成实验队伍的建设一直未能得到应有的重视。“普通生态学”的课程实验教学没有专门的实验系列教师授课，而是由理论课的任课教师同时带实验课。这虽然有助于教师可以根据理论教学的进度安排实验，但不利于实验室的统一开放管理，以及对学生现场实验操作指导的时间保证与专业性。实验教学质量的提升，有赖于实验室能够完全对学生开放。然而，在实验室开放的情况下，则由于实验系列教师的不足，又出现了一些问题。例如，学生在使用一些大型贵重仪器时，需要在专人指导下使用，而专职实验人员明显不足，再加上专任教师的教学和科研任务繁重，没有足够的时间去一一指导学生的实验。此外，由于各任课教师只负责其任课班级的实验，他们之间往往缺乏相互沟通和合作，故同一门课程不同班级之间的实验教学内容通常出现不一致的情况，这种状况势必造成实验器材、药品试剂等方面一定的浪费或不充分利用。

二、“普通生态学”课程实验的改革方案和方法

（一）改革“普通生态学”课程实验教学内容，构建多层次实验体系

由于生态学具有多学科交叉的特性，所以在实验内容上可以选择的空间比较大。因此，根据资源环境科学专业知识体系和专业背景，在有限的学时数下，结合课程实验，充分利用生态学教学科研基地的设施，设立三类实验，这三类实验既要反映生态学的理论基础，又要体现学科发展的新内容和新方法，同时也要体现华南农业大学“普通生态学”的特色。

第一类为验证性实验，占整个教学内容的30%，通常为3学时。主要内容为基础性实验，目的是使学生掌握普通生态学的基本原理和基本实验技能，该类实验一般由教师讲解实验原理、步骤和注意事项，然后在教师的指导下，学生完成实验，撰写实验报告。对于这类实验，我们结合课程的内容安排了如下实验供学生选择：生态因子的观测、植物的向光性、太阳辐射能的测定、物质热量的测定、群落种间关系的野外观察等。

第二类为综合性实验，占整个教学内容的30%，为3学时。在掌握和了解生态学的一些基础知识和原理后，由教师提出实验项目，学生根据自己的兴趣和已有的知识背景进行选题，在实验实施过程中，主要由学生操作，并分析实验中的结果与结论，最后提交实验报告。这类实验安排了如下内容供学生选择：水稻幼苗对不同土壤水分的响应、不同氮素营养对玉米苗生长发育的影响、农田生态系统生产力的综合测定、植物或土壤中主要养分指标的综合测定等。

第三类为研究性实验，占整个教学内容的40%。学生根据对“普通生态学”课程所学的理论知识，同时结合课程实习（前提是该门课程开设课程实习），以同宿舍同学为单位，独立选题，独立设计实验，提交实验方案，并在全班进行讨论，提出问题，进行修改，讨论通过后，各小组独立完成实验过程，提交实验报告。在整个过程中，教师只起引导作用，学生是主体。这类实验安排了如下内容供学生选择：水稻群体茎蘖数消长动态变化过程及其模拟研究、华南农业大学树木园森林群落物种多样性调查与功能分析比较研究、稻田作物秸秆分解过程中生态效应的观测研究、蚯蚓对不同浓度的重金属回避效应试验研究等。

通过对上述实验内容及实验层次类型的改革，改变了学生自始至终由教师带领做实验的被动局面，培养了学生勤于思考、积极探索问题的主观能动性，出现了从“老师要我做实验”到“我要做实验”的转变，这对调动学生的主动性、培养创新能力具有相当重要的意义[4]。

（二）改进实验教学方法，发挥学生的主动性

把传统的实验教学模式转变为“学生为主体、教师为引导和指导”的模式，这主要表现在第二类和第三类的实验教学上。首先，整个实验教学过程中要做到以学生为中心，要求学生自己去查阅

文献，编写实验方案、自行开展研究和分析总结。其次，学生参与教学全过程，学生担任“教师”角色，来讲解自设的实验方案，教师以“问题”的方式参与引导，促使学生自己寻找答案，自己解决问题。如上述的研究性实验，由学生制订方案，开展课堂讨论，论证其方案的可行性。再次，实验环节由学生自己或小组独立完成，从实验方案的制订、实施、总结等方面，要求学生主动自行完成，同时教师对学生实验成果加以合适的评定，这种教学方法的改革实践明显增强了学生的主动性与积极性及创新能力。

（三）加强实验队伍的建设，提高实验技术人员的素质

实验师资队伍建设是培养创新型人才、实施素质教育、加强实践能力培养的基本保证[5]。由于目前开设的“普通生态学”课程实验是由任课教师担任，而各任课教师的所学专业、理论水平和实验技能各不相同，在一定程度上会影响课程实验开展的效果。因此，要大力加强专职实验师资队伍建设，根据“普通生态学”课程知识面广等特点，培养和引进专门、高水平的实验技术人员，并对现有的实验教学人员尤其是具有开拓精神的骨干教师进行相关的业务培训，提高实验教学人员的水平和能力。

总之，实验教学在高校本科生人才培养过程中具有重要的作用，而实验教学是培养大学生实践能力的一种重要形式。通过优化设置实验教学内容、改进实验教学方法、提高实验教学人员的水平，使整个实验教学过程管理更加开放和规范，实验教学内容更加专业、高效和生动有趣，以保证在有限的课时条件下，切实提高学生学习的主动性和实践能力以及实验教学质量。

参考文献

[1] 王益，黄文．改革实验教学体系，提高学生创新能力 [J]．高校实验室工作研究，2006 (2)：4－61.

[2] 张杰．在实验教学中培养创新人才 [J]．高校实验室工作研究，2004 (4)：19－21.

[3] 高思．加强素质教育，提高人才培养质量 [J]．中国高等教育，1999 (Z1)：13－15.

[4] 莫琳．在综合设计实验中培养大学生的创新能力 [J]．经济与社会发展，2004，2 (8)：157－159.

[5] 赵会军．加强实验教学改革，培养应用型人才 [J]．实验室研究与探索，2000 (6)：15－17.

第七章
“环境学”课程的教学实践与思考

环境学是研究人类生存的环境质量及其保护与改善的科学。“环境学”课程是华南农业大学生态学专业的重要基础课之一。该课程教学包括课堂教学和实验教学两大部分，其中课堂教学是实验教学的理论基础，实验教学是课堂教学的具体实践[1]。为了使学生更好地掌握环境学的基本概念、基本理论和基本方法，提高学生的环保意识、理论知识和实践能力，我们在“环境学”的教学方面进行了一些改革探索，提出了一些具体的实施方法与教学思考，希望能为从事相关课程教学的同行们提供一些参考。

一、课堂教学

“教学有法，但无定法”，每位教师都有自己的教学理念和方法，都有自己的教学风格[2]，课堂教学的成功与否，关键看能否引起学生的兴趣，激发学生求知的动力，而不全在于教给了学生多少具体知识[3]。

（一）树立新的教学理念，激励学生进行研究性学习

大部分学生对一般的知识性教学内容不感兴趣，而喜欢接受具新颖性、前瞻性、趣味性和实践参与性强的课程内容，这样使得传统意义上的灌输式教学难以达到良好的课堂教学效果。因此，课堂教学应从“以教师为主”转变为“以教师与学生互动、学生参与为主”。教师应全面了解学生所想，耐心听学生倾诉，悉心为学生指导，让学生有“教师就是朋友”的感觉，这样不仅师生关系和谐，还可激发学生学习的积极性。例如，在教学中，对“水环境”这章的讲解，首先将学生分成五组，然后教师和每组同学一起对校园内的五个自然湖泊进行水质现状调查，让学生在实践中去了解水质采样的流程与监测的方法等，最后在课堂上，让每组同学派出一名代表以 PPT 形式汇报实践结果。与此同时，为了发挥每名同学的主观能动性，其他组的同学可以自由提问。PPT 汇报完毕之后，要求各组同学针对大家的提问，通过查阅资料、实地调查和讨论分析等方式，对实践调查报告作进一步的完善和补充，最后整理成小论文的形式上交，作为平时成绩考核的一部分。这种学习方式，不但可以锻炼学生的口头表达能力，还可鼓励学生勇于探索实际的环境问题。如本班级中有一名学生，通过该章节的学习，主动对自己家乡周边的水质进行布点采样、监测，并尝试分析家乡水质变坏的原因。

（二）改进教学方法，提高课堂教学效率

本课程使用的教材是《环境学导论》[4]。“环境学”课程是一门理论性较强的应用科学，所覆盖的知识面广泛，涉及自然科学、工程技术、经济学和社会科学等多个学科。因此，在课堂教学上，我们主要采取以下三种方法：

1. 引入环境热点新闻，吸引学生注意力

环境问题是当今社会普遍关注的重大问题。在上课之前，适当地引入一个环境事件的新闻报道，能迅速地吸引学生的注意力，为上好这一堂课开个好头。这种做法耗时短且效果佳，但也有一

些学生过度关注事件本身，没能从环境学的角度去思考问题。因此，教师要启发他们从环境专业技术的角度去看问题。

2. 多媒体手段与传统板书手段结合，注重师生互动

“环境学”教学内容多，经常需要大量的统计图表来说明问题，因此，在课堂教学中可充分发挥多媒体形象直观、信息量大等优势，运用生动的彩图、示意图、FLASH 动画和视频资料，尽量做到深入浅出地展示环境学的重要内容。与此同时，在多媒体教学中也要适时板书、巧设提问、捕捉高潮等技巧，活跃课堂互动气氛，培养学生批判性思考的习惯。如在开展“活性污泥法”的教学过程中，教师采取播放“活性污泥法”视频和展示污水处理厂流程图片，并提问“污泥回流的作用”等方法，引导学生深入思考。

3. 精心构建学习小组，激发学生学习兴趣

让学生以小组的形式开展课题自主学习，从而培养学生主动学习的能力。例如，在讲解“农业污染与农产品质量安全”这部分内容时教师给五组同学分别指定五种食品，让各组同学通过文献检索、社会调查和讨论分析等环节去了解这些食品安全事故发生的可能过程，最后通过 PPT 汇报进行总结。但在实际过程中也遇到一些问题，如部分性格内向的学生并不积极参与活动，因此，教师在活动过程中需扮演好监督和引导的角色，鼓励他们积极参与，在评价结果时给予简短点评和一些鼓励与表扬。

二、实验教学

瑞士心理学家皮亚杰说：“知识的本身就是活动，动作和思维密不可分。”学生最能理解的是自己双手实践过的东西[5]。因此，实验教学有助于巩固课堂所学的理论知识，培养学生的动手能力和科研能力。

（一）实验前——提问式讲解，引导学生思考

实验前，教师通常会把实验原理、仪器的使用规则、实验步骤、数据处理方法等详细讲授给学生。但大部分学生常常只是按照教师提供的实验方案去做实验，很少有人真正去关心实验要解决的核心问题是什么。因此，教师在讲解实验方案时，要善于提出问题，启发学生去思考。比如在“微生物接种”实验中，请同学们思考“如何配制含 20 mg/L Cd 浓度的无菌液体培养基”，问题提出后，同学们踊跃讨论，畅所欲言。单纯的液体培养基，一般同学都会配制，但含一定 Cd 浓度的培养基应该如何配制呢？首先告诉学生 Cd 母液的浓度为 1 g/L，然后让学生计算母液添加的毫升数，最后告诉学生答案。这个过程完成后，就开始让学生动手配制液体培养基。

（二）实验中——鼓励学生大胆尝试，不惧怕失败

在讲解完实验原理与方法步骤后，实验过程要尽量让学生亲自操作，教师只在学生需要的时候“指点一二”，多鼓励学生亲自去尝试。既然是实验，就不一定能保证一次成功，因此，即使实验失败了，也有失败的价值。如果学生能从实验中找到失败的原因，这也是一种学习。比如在“快速密闭催化消解法测定水样 COD”实验中，标液滴定时，无法显色，有些同学就会灰心丧气，这时候教师一定要说明失败是实验中常见的事情，帮助他们分析原因，如“是不是没有添加邻菲罗啉指示剂”“是不是滴定时间还不够”。通过这些问题的引导和提醒，让学生自己思考“问题到底出在哪里”，这样有助于学生加深对实验过程的理解，避免下次出错。

（三）实验后——分析实验结果，学会讲演

实验完成后，要求每名学生以书面报告的形式提交实验结果，及时批阅并反馈给学生。同时，要求每组选择一名学生用 PPT 汇报实验结果，教师进行简短点评。但有些学生汇报实验结果过于简

单，很少去解释实验结果或者仅仅从某一角度去解释。对于这种情况，教师需要启发学生从不同的角度去分析问题。比如，在汇报“校园环境质量监测报告”时，有些学生单一地从大气或水体或土壤的角度去评价校园质量，教师就可引导学生“从环境要素来划分，环境包括哪些要素”，然后回归到主题，请同学们思考“是不是应该综合来看待校园环境质量”。通过这些提问和引导，不但可以帮助学生复习学过的概念和知识，而且有助于提高其分析问题的能力。

三、教学改革思考

（一）提高教师自身素质，创新教学内容

“环境学”课程是一门跨学科且综合性非常强的课程，这要求教师掌握较为广泛的科学知识。同时，由于现代科技发展迅速，有些新的内容还未能在教材中体现，这就要求教师平时要注意搜集和整理材料，把新知识补充到教学中，使学生的学习跟上时代的发展。教师通过新闻媒体和互联网等渠道获取相关的最新信息，或者将自己最新的科研成果和体会融入教学中，使得讲课更具生动性和前沿性。

（二）组织学生参加环保公益活动，延伸课堂教学

课堂教学与实验教学对于“环境学”教学固然必不可少，但除此之外，该课程的教学还可以与某些环境公益活动结合起来，比如组织校园垃圾分类宣传活动、废弃物品的“变废为宝”活动等。这些活动，一方面有助于学生运用所学知识，服务于社会；另一方面帮助学生树立积极正确的环境观，提高环保意识。

参考文献

［1］迟杰，鲁逸人，刘涉江，等．开放式环境监测课堂教学与实验教学一体化模式［J］．高校实验室工作研究，2011（1）：1－2.

［2］陶学琴．环境微生物学课程教学探讨［J］．现代农业科学，2008，15（11）：169－170.

［3］马义德，刘映杰，时娟，等．21世纪电子学课堂教学与实验教学的探讨［J］．高等理科教育，2002（41）：79－82.

［4］刘克锋，张颖，等．环境学导论［M］．北京：中国林业出版社，2012.

［5］郑毓信．一线教师如何从事教学研究——由两个案例说开去［J］．广西教育，2006（3）：16－18.

第八章
“环境学”课程实验教学改革初探

“环境学”课程是环境生态类专业重要的专业基础课以及其他相关专业的选修课。“环境学”课程教学大纲要求通过本门课程的学习，使学生掌握环境学的基本概念、基本原理和基本方法。理论和实践紧密结合是“环境学”课程的重要特点。实验教学作为“环境学”课程的一个实践环节，是学生理解环境学原理和掌握环境学基本研究方法和技术的重要途径，同时也是培养大学生创新意识和创新能力的主要手段[1-3]。如何开展好实验课的教学是摆在任课教师面前的一项重要任务。由于“环境学”理论课程内容丰富，涉及的知识面广，环境学相关研究成果日新月异，新理论、新方法层出不穷，因此，“环境学”的理论课程和实验教学内容都需要不断进行更新。

华南农业大学生态学本科专业从2004年开设“环境学”课程以来，以学科建设为契机建立了完善的实验教学平台，硬件条件大为改善，编写了“环境学”的实验和实习教材，并在实验教学方法和教学模式上不断改革和创新，取得了良好的成效。

一、精选实验内容，优化实验教材

精选实验内容是上好实验课的关键，传统的实验教学内容安排的大多是基础性和验证性实验，主要是为配合理论教学的某些知识点而设置的，如“水体pH值测定”“水体总氮总磷测定”“大气中氮氧化物测定”等实验。这类实验主要注重基本仪器的使用和基本技术的训练，一般操作简单，目的明确，方法成熟，结果可控。其突出优点是能加深学生对相关环境学理论或技术的理解，但缺点是太过呆板，制约了学生的创造性，学生做实验只为完成任务，因此对此类实验没有太大兴趣。在当前要求大力推进素质教育和培养创新型人才的新形势下，这种实验教学方式显然无法达到预期效果。因此，除了开设验证性实验外，增设综合性实验和设计性实验十分必要。

综合性实验是为解决某一个较复杂的问题而将一些具有内在联系的基础实验进行有机整合而成的实验。综合性实验不仅要求学生深入和全面掌握实验的原理和方法，强化学生的基础实验技能，还注重培养学生利用基本技术和方法分析与解决综合问题的能力。如“大气环境污染状况调查实验”“水体富营养化状况调查实验”等，结合了许多单个的实验，如“水体富营养化状况调查实验”包含了水体pH值测定、总氮和总磷含量测定、水体透明度测定、固体悬浮物测定、溶解氧测定、叶绿素含量测定、浮游植物观察等基础实验。这类实验均完全按照实际情况，到室外现场取样、实验室内观察、分析和测试，实验过程中每个环节紧密联系或互相呼应，某个实验环节出错都可能影响最终的实验结果。因此在整个实验过程中既全面锻炼了学生的动手能力，也培养了学生耐心和严谨的科学态度。

设计性实验则着眼于培养学生的创新精神和综合能力，如根据生态学学科特点和现有的实验条件开设的设计性实验“水体富营养化的植物修复机理探讨”“校园入侵生物现状及防控技术研究”“农场环境质量监测与综合评价”等。学生根据自己的兴趣爱好，完全自主地查阅资料，设计研究内容与方案，选择实验方法。教师对实验方案和实验项目进行可行性评价，并提供实验方法指导。因此，设计性实验对学生提出了更高的要求，要求其在全面掌握实验原理和方法的同时，了解科学研究的一般思路和过程，并能开动脑筋创造性地解决问题。设计性实验给学生提供了很大的想象和发挥空间，有更强的独立性和自主性；鼓励多学科的知识结合，体现实验教学的设计性和探索性，培养学生的科学思维和创新能力。此外，我们也引导和支持学生将“环境学”的课程实验与自己的毕业论文或大学生科技创新项目相结合，或者让学生积极主动地参与教师的科研课题研究，现已取得一定的成效，如本课程小组教师指导的本科生参与第十一届“挑战杯”全国大学生课外学术科技作品竞赛的作品“农村垃圾、污水治理现状调研——以韶关为例”获得二等奖，还有多名本科生以第一作者发表学术论文。同时，教师将实验教学改革和自身的科研成果应用于实验教学中，促进学生的创新意识和创新能力的不断提高。

为了适应实验教学模式的改变，近年来我们重新修订了该课程的实验教学大纲与教案。在原来较陈旧的教材基础上，借鉴其他高校环境学实验教学的经验，调整实验教学计划，不断更新实验内容，删减整合基础性和验证性实验项目，增加综合性和设计性实验内容比例，自编了实验教材《环境学与环境监测实验指导》。

二、改进实验教学方法，引导学生参与

在“环境学”实验教学中，我们推行课堂教学与开放式教学相结合的模式。对于课堂教学方法，我们在传统的讲解方式基础上，通过播放录制的实验操作步骤视频，进一步加深学生对实验的印象，这些做法在基础性和验证性实验项目的教学中使用效果明显。而我们在综合性和设计性实验中充分运用了参与式教学。例如，“环境学”课程的设计性实验“水体富营养化的植物修复机理探讨”的具体做法是，教师在完成相关理论课内容的教学后，实验进行的前两周开始布置实验相关工作，将学生分成4~5人一组，要求他们根据所学的相关环境学理论和技术，查找文献资料，拟订初步的实验方案。然后小组各自进行讨论，小组内部充分商议后，提出一份相对完善的实验计划，再由各组派代表上台讲解实验方案，听取全班同学以及教师的意见和建议。同时，结合实验室的实验条件进行进一步的修改，从而确定实验方案。不同小组最终可能拟订不同的实验研究方案。在接下来的实验课中，各小组根据各自拟订的实验方案开展实验工作。这种学生全程参与式的设计性实验课，不仅使学生充分了解了科学研究的基本过程，而且培养了他们分析和解决问题的能力，增强了他们的团队合作精神和自信心。相对于多数实验课程中设置的“走过场式”的验证性实验，其优越性不言而喻。这种以最大限度发挥学生的自主性和创造性为目的的实验课程改革是“环境学”实践教学成功的关键所在。

另外，我们还开始逐步推进开放式实验教学方式。由于部分学生在完成课程规定学时的实验后，对一些实验项目有深入研究的兴趣，或者对一些问题有新的想法，希望自行设计实验进行深入探究，我们也会为他们提供相应的指导和实验条件支持。但我们开展开放式实验教学方面改革实践的时间还很短，尚存在很多问题，需要进行进一步的探索。

三、加强实验管理，提高教师水平

依托生态学学科，在学校和学院的大力支持下，我们投入大量经费对实验室进行改造并购置了实验仪器设备，实验硬件条件不断改善，实验实践经费进一步增加。这为“环境学”课程的实验和实践教学改革的顺利进行打下了坚实的基础。但传统的实验室管理方式已无法保障新的实验教学模式的顺利实施，因此，我们修改和完善了实验室管理相关制度规范，如实验室和实验仪器使用预约制度、实验室行为准则和安全守则、仪器和药品使用登记制度、有毒及危险品管理办法、仪器借还制度、实验室环境卫生管理规定、实验室安全卫生巡查制度等。同时，对进入实验室的学生实行导

师制，以指导学生完善实验计划和提供实验技术方面的帮助等。这些新制度的实施，有效保证了实验室的高效有序运行，使学生可以在完成课程实验的同时，充分利用现有的实验条件，进行各种创新性和研究性的实验。

我们在多年的教学实践中深切体会到，提高教师的教学和科研水平是上好实验课的关键。随着环境科学和技术的迅猛发展，教师要传授学生知识、培养其创新能力，自身掌握的知识和技术也需要不断更新，教学水平和创新能力更需要不断提高。因此，一方面，教师需要努力学习新的实验技术。我们的任课教师和实验课教师经常参加新技术的学习培训，如液相色谱仪、离子色谱仪、微波消解仪、叶绿素荧光仪和荧光显微镜等培训。这些培训使教师们掌握了最新的实验方法和技术，为进一步更新实验课程内容提供了技术保证。另一方面，任课教师需要学习和运用新的教学方法，努力提高教学效果。在这方面，我们的任课教师每年均积极参加国家级和省级继续教育培训，不断充实提高。同时，教师自身科研水平的提高对于上好实验课也是大有裨益的，"环境学"课程小组的几位任课教师均从事环境生态方面的研究，每人均有在研的国家级和省级课题。这使得教师在实验课教学中充满自信，游刃有余，也使学生有机会接触到最新和最前沿的环境学研究领域。

四、推进实验教学网络信息化

随着教育信息化的不断推进，基于网络的信息化教学正在如火如荼地开展着，实验教学的网络信息化也是必然趋势。信息化教学强调新型教学模式的构建，教学内容具有更强的适时性和丰富性、教学更适合学生的学习需要。在教学上充分利用各种信息技术和资源来支持与促进学生的学习，充分发挥学生的自主性，注重其学习能力的培养[4]。我们在环境学教学网站的建设中，已将部分实验教学讲义、课件、自制视频、实验教学成果等发布在校内公开网页上，方便学生进行自主学习。同时，我们还通过 e-mail、微信和 QQ 群等方式与学生建立紧密联系，随时解答学生实验过程中碰到的问题。当然，本课程实验的网络信息化工作仍需进一步加强。

参考文献

[1] 李广伟，胡留现. 实验教学改革与创新人才培养的探索与实践 [J]. 实验室研究与探索，2008，27 (9)：110－112.

[2] 关丽萍，邹爱英. 加强高校学生实验教学素质教育 [J]. 实验室研究与探索，2008，27 (9)：124－125.

[3] 许国安，徐华诚. 深化实验教学改革，注重对学生能力的培养 [J]. 实验技术与管理，2003 (2)：112－115.

[4] 钟志贤. 信息化教学模式——理论建构与实践例说 [M]. 北京：教育科学出版社，2005.

第九章
生态学专业“3S 技术及其应用”课程的教学实践与思考

3S 技术，即遥感（Remote Sensing，RS）、全球定位系统（Global Positioning System，GPS）和地理信息系统（Geographical Information System，GIS）的统称[1]，是空间技术、传感器技术、卫星定位与导航技术和计算机技术、通信技术相结合，多学科高度集成的对空间信息进行采集、处理、管理、分析、表达、传播和应用的现代信息技术，是一门非常综合的学科[2]，并具有获取信息及时、准确、宏观等优点[3]。目前，3S 技术已被广泛应用于工业、农业、交通、军事、通信等行业和部门，成为世界各国角逐尖端技术的热点[4]。

生态学是研究生物与环境之间相互关系的一门学科[5]。近年来，随着人口的增加和工业、技术的进步，人类正以前所未有的规模和强度影响环境。而诸如出现的能源消耗、资源枯竭、人口膨胀、粮食短缺、环境退化、生态失调等全球性资源环境问题的解决，均有赖于生态学理论的指导[6]。3S 技术由于具有快速、实时采集、存储、管理、更新、分析和应用与资源环境有关数据的能力，被越来越广泛地应用到生态学研究领域。

华南农业大学生态学本科专业自 2003 年正式招生以来，一直十分重视学生对研究方法与手段的掌握，“3S 技术及其应用”课程也因此作为生态学本科专业的一门必修课。为此，本文结合 3S 技术的综合性，突出生态学的学科特点，在概述 3S 技术在生态学领域的应用与发展趋势、分析当前课程教学中存在的相关问题基础上，探讨了在教学中重点教学内容的选择以及今后实践教学的方向，以期不断提高本课程的教学质量。

一、3S 技术在生态学领域的应用与发展

在生态学研究领域，3S 技术主要涉及全球变化、区域生态环境资源（大气环境、水环境、海洋环境）监测与评价、环境污染的生态效应、城市生态环境保护与管理、生态系统健康管理、退化生态系统恢复、生物多样性保护、生态规划、生态工程与生态设计、区域可持续发展等领域[1,7]。目前，3S 技术的结合与集成是其发展的一个重要方向。在 3S 集成系统中，RS 在生态学领域的应用包括收集数据信息源、大面积的生态资源调查和动态监测，间接应用包括预测预报和灾害危险等级确定等。GIS 在生态学领域的应用主要是对各种来源的数据进行管理和处理，分析生态系统与生态环境要素的相关空间位置和格局及对生态功能过程的影响，分析多种空间尺度下的海量数据。GPS 则主要用于生态调查和定位。

二、课程教学存在的问题

（一）内容丰富，学时数有限

3S 技术内容涵盖广泛，通常包括空间信息技术基础、遥感系统和遥感技术的物理基础、遥感技

术系统、遥感图像处理技术、GIS 的组成和功能、空间数据的结构、空间数据分析、GPS 的构成、GPS 定位方法和测量以及 3S 技术的综合应用等。此外，在实践教学过程中，还需要结合专业特点，适时扩充 3S 技术的前沿知识。可见，“3S 技术及其应用”课程涉及范围相当广泛，但在课程教学中，为了与其他专业课程相协调，本课程仅安排了 32 学时（其中理论 16 学时，实践 16 学时），学生普遍反映在本课程的学习过程中，较难理解与掌握相关的基础理论知识，也难掌握相关的软件操作。

（二）缺乏基础，理论掌握难

3S 技术是测绘学、摄影测量与遥感学、地图学、地理科学、计算机科学、信息学等学科的有机集成，是一门综合交叉学科，涉及的基础学科众多[8]。但生态学专业侧重于向学生讲授生态学相关的基础理论知识，在教学计划中较多设置体现生态学专业领域（主要为微观和中观生态学）的基础理论课程，而未开设与 3S 技术相关的基础课程，如地理学、地图学等。因此，学生在学习过程中，因缺乏所涉及的学科术语及理论知识而较难衔接和掌握。

（三）学生畏难，动手实践少

实践性强不仅是“3S 技术及其应用”课程教学内容的特点之一，更是 3S 技术采集、测量、分析、存储、管理、显示、传播以及应用与地理、空间分布相关数据的关键技术手段的要求。在“3S 技术及其应用”课程教学中，RS、GIS 软件操作和 GPS 仪器使用是掌握 3S 技术的必要环节，也是 3S 技术的丰富内容和广泛应用的实现方式[4]。但因目前相关软件均是英文版本，学生通常从传统的中文版本软件转到用复杂的英文版本软件，加之软件的操作步骤较平常使用的 Word、Excel、PowerPoint 等复杂，因此需要花大量时间来学习、适应。另外，由于教学课时相对较少，学生畏难而不愿在课后花时间熟悉相关软件，导致动手实践少、软件操作能力差，难以结合专业知识进行有效应用。

三、教学内容选择

根据 3S 技术在生态学中的应用与发展趋势可知，“3S 技术及其应用”课程涉及的教学内容较为广泛，主要包括：①遥感图像处理及其在生态学中的应用；②遥感解译与应用；③GIS 空间分析及应用；④GPS 精确定位与导航应用等。但 3S 技术的集成或融合目前只是在个别的科学研究项目中实施，国内外均没有相应的专业教材作为参考[9]，而要在有限的学时内系统地讲述 3S 技术及其应用显然不切实际。因此，针对“3S 技术及其应用”课程的操作性及实践的综合性等特点，以及其在该课程教学中存在的上述问题，重点提出了具体的理论教学内容与实践操作环节（如下表所示）。在教学过程中，既要让学生掌握 RS、GIS 和 GPS 的基本理论和三种技术的基本使用方法，又要有选择性地进行重点内容的讲授。由表可知，在“3S 技术及其应用”课程教学中，RS 和 GIS 理论与软件上机操作是教学的主体内容，其中 RS 理论讲授 6 学时，遥感图像处理软件 Erdas Imagine 实践操作 6 学时；GIS 理论讲授 7 学时，GIS 软件 ArcView 实践操作 8 学时；而 GPS 则作为辅助内容讲授，GPS 理论与手持 GPS 的操作分别安排了 3 学时和 2 学时。

“3S 技术及其应用”理论教学与上机操作实践的内容安排

内容	RS（学时数）	GIS（学时数）	GPS（学时数）
理论教学	遥感理论基础（1） 遥感图像几何校正及增强处理（2） 遥感图像目视判读与计算机自动分类（3）	专题图的符号化（2） 地图坐标系与投影（2） GIS 的基本功能（1） GIS 在生态学中的应用（2）	GPS 构成（1） 全球定位系统定位方法和测量（2）
上机实践操作	遥感图像的裁剪与拼接（1） 遥感图像几何校正及处理（2） 遥感图像计算机自动分类（监督与非监督分类）（3）	专题图的数字化（点、线、面）及数据库构建（2） 地形因子提取（2） 空间叠加分析（2） 专题图编制（2）	位置、面积与高程测定（1） 野外样点数据测定与导航（1）
实践操作目的	掌握遥感图像裁剪与拼接、几何校正及处理的基本方法和步骤 理解计算机图像分类的基本原理，掌握专题信息提取方法	掌握 GIS 专题图数字化的基本方法 掌握数据库建立的基本方法 掌握基本地形因子（坡度、坡向等）的提取方法 了解常用 GIS 空间叠加方法 掌握专题图类型及制作方法	掌握手持 GPS 的操作方法 学会野外特征点的选取与数据采集方法

四、课程实践教学环节改革探讨

鉴于“3S 技术及其应用”课程的操作性及综合实践性强等特点，结合上述教学内容的选择重点，提出了在教学实践中还需加强的环节。

（一）充分利用多媒体教学

目前，多媒体计算机辅助教学已在高校中得到普遍应用。而 3S 技术涉及遥感图像的增强处理、裁剪与拼接、虚拟现实、计算机模拟等操作，必须运用多媒体教学才能更好地展示教学内容，活跃课堂气氛，调动学生学习的积极性和参与课堂教学的热情，加深学生对知识的理解和巩固[4]。因此，在教学过程中，应充分利用好多媒体教学，提高教学效果和质量。

（二）注重软件的上机实践操作

RS、GIS 和 GPS 仪器的使用以及软件操作是掌握 3S 技术的重要环节。因此，上机操作应重点练习遥感图像的增强处理、裁剪与拼接和几何校正、计算机自动分类、GIS 的数字化及数据库构建、空间叠加分析以及专题图制作、GPS 定位及野外数据采集与导航。此外，由于上机实践学时数有限，还需要学生课后自行安装相关软件，利用课外时间加强软件操作练习，最终达到熟练操作软件的目的。

（三）突出案例教学

在“3S 技术及其应用”课程教学中，应结合专业特色和实际案例进行分析讲解。为突出 3S 技术的综合性，任课教师可结合相关研究课题，选择能反映本专业特色的典型案例，以更好地把研究中的细节问题讲透。例如，“生态学景观格局及其动态分析的综合应用”较适合用于生态学专业的教学案例，通过此案例教学，学生可以了解并掌握 GPS 的坐标定位、RS 的遥感图像处理与解译、GIS 的景观专题图生成与景观格局动态变化分析等。

五、课程教学改革建议

针对当前“3S 技术及其应用”课程在生态学专业教学中存在的一些问题和实际情况，特提出以下教学改革建议。

（一）在人才培养计划中增加相关基础课程的设置和学时数

由于 3S 技术涉及的基础课程较多，故建议在今后的人才培养计划修订中，增加一门与 3S 技术联系紧密的基础课程，如地理学或地图学，让学生在学习完地理学或地图学课程后，再学习该课程，将会更加轻松且易掌握。此外，3S 技术内容丰富、范围广泛，为让学生更好地掌握 3S 的基础理论知识与相关软件操作，建议在修订人才培养计划时，可将总学时数增加到 48 学时。

（二）与其他专业课程的实践教学环节相结合

目前，在本校生态学专业人才培养计划中，实践操作性较强的课程，除“3S 技术及其应用”外，还有“生态规划学”和“生态学野外综合实习”等课程，这些课程均与“3S 技术及其应用”课程存在着较为密切的联系。因此，在教学计划设置中，可考虑在“生态规划学”课程实践和“生态学野外综合实习”中增设 3S 技术的相应实践环节，以培养学生解决生态学相关问题的能力。如可在“生态规划学”课程教学实践中，融入 3S 技术实践：确定生态规划项目和规划区域→学生收集 RS 数据（可从 Google Earth 下载）→野外现场调查时用 GPS 对特定点进行坐标定位→室内对 RS 数据进行几何纠正等处理→提取基本信息和用地分类→拟订规划初步方案→方案讨论→确定方案→利用 GIS 进行专题图制作。但需注意的是，相关课程实践的结合必须在课时上进行统筹安排。

（三）与校院各级大学生科技创新课题研究相结合

为了建立研究性学习、探究性学习和协作性学习的良好氛围，学校和学院设立了不同类型的大学生科技创新课题，如华南农业大学科技创新计划、农学院金穗计划等，以鼓励本科生结合课程学习内容，申请课题，开展课外科研活动。而对于学习“3S 技术及其应用”课程的生态学专业学生而言，可以鼓励他们走出课堂，积极申请与 3S 技术相关的科技创新课题，以科研创新实践方式，激发学生的研究兴趣，使学生在科研实践中了解和熟悉 3S 技术及其具体应用，以提升学生的专业技能，培养学生发现问题、解决问题和进行科技创新的能力[10]。

参考文献

[1] 汤洁.3S 技术在环境科学中的应用［M］. 北京：高等教育出版社，2009：1－50.

[2] 曹月娥.3S 技术综合应用的教学与实习方法研究［J］. 中国教师，2013（S1）：224.

[3] 任德智，潘刚. 西藏高校“3S”技术课程教学现状与对策［J］. 中国农业教育，2011（1）：71－74.

[4] 刘健，余坤勇，赖日文，等. “3S”技术课程案例教学的研究［J］. 中国林业教育，2010，28（3）：72－76.

[5] 骆世明. 普通生态学［M］. 2 版. 北京：中国农业出版社，2011：1－10.

［6］明素华.3S技术在生态学研究中的应用［J］. 科技信息，2010（2）：224－225.

［7］聂呈荣，李明辉，崔志新，等.3S技术及其在生态学上的应用［J］. 佛山科学技术学院学报（自然科学版），2003，21（1）：70－73.

［8］余坤勇，刘健，赖日文，等.《3S技术》课程引进科研成果的教学分析探讨［J］. 内蒙古农业大学学报（社会科学版），2009，11（4）：131－133.

［9］王功文，陈建平."3S"技术课程在地球科学领域中的教学实践探讨［J］. 中国地质教育，2007（1）：54－56.

［10］刘健，赖日文，余坤勇，等.《3S技术》课程教学实习的改革与实践［J］. 福建农林大学学报（哲学社会科学版），2007，10（6）：83－85.

第十章
“旅游生态学”课程的教学设计与改革探索

旅游生态学（Tourism Ecology），也称为游憩生态学（Recreation Ecology），是一门随着旅游业的迅速发展和旅游带来的一系列生态学问题而逐渐被接受和认可的学科。作为生态学和旅游学相交叉的一门新兴学科，旅游生态学属于应用生态学范畴，许多学者从不同角度对旅游生态学的概念进行过探讨，目前尚无统一定义，但大多数学者对旅游生态学内涵的理解是基本一致的[1]。即旅游生态学是运用生态学的基本原理和方法，研究人类旅游活动过程及其与环境之间相互作用、相互影响的内在规律及其调控而形成的旅游生态系统的组成、结构、功能、管理措施和优化手段，为可持续旅游发展提供理论和实践支撑[2-3]。

目前，大多数高校的生态学专业将旅游生态学作为其主要课程之一，特别是在华南农业大学，旅游生态学已成为生态学专业生态旅游与规划教学模块的核心选修课程之一。为更好地完成旅游生态学课程的教学工作，结合生态学专业学生的学习特点，本文对本课程教学的知识体系和教学方法进行了设计与改革探索，以期提高本课程的教学质量，优化教学效果。

一、知识体系设计

一方面由于旅游活动涉及的内容极其广泛，包括自然、社会经济以及人文方面的内容，从其涉及的内容来看，其学科性质更偏重于人文社会科学，在教学过程中必须突出其基础理论和观点。但另一方面，为避免“旅游生态学”课程的教学内容理论性过强、缺乏可操作性等，难以满足对学生专业技能的培养要求，课程教学内容应尽可能侧重于应用实践案例来讲解，从而需要在教学过程中突出学科的实践性和应用性。基于上述目的，我们对“旅游生态学”课程的教学知识体系进行了优化设计，设计课程总学时数为 32 学时，其中理论讲授为 22 学时，实践应用为 10 学时（如图 4 – 4 所示）。

二、改进教学方法

（一）多元化教学

实践表明，在课堂教学中注重综合运用不同的教学方法，既能取得很好的教学效果，又能帮助本科生掌握好的学习方法、培养好的学习习惯，为其走上专业工作岗位打下扎实的理论基础[4]。因此，在教学过程中，针对教学内容和教学需要，在吸收传统课堂教学方式优势基础上，积极运用提问式教学法、启发式教学法、讨论式教学法等多种教学方法，对于调动本科生的学习参与积极性与主动性，加强师生在教学过程中的互动性，效果良好。此外，为便于教师与学生之间的沟通，还利用学校教务处的教学信息反馈网，上传了教学大纲、教学进程安排、电子教案、参考书目等内容，学生可以方便地阅读和下载。同时，课堂作业布置和学生作业提交也可通过此网络进行，更加方便了师生之间的相互沟通。另外，学生还可在网络课程平台上向教师反馈与教学相关的信息，教师通过学生反馈的信息可及时调整自己的教学方式，从而构建教师与学生网络实时交流平台。

（二）图片与视频案例教学

案例教学具有鲜明的目的性、直观性、启发性和综合性等特点[5-6]。而图片展示和视频播放具有直观、生动、形象、逼真的特点，比教师用语言描述更加具有趣味性，且便于理解，大大提高了学生的形象记忆效果[7]。因此，在教学过程中，借助多媒体教学，配合教学内容与教学情景，充分利用动静结合的案例教学工具，即在课件中配备大量的既能充分说明基本的知识点，又能调动学生思考问题积极性的图片，同时在课前选取具有针对性和启发性的视频案例。这种做法一方面有助于使相关专业概念和理论知识教学的具体化和形象化，使教学内容情景化，且容易突破教学中的难点；另一方面可加大教学信息量，提高教学效率，增强学生学习效果，拓宽学生视野[8]。

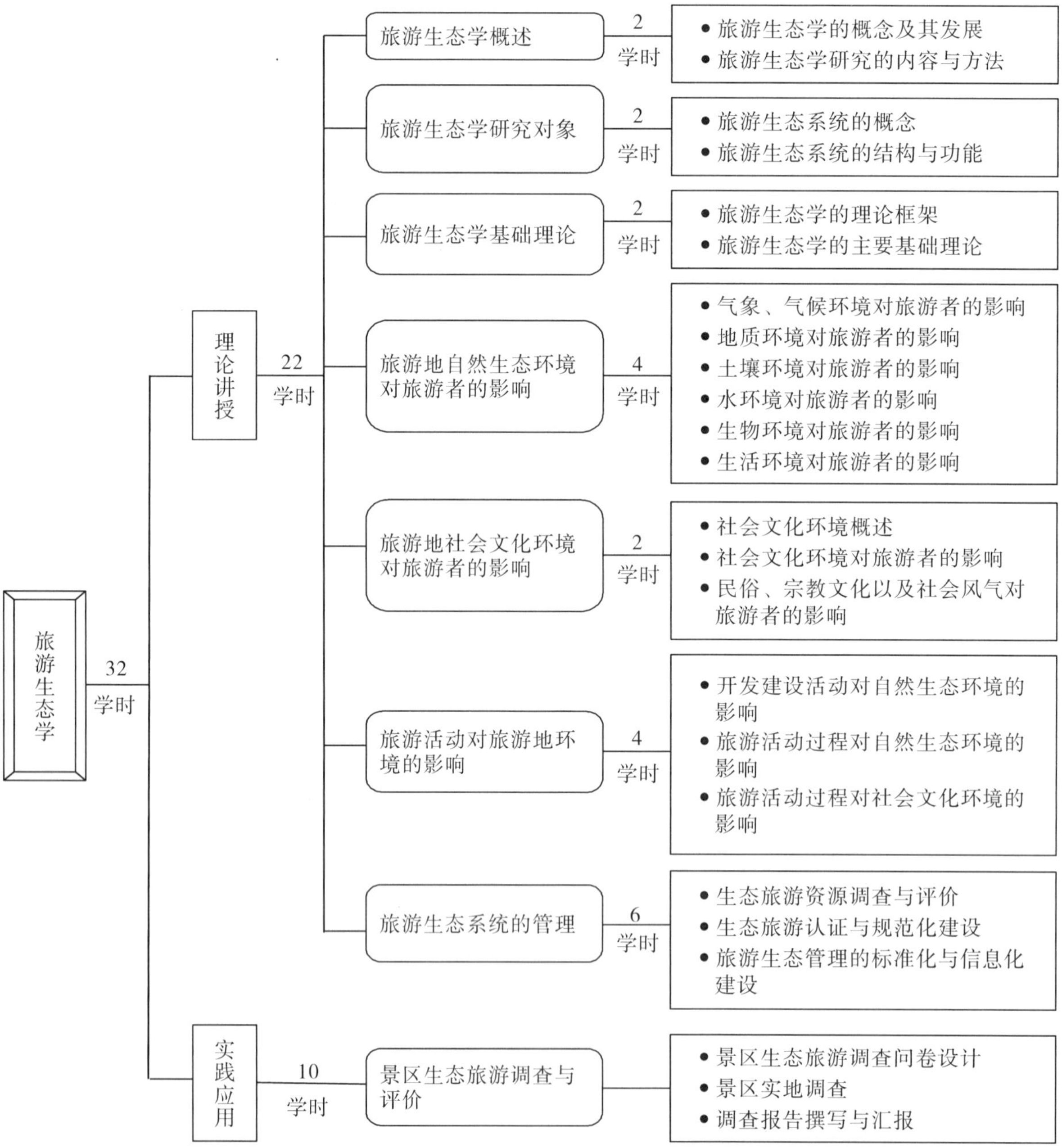

图4-4 “旅游生态学”课程教学知识体系

（三）现场教学

现场教学作为一种体验式教学，是体现理论联系实际教学方针行之有效的载体[5]。现场教学可将旅游生态学的基本理论用于具体的生态旅游景点或项目开发，解决课堂上难以解决的问题，提高教学质量。因此，为使学生在掌握旅游生态学理论知识的同时，能更感性地了解学校所在地——广州及其周边旅游景区旅游活动的开展情况，根据本课程教学进程的整体安排，对于其中10学时的实践教学，我们安排学生按3～5人一组进行自由组合，选定景区，并在网上获取相关信息的基础上，设计调查问卷，深入景区进行详细调查，内容包括调查景区的旅游资源类型并进行综合评价；走访景区负责人以了解景区旅游开发管理的模式、方法；以问卷形式调查景区游客以了解游客的旅游动机、对景区景观布局的态度、游客对生态旅游信息的了解、游客的生态保护意识；归纳总结景区在目前发展过程中存在的生态问题、产品开发思路等。调查结束后，要求学生整理问卷调查结果并进行分析评价，制作PPT并分组进行汇报，小组之间可互相提问，相互探讨。通过现场教学，将学生抽象的理论知识与具体景区的生态旅游开发模式结合起来，从而进一步提升了学生对于旅游生态学的感性认识和现场体验，也极大地激发了学生的学习兴趣，同时锻炼了学生的团结协作能力、与人沟通交流的能力、获取信息的能力、整理资料能力以及语言表达能力等。

三、存在的问题及教学改革设想

（一）存在的问题

1. 教材建设滞后

旅游生态学的产生可追溯到20世纪60年代，在发达国家，由于旅游业的繁荣而给旅游区带来一些生态环境问题，由此吸引许多学者开始用生态系统理论去探讨旅游活动对生态环境的影响，旅游生态学由此产生[2,9]。到21世纪，许多高校均开设了“旅游生态学”课程，但直到2005年，除了华南农业大学章家恩教授主编出版了国内较早且较为系统的《旅游生态学》教材外，该方面的教材还较少。

2. 实践教学缺乏

当前，华南农业大学开设的“旅游生态学”课程教学设计学时数为32学时，其中22学时为理论教学，10学时为其他教学方式。但受各种教学条件和经费等的限制，本课程教学存在着明显的重理论、轻实践的倾向，即在教学方法上主要以教师课堂讲授为主，实践教学明显不足。

3. 学科基础薄弱

从学科体系上来看，旅游生态学除与生态学和旅游学关系密切外[3]，还与地理学、环境学、管理学、社会学、美学、心理学、行为学、建筑学、交通运输学等诸多学科有着紧密的联系[1]。但就生态学专业目前开设的课程来看，大多没有管理学、心理学、社会学、美学、行为学等社会科学的基础，学好旅游生态学具有一定的难度。

（二）教学改革设想

为更好地完成“旅游生态学”的教学工作，结合生态学专业学生的学习特点，在今后的教学中可从以下几个方面进行教学上的改革。

1. 修编教材

针对当前以创新型和应用型人才兼备的教育目标，“旅游生态学”课程的教材应结合这一目标，在教材的修编过程中突出旅游生态学的实践应用性特点，相对缩减过多的理论阐述；适当增加实践案例的比重，尤其是在我国的一些具有代表性的、成功的基于旅游生态学思想开发的旅游景区案例，从而使学生能够学以致用，既能掌握理论知识，又能将理论知识应用于实践。

2. 增设实验实践环节

实践教学是当前大学教育的重要组成部分，是提高学生专业技能的关键，是培养学生创造能力、开发能力、独立分析和解决问题能力以及全面提高学生综合素质的重要途径[8]。旅游生态学属于应用生态学范畴，其涉及的很多理论知识需要实践来检验。例如旅游活动对气候、水体、土壤会产生影响，但这些影响的程度有多大，影响后果如何等，都需要通过一定的实验来加以说明，否则只能是定性描述，说服力不强。因此，在今后的课程安排中，可适当增加一定的实验课时。此外，还可加强与广州及其周边景区的合作，增加学生对附近景区的参观和考察机会，聘请景区管理人员给学生实地讲解，以使学生能深入了解景区开发现状以及存在的问题。在此基础上，通过课程论文的形式，让学生结合景区实际提出建设性的方案，供景区参考，实现“景区发展—学生实践”共赢。

3. 加强相关学科知识的学习

旅游生态学是旅游学和生态学这两个正在迅速发展的庞大科学体系的一门新兴的综合性交叉学科，如上所述，与之相关的学科涉及自然科学、社会科学、经济学、美学、建筑交通等领域。因此，教师在讲授课程的同时，应指导学生阅读与课程相关的书籍。

4. 建立“旅游生态学”教学网站

尽管本校教务处的教学信息反馈网为任课教师和学生提供了一个交流沟通的平台，但除任课教师和上课学生外，其他人均无法了解课程的相关教学信息和教学资源。因此，有必要建立“旅游生态学”教学网站，网站不仅可展示课程负责人的基本信息及课程教学队伍的基本情况；还可展示教学内容、教学条件、教学方法与手段、教学大纲、教案、授课课件及录像；实时上传作业习题、相关的图片及视频素材、每届学生的景区调查报告和专题汇报 PPT 材料等，从而向公众提供更多的共享服务，并可扩大课程的影响。此外，网站还可设立信息反馈区，选课学生，或已毕业学生，或其他专业学生，或公众，均可在此留言，对课程教学提出意见和建议，有利于不断完善课程教学方法，提高教学质量。

四、结语

旅游生态学作为一门新兴分支学科，其课程内容将会得到不断发展和完善。作为生态学专业的重要选修课程之一，要取得良好的教学效果，存在一定的难度。在今后的教学过程中，如何设计合理的教学内容体系，选择有效可行的教学方法，同时广泛吸收国内外先进的教学经验，努力探索一条适合本课程教学的道路，还需要我们在教学实践中进行不断的探索。

参考文献

[1] 章家恩．旅游生态学 [M]．北京：化学工业出版社，2005：14.

[2] 吕君，刘丽梅．旅游生态学的产生及其研究对象结构分析 [J]．内蒙古师范大学学报（哲学社会科学版），2007，36（3）：140－144.

[3] 晋秀龙，陆林．旅游生态学研究体系 [J]．生态学报，2009，29（2）：898－909.

[4] 胡卫华．高职生态旅游教学中渗透环保教育的几点体会 [J]．职业教育研究，2010（4）：139－140.

[5] 席一．《生态旅游学》课程教学改革研究 [J]．科技信息，2010（8）：496－497.

[6] 张婷，田至东．生态旅游项目库建设及其案例主导型教学实践［J］．职业圈，2007（24）：127－128.

[7] 钟洁．高校《生态旅游学》课程教学改革与创新研究［J］．四川文理学院学报，2011，21（5）：153－155.

[8] 许振华，于学军．高职高专旅游管理专业《生态旅游》课程教学改革初探［J］．太原城市职业技术学院学报，2010（3）：45－46.

[9] 牛莉芹，程占红．旅游生态学内容体系的构建［J］．安徽农业科学，2008，36（1）：260－261.

第十一章 本科专业课双语教学的问题与方法探讨

在全球经济一体化的同时，中国高等教育也逐步与国际接轨。英语是世界上最广泛使用的语言之一，也是当今信息时代各种信息的重要载体，让更多的人掌握这一工具将有利于加快我国全面建成小康社会的步伐，使中国尽快走向世界。高等学校应与时俱进，大力提倡双语教学，培养能熟练说英语、写英文的专业人才，并切实采取措施鼓励和推进双语教学。双语教学是用外语（主要是英语）来讲授非外语课程，用母语来辅助理解的一种教学方法。双语教学是我国实施素质教育的重要内容之一。教育部〔2001〕4号文提出，本科教学要创造条件使用英语等外语进行公共课和专业课教学。这对于我国高等学校的广大教师来说，既是新生事物，更是一大挑战。加强双语教学研究、提高双语教学质量是我国推行双语教学改革所面临的迫切任务。下面结合我们开设“农业生态学”双语教学的经验，对大学本科专业课双语教学中的一些问题和方法进行探讨。

一、加强双语教学的师资培养和教材建设

提高教学质量，首先必须提高教师的素质。实施中英文双语教学，教师首先必须有非常熟练的英语口语。否则，一方面难以树立教师的形象和威信，失去学生对双语教学的支持和兴趣；另一方面也难以给学生传授足够的知识量。目前，国内高校中一些从英语国家留学进修回来的教师大多承担着繁重的科研任务，而承担本科教学任务较少。过去国家选派教师出国也主要是科研进修。所以，高等院校要开展中英文双语教学，首先必须通过多渠道培训一批英语口语流利的教师队伍。没有一批英语口语流利的教师，就很难开展和做好双语教学工作。学校可选择英语水平高、责任心和上进心强的教师先行开展双语教学。有条件的高校应组织双语教学的教师到英语为母语的国家去进修，这样既可让教师了解国外学科动态，又可以学习先进的教学方法，还可以提高英语水平。对于一些涉及面比较广的课程，建议教育部举办双语教学师资培训班，聘请国外同行专家授课，迅速提高广大教师的英语水平。高校也可以将有关专业教师就近派往相关的外国语学院进行英语口语培训。

教材是教与学的重要载体，在双语教学中选好英文版的教材非常重要。在双语教学中，学生有了好的教材，可在上课前进行预习，了解即将要上课的内容和主要词汇后，就可以做到事半功倍。国家在“九五”“十五”期间已经组织编写了很多中文教材。然而，国内英文教材奇缺。例如，目前国内各种生态学教材超过十种，但英文版的教材只有由科学出版社和清华大学出版社出版的两本影印版教材，而且都是基础生态学教材，与综合性院校和农业院校普遍使用的以生态系统为核心的生态学或农业生态学方面的教材差异太大，其内容与现行使用的中文教材大不相同。我们在使用英文原版教材时，发现较多问题。例如，生态学英文教材中列举的很多动植物名称，学生从未听说过，更没有任何感性认识。因此，需加快英文版教材建设，在引进一些英文原版教材的同时，积极消化和吸收国外的教材，对一些针对性和区域性强的课程，建议尽快组织国内有关院校教师编写英文版教材，并邀请国外同行审校，以保证英文内容的准确性，并能适合我国国情，与现行中文教材的结构和内容大体一致或相匹配。

二、使用多媒体教学是解决双语教学时间矛盾的有效途径

双语教学由于使用两种语言教学，语言的相互转换会影响到教学的进度。尤其是在实行双语教学的初期，学生对英语的接受较慢，严重影响正常的教学进度。使用多媒体教学一方面可以节省大量的课堂板书时间，另一方面通过生动的多媒体画面可以帮助学生对英语口语的消化理解。非常形象的照片与模型，加上教师的肢体语言等，学生基本上可以理解和掌握课堂的教学内容。对于难理解的专业术语、句子和内容，可在多媒体中用中英文对照以帮助学生理解。同时，实行双语教学的课程应适当增加学时数，以保证教学计划的完成。

三、用英语认真备好每一堂课

教师在开设双语课前，需要用英语认真备好每一堂课。绝大多数教师对英语的熟练程度毕竟不如汉语，这使得双语教学的教师必须花更多的时间进行备课。教师需先吃透教学内容，然后用英语组织教学内容，并且使用尽可能地道的英语组织编写教案与教学多媒体。使用的英语必须考虑到学生的接受能力，尽可能简单易懂。一些术语的定义和重要的原理需要翻阅多本原版教材，经过认真比较后，选用学生容易理解、含义明确的表达。因此，教师使用双语教学的工作量通常会比用单纯汉语教学多得多。

四、调动学生参与双语教学的积极性

教学的目的是通过知识的传授来促进学生的发展，但不只是一个知识传递的简单过程。双语教学是在尊重和维护本民族语言文化的基础上，培养学生胸怀全球的观念，在知识经济和全球一体化的时代，培养学生在不同的文化环境中充满自信地与不同民族坦然相处与交流合作的能力。通过双语教学，让学生学会使用英语，用英语来理解和思考问题，交流思想，获取知识，从而培养真正懂英语、能与国际接轨的人才。缺乏学生参与，不能有效促进学生发展的任何教学改革都是失败的。教学的中心是要调动学生学习的积极性与创造性，教会学生自己学。首先要激发学生的学习动力，培养学生强烈参与双语教学的愿望。在知识经济时代，学生对英语学习的重要性认识非常深刻，但对如何提高英语水平认识模糊。多数本科生学了十多年英语既听不懂，更不会说，也很少读专业英文资料。根本原因是过去学英语是为了考试，从不去应用，也没机会去用。然而，学语言的关键是要不断实践、频繁使用，不应用不实践就无法学好语言。让学生认识到应用英语、实践英语的重要性，认识到双语教学的必要性，学生就愿意积极参与双语教学，支持双语教学改革。为了让学生配合并做到心中有数，教师一开学就对学生进行调查，了解学生对双语教学的愿望、看法、要求等，如实行双语教学的必要性、使用英语的比例、以何种上课方式教学效果好、哪些教学环节有必要使用英语、是否需要用英语进行考试和回答问题等，然后有针对性地解除学生的“心理包袱”，与学生共同探讨教学方法。双语教学进行一段时间后，学生的英语水平有了提高，这时教学的方式方法也需作相应的调整。学生参与双语教学的积极性被调动起来后，就会利用很多业余时间去学，无形中也增加了这门课程的学时数，部分解决了双语教学进度相对较慢的问题。

如果只是教师用英语上课，而学生仍用汉语，就难以达到提高学生应用英语能力的目标。因此，必须在学生作业、回答问题、课堂讨论、考试等教学环节均用英语或双语。教师需积极创造和谐、平等的课堂气氛，营造讲英语、写英语的教学情境，让学生消除胆怯心理，敢于用英语与教师和同学进行交流。有时可以给学生播放有关的英文原版的录像片段。只要学生交流中用英语，在平

时成绩和考试成绩中均给予加分。在双语教学中更应防止教师“满堂灌”的单向传输模式。

为提高学生参与双语教学的兴趣，在2学时的课堂教学中，可经常抽出20~25分钟由学生来讲和讨论。或者让学生预习某一章节后，由学生来试讲；或者是上完某一章后，针对该章一些相关的问题用英语进行讨论，讨论时可采取自由发言、分组讨论和轮流发言等多种形式。最后，由教师进行总结归纳，对学生经常犯的错误，要及时予以纠正。既鼓励学生敢说敢犯错误，又教会他们如何少犯错误。对于一些常用的专业术语和句子，课堂上需适当复习，让学生尽快掌握。

用英语布置作业和用英语完成作业是双语教学的一个重要环节，既可以提高学生的英语写作水平，加强记忆，又可为使用英语考试打下基础。有时也让学生在课堂上用英语介绍完成的作业。为避免学生对用英语考试的畏惧，可先用英语试卷对学生进行1~2次模拟考试。我们的双语课程这样做后，学生普遍反映良好，最后的考试成绩也比较理想。

五、处理好专业理论学习与英语学习的矛盾

双语教学不是外语教学，其重点在专业课或专业基础课的理论与技能的教学。但不可否定，在我国实行双语教学的早期，由于多数学生存在着较大的语言障碍，双语教学中还需适当给学生讲授一些外语语言方面的知识，如科技词汇的构词法、科技英语的语法特点等。对于教材出现的一些难句还需作解剖分析。这在刚进行双语教学时很有必要，以后则需逐步减少语言知识方面的介绍。对于一些常用的专业词汇需要通过听写、提问、翻译等手段加深学生的记忆，使他们尽快掌握这些常用的词汇。对于英语基础比较差的学生，则需要分类指导。班级比较多的专业，学生可以自由选择是否参加双语教学。让英语基础好、对英语感兴趣的学生参加双语教学课程，其他学生可参加中文教学的课程，这样可以解决英语基础相差悬殊、少数同学没有兴趣参加双语教学的矛盾。全部班级参加双语课程教学，也可以根据学生英语水平分班。学生英语好的教学班可以用更多的英语开展双语教学。我们于2002年对202名来自经济、人文、工程、计算机、信息科学等专业的学生进行了调查，结果表明，有56%的学生愿意参加双语教学课程。2003年上半年，我们让65名农学专业的本科三年级学生自愿选择上中文和双语教学的生态学课程，结果有33名学生选择修读双语教学课程。

六、重视双语教学，加强双语教学实践探索研究

高等学校应高度重视双语教学，把它作为提高大学生素质的一项重要任务来抓，积极进行双语教学的改革试点工作。根据学校的具体情况，有计划、有步骤、循序渐进地推行双语教学，并使双语教学与公共英语教学相互补充、相互渗透、相互衔接。对于高新技术领域的生物技术、信息技术等专业，以及为适应我国加入WTO后需要的金融、管理、法律等专业的学生，需要尽早实行双语教学。对于已经实行双语教学的专业和班级，双语教学课程数不能太少，否则缺乏连贯性，刚适应双语教学后，其他课程又不进行双语教学了，这样学生花费了不少精力仍然不能持续、熟练地应用英语学习。如果从大学三年级开始，每个学期至少有2门课程实行双语教学，那么毕业时这些学生的英语听说就应该没有太大障碍。学校应在教学工作量计算、职称晋升等方面给予承担双语教学的教师一定的政策倾斜与激励。

参考文献

[1] 王嘉毅，许洁英．从现代教学论的观点看双语教学[J]．民族教育研究，1999(3)：26-28.

[2] 李建宏，张建新．论双语教学原则[J]．语言与翻译，2000，63(3)：63-65.

第十二章
“普通生态学”双语教学实践与问题探讨

双语教学（Bilingual Teaching）是指在教材使用、讲授课程、考试等教学环节中同时使用外语和母语两种语言进行教学活动。在全球化背景下，高等学校实行双语教学已成为专业人才培养的迫切要求，也是当前高校教学改革的热点之一，已被教育部纳入高等学校本科教学工作水平评估方案中。目前，各大高校已对双语教学进行了多种形式的实践探索。

“普通生态学”是一门理论与实践紧密结合的课程，是生物学、生态学、农学、林学、环境科学等专业的专业基础课，在本科教育乃至研究生教育中都占有不可替代的位置。开展“普通生态学”课程的双语教学，对于学生了解生态学学科最新动态和开阔国际视野、提高学生的英语听说和阅读能力等都具有十分重要的意义。下面对华南农业大学的环境科学专业“普通生态学”课程的双语教学实践进行总结，分析目前双语教学中存在的问题，并有针对性地提出解决问题的对策，以促进“普通生态学”双语教学工作科学有序的开展，进一步提升双语教学水平与效果。

一、“普通生态学”课程双语教学的实践

“普通生态学”是我校资源环境学院环境科学专业的必修课程之一，是其专业基础课程，选课时期为三年级第一学期，理论课时为38学时。

（一）教材

一直以来，国内“普通生态学”课程基本上是按个体生态、种群生态、群落生态和生态系统四个层次来介绍生态学的基本原理，并涉及环境、资源、农业和人口等重要领域的应用生态学内容。国外有关生态学的英文教材有很多，但大多数教材中涉及的内容很多，学生使用起来比较费时费力。据此，我们选用了由 J. C. Chapman 和 M. J. Reiss 主编的国外大学优秀生物学系列英文教材 *Ecology: Principles and Applications*（第二版）作为本课程的主要教材。该教材的内容比较紧凑，也比较接近国内“普通生态学”的知识体系架构。此外，为便于学生对英文教材相关内容的理解，我们选用了由骆世明主编的国家“十一五”规划教材《普通生态学》作为中文辅助教材。

（二）课件

课件表达形式以英语为主，对概念、重点和复杂的问题采用中英文对照的方式。结合中英文教材，根据自己的理解和逻辑对各章节的次序进行重新调整，必要时可适当打破原有教材的章节次序来安排课件内容。每章课件最前面均附上英语生词表，每章的结尾均附上小结。充分利用多媒体技术，对课程内容的重点和难点采用图形、图像与动态演示资料，以方便学生理解知识点和外文内容，节约课堂教学时间。

（三）教学方法

大学三年级学生已修完大学英语的所有课程，许多学生已通过大学英语四级考试（CET4）或六级考试（CET6），具备一定的英语词汇和听说读写能力。教师在授课过程中，采用循序渐进的方

式逐渐增加课堂上英文讲授比重，以便于学生理解和接受。在课程开始阶段，教学语言以汉语讲解为主，穿插英文术语，课件采用中英文对照的方式。随着课程教学的推进，当学生掌握一些主要的专业词汇后，适度增加英语讲授所占的比例，最终达到以英文授课为主，中文讲解为辅。对于较难理解的内容适当辅以中文讲解。生态学是一门与实践密切相关的学科，因此，在讲授过程中需加入大量的国内外案例分析，使相关内容更加贴近现实，更加容易理解和接受。同时，对课程的重点和难点相关内容，适当播放 BBC 英国广播公司制作的自然探索系列相关视频，以加深学生对知识的理解。同时，充分利用网络资源，有针对性地从网上下载科研资料和图片，让学生在课余时间自学，激发学生对学习和科研的兴趣。加强师生互动，对“应用生态学”的部分教学内容，由同学们分组进行资料搜集，制作 PPT，并在课堂上用双语演讲和介绍，以提升学生的自学能力以及综合应用知识的能力。

（四）检查方式

根据双语课程教学的特点，教师对学生的考核，采用“平时作业、课堂讨论与期末考试成绩相结合”的方法，综合评定课程成绩。期末考试试题为全英文，题型分为选择题、名词解释、判断题、简答题和论述题。

（五）教学效果

经过整个学期的“普通生态学”双语教学后，70% 以上同学的期末考试成绩达 80 分以上。学生普遍感到其生态学专业知识与外语水平均得到了提高。当其专业英语词汇有了一定的积累后，他们阅读英文资料会变得更轻松，对专业知识的掌握也更深入，提高了其综合应用能力，达到了教学的目的。

二、“普通生态学”双语教学应注意的问题及对策建议

（一）关注学生英文水平的差异，改进教学方法

农业院校学生的英语水平参差不齐，又缺乏一定的专业英语知识，在一定程度上影响了双语教学的效果，结果容易导致既没有提高学生的外语水平又无法使之掌握专业知识。针对这种情况，我们提前一周将教学课件发给学生，让他们查阅生词，提前预习中文课本相关的内容，再预习英文教材内容。有了这些准备，同学们的学习效果得到了提高。同时，在教学过程中应循序渐进地增加英文讲授的比重，学生也比较容易适应。每次授课开始时，教师要先用英文对前一次授课的内容进行提问，以了解同学们对知识的掌握程度；教师应在每次授课结束时也用英文、中文作简要总结。尽量使用简洁的英语词汇和语法，让学生能充分理解授课内容。教师课后要进行访谈、调查，及时了解学生对双语教学的反馈意见以及对知识点的掌握程度，根据需要适当调整教学内容和方法。鉴于学生的英语水平不一，期末考试的试卷不要求学生以全英文作答。

（二）加强双语课程教材建设

尽管我们目前使用的教材是国外的优秀英文教材，但由于中西文化的差异，中英文教材在内容编排的次序及侧重点上存在较大差异。比如，英文教材中将“energy transfer”放在群落生态学的内容中；而中文教材则将这部分内容放在生态系统生态学的章节中。英文教材中“trophic levels”这一章花了大量的篇幅讲述“autotrophs”与“decomposers”。英文教材更注重个别案例的分析、推理，但理论知识的系统性不强，部分内容脱离了中国的国情。此外，中外生态学课程的教学大纲、课程学时也不尽相同。这就要求教师在备课过程中平衡中英文教材的内容，将二者合理地结合起

来。然而，这样仍不能最大限度地满足双语教学的实际需要。因此，有必要联合多个部门，根据实际需要来编写适合中国国情的《普通生态学》双语教材，即根据学科教学目标和双语教学的任务，对原版教材中不符合国内学生情况的内容进行适当删减，同时自编辅助教材，对原版教材的内容加以解释和补充，编制出一套贴近我国生态学教学和学生实际需要的双语教学教材。

（三）针对授课学时局限，突出主次、重点与难点内容

与生物学、生态学等专业不同的是，环境科学专业没有开设“普通生物学”（含植物学、动物学、微生物学等）基础课程，而普通生态学与这些学科是密切相关的，这就要求教师在授课时，必须对涉及上述学科的专业知识加以补充、展开说明。然而，由于近年来高校本科专业的课程改革，“普通生态学”课程也被大幅度压缩教学内容和教学时数，导致授课学时严重不足，在一定程度上影响了学生对理论知识与技能的系统掌握。因此，在有限的学时而主要内容不减少的前提下，要使学生对知识点的掌握达到相应要求，授课时就一定要注意主次，突出重点、难点内容。部分内容以自学或课后作业的形式进行，同时提供相关的文献书籍供学生参考。

（四）激发学生对双语课程的学习兴趣

部分英语水平不高的同学可能会因为课程教学内容听不懂而逐渐丧失学习兴趣。要解决这一问题，可以采取以下措施。首先，在课堂上增加师生互动，让所有学生参与其中，有利于提升学生的学习兴趣，也有利于学生英语水平的提高，进而增强授课效果。其次，教师要与时俱进，案例要及时更新。结合国内外最新的时事新闻，如在课堂上选取“近年来鄱阳湖干涸”的例子，“三峡大坝引起的一系列生态问题的争议”案例等，学生在讨论时都表现出比较高的热情。最后，要改革考核方式，不能单凭期末的书面考试成绩，而是结合他们平时的课堂表现、课后作业完成情况等进行综合评定。

（五）加强双语教学的师资队伍建设

从事双语教学的教师不仅要求有扎实的专业基础知识，还必须具有较强的英语口头交流能力。针对这一情况，学校规定进行双语教学资格认定的教师至少有两个学期用中文讲授该门课程的经历，并且该门课程的学生评教排名须在学院（部）排名的前50%；进行双语教学试讲并经学校双语教学评定小组评审通过后才能获得双语教学的资格。尽管如此，毕竟绝大多数教师对专业英语的熟练程度不如中文，教师的英语授课水平仍有待提高。学校对从事双语教学的教师开展定期的培训，尤其是英文授课语言的规范化训练。切实为从事双语教学的教师提供相应的出国留学培训机会，鼓励教师参加国际学术会议并作会议口头报告，均有利于教师英文教学水平的提高。此外，组织教师进行集体备课和集体听课，及时指出授课中存在的问题并加以改进，也是提高教师双语教学水平的重要措施之一。

三、结语

开展和推进双语教学工作是我国高等教育发展的重要趋势之一。双语教学是一个长期的实践过程，必须在教学过程中不断地研究、改进和完善教学方法，进一步提高教师的双语教学水平与质量，以期达到既提高其专业知识水平，又提高学生的英文能力的“双赢”目的。

参考文献

［1］曾任森，钱艳平，骆世明．本科专业课双语教学的问题与方法探讨［J］．高等农业教育，2003，10（10）：52－54.

［2］孙小霞，林文雄．生态学双语教学的实践与思考［M］//翁善波，林文雄，阙树福．农林院校生物学类教育理论与实践．厦门：厦门大学出版社，2008：119－121.

［3］辛琨．高校生态学双语教学课程建设研究与实践［J］．高等教育研究，2008，25（3）：73－74.

［4］张璐，苏志尧．森林生态学双语教学的问题和对策［J］．中国林业教育，2007（4）：73－75.

［5］周岐海，武正军．《普通生态学》双语教学的实践和探讨——以广西师范大学为例［J］．中国科教创新导刊，2009（29）：62－63.

［6］刘方明，张丽敏，张卫东．普通生态学双语教学的问题及对策［J］．科技创新，2009（1）：16－17.

第十三章 高校公选课“环境保护与可持续发展”的教学改革实践及体会

公选课（即公共选修课）是指面向全校学生开设的以人文素质与科学素质教育为核心的综合素质类教育课程[1]。公共选修课作为高等院校改革的标志性成果之一，已成为高校课程体系中的一个重要组成部分[2]。在社会对大学生素质教育的要求逐步提高，以及大学生对知识需求多元化的双重背景下，许多高校开设了一批具有时代特征和个性特色的公共选修课程，受到广大高校学生的欢迎[1,2]。然而，面对公共选修课迅猛发展的局面，我们清醒地看到，公共选修课在高校中尚存在一些普遍问题，如学生课堂学习积极性不高、课程知识与社会经济发展或现实生活的关联性不高、学生抄袭作业、课程内容偏于理论或过于宽泛等。针对这些问题，结合我们从事华南农业大学“环境保护与可持续发展”公共选修课教学工作三年多的教学实践与体会，谈谈在本课程中实施的一些教学改革方法，旨在为加强公选课建设、提高公选课的教学质量提供些许参考。

一、贴近社会现实，丰富教学内容

“环境保护与可持续发展”课程作为华南农业大学的一门公选课，除了涵盖环境保护与可持续发展的基础知识外，还要紧跟生态环境保护与可持续发展的最新成果、技术和发展动态。因此，在教学内容上，教师需要关注社会环保热点问题、国际环境保护与可持续发展方面最新的动态和进展，并将这部分内容作为每节课教学的引导性内容，以调动学生的课堂学习兴趣。例如，可结合“美国驻中国大使馆 PM2.5 事件”讲授大气颗粒物的基本知识；结合“日本福岛核电站爆炸事件”讲授核污染的防治问题；结合习近平主席发表的“走高效生态的新型农业现代化道路”讲授生态农业技术研究与应用等。这样，不仅使学生能较为深入地掌握环境保护与可持续发展所涉及的一般知识，而且能增强学生对实际环保问题的认识，有利于学生更好地对社会经济发展过程中的生态环境保护与可持续发展问题进行深入思考。另外，针对现在学生经常使用网络的习惯，可提供若干环境保护与可持续发展方面的网站，如“生态环境网”“低碳网”等，供学生进行课后拓展。值得注意的是，针对学生基础知识参差不齐的状况，公选课应侧重于普及理论知识方面，但要避免讲授的知识表面化与科普化倾向，以免挫伤部分优秀学生学习的积极性，因此，每节课都要讲授一些较为专业的知识，这样才能满足学生对公选课的学习期望。

二、采取多种教学手段，调动学生兴趣

教学方法的好坏，不仅影响学生对知识的理解，还影响学生思维能力的发展和学习兴趣[3]。在“环境保护与可持续发展”的教学中，我们采取了多种教学手段激发学生的学习积极性和主观能动性。例如，在讲授大气对流对污染的影响时，点燃一支香烟，将其置于带有隔板的倒置烧杯中，直接观察大气颗粒物在烧杯中的运动过程，把枯燥的理论知识形象化，在学生容易理解的同时也提高了他们的学习兴趣。又如，在多媒体课件制作中大量增加图片内容，每页课件均以具有视觉冲击性的大尺寸图片展示，对应文字相对减少，留给学生充分的空间去思考图片信息。同时，利用课间休

息时间给学生观看5~10分钟视频，让学生对视频中的环保问题进行讨论，对生态环境问题出现的根源、过程、危害等发表看法。在学生对问题有了充分认识后，教师可启发和引导学生提出解决问题的办法，使课本理论知识内容的教学“活”起来，进而提升学生的思辨能力。为了防止学生对公选课的学习出现“下课抛脑后，上课想不起”的局面，每次课结束时可给学生布置1道拓展题，下次上课前用5分钟时间提问，要求学生回答，有助于活跃课堂气氛。同时，课前提问也可以促使学生上课专心，课后能阅读相关资料进行知识拓展。

三、结合课外实践，增强学生的感性认识

公选课教学既要注重课程的知识体系，也要与案例实践充分结合。公选课通常要面向多个学院多种专业的学生，由于通常缺乏相对应专业实践的支撑，使得学生的学习过程偏于理论，缺乏课程内容所对应的实践与感性体验，常会出现教师在课堂上讲得口干舌燥，学生仍难以真正掌握的情况。如讲授水体污染时涉及的各种水质指标是怎么测出的？城市交通中的噪音主观感觉和测定的声音分贝数之间是怎样对应的？对此，我们在进行“环境保护与可持续发展”教学时，充分利用学校周围的一些污染河流和交通道路，学生自愿报名，利用周末时间携带若干简易仪器到现场进行观察测定，这种做法明显增强了学生的感性认识，提升了学生对知识的掌握程度。近年来，在本课程的讲授过程中，我们一直进行着这种“微型实践”，这种实践教学大大调动了学生的选修兴趣，进一步提高了学生对知识的理解及其创新能力。

四、改革考核方式，严把教学质量

建立科学、合理、鼓励创新的考核方式，有利于保证教学质量，促进学生创新能力的培养[4]。“环境保护与可持续发展”公选课过去一直采取期末论文考核方式，出现的问题有：学生上课不听，不爱思考；下课不看，有些学生在网上下载文章应付，极易出现抄袭现象。为了改变这种状况，我们试行了多种形式并存的考核方式，即结合课堂考勤（占10%~20%）、随堂快速测验（占20%~40%）、课程论文（占40%~60%）等方面进行综合评价。课堂考勤采用签到和提问两种形式，通过签到保证课堂考勤的连续性和公正性，而点名提问可防止代签现象。随堂快速测验的主要目的是强化巩固学生对当堂理论知识的掌握，一般放在当堂课程教学结束时，约10分钟，题量控制在10道以内，题型由名词解释、判断题、选择题等组成，避免学生因作业过多而产生抵触情绪。在课程论文方面，当课程教学内容进行到一半时，即鼓励学生开始确定主题、拟定大纲和准备撰写课程论文，主题可以选择课堂上讨论的内容，以提高学生对课堂教学活动的参与度。而且通过不同学院不同专业同学之间的交流，可为课程论文研究寻找多方面的视角、观点和素材。另外，提倡学生结合本公选课的课外实践活动进行论文写作。对于课程论文，一方面严格控制字数，一般情况下控制在3 000字以内，其目的是防止学生“东拼西凑”、四处抄袭；另一方面，提高课程论文主题的选择标准，要求学生必须从自身感受出发，结合当前存在的环境保护与可持续发展的“小”问题进行选题，开展分析探讨，要有自己的观点，这样的要求大大提高了课程论文的质量。实施这些新的考核方式后，学生普遍反映较好，觉得自己的环保知识和写作能力得到了提高。

五、结语

公选课教学改革涉及多个方面，除了从更新教学内容、丰富教学方法、加强实践教学及建立课程多元化考核方式等方面开展外[5-7]，还需要结合学校关于公选课的管理政策，如选课人数、选课

学生的专业与年级差别、开课学期等方面进行适时调整。同时，要充分考虑公选课的课程特点和学生的专业背景，如自然科学类、社会科学类、应用技术类等，才能因人施教。总之，公选课课程的教学改革应全方位开展，多种手段并用，才能达到理想的教学效果。

参考文献

［1］吴孔亮．高校教学改革视野下提高公共选修课质量的思考［J］．太原城市职业技术学院学报，2010（10）：146－148.

［2］刘文广，杨兰柱．汽车文化公选课教学改革探索与实践［J］．甘肃科技，2008，24（3）：171－172.

［3］关勤．加强公选课建设，提高公选课教学质量［J］．浙江工程学院学报，2004，21（4）：371－375.

［4］郭小林．改革高校课程考试制度的对策［J］．西南民族大学学报（人文社会科学版），2005，26（11）：384－386.

［5］韩建宏，孙珏，徐开蕾，等．讨论式教学在中医内科学临床实习中的应用［J］．西北医学教育，2012，21（2）：394－396.

［6］汪殿蓓，李建华，吕环照，等．《环境生态与可持续发展》公选课的教学效果分析［J］．孝感学院学报，2009，29（6）：115－117.

［7］张新霞，詹华奎．以病案为基础的学习（CBS）教学法在中医专业本科生临床思维训练中的应用［J］．医学信息（中旬刊），2011（5）：1889－1890.

第十四章 中美《农业生态学》教材的比较分析

在美国和中国很多院校都把农业生态学作为一门重要的课程。美国圣地亚哥大学的 Cox 与 Atkins（1979）合编的 *Agricultural Ecology—An Analysis of World Food Production Systenems* 可以说是建立在现代生态学基础上出版最早的《农业生态学》教材。这本教材后来被中国学者翻译成为中文（柯克斯等，1987），一度对中国农业生态学界产生过比较广泛的影响。美国加州大学 Berkeley 分校的 Altieri（1983）编写出版了自己的农业生态学教材 *Agroecology—The Scientific Basis of Alternative Agriculture*，并且在 1987 和 1995 年以 *Agroecology—The Science of Sustainable Agriculture* 为名称正式出版了第 1 版和第 2 版教材。加州大学 Santa Cruz 分校的 Gliessman（2000，2007）出版了自己的农业生态学教材 *Agroecology—The Ecological Processes in Sustainable Food Systems* 的第 1 版和第 2 版。中国的农业生态学的多种校印教材在 20 世纪 80 年代初就已出现，并且在 1983 年召开的全国农业生态学研讨班上进行了交流。在吴灼年教授主编的《农业生态学》教材的基础上，华南农学院农学系农业生态教研组 1984 年出版校印教材《农业生态学引论》。以这些教材为基础，由骆世明、陈聿华、严斧编写的教材《农业生态学》于 1987 年正式出版。20 世纪 90 年代，我国开始出现了很多不同类型的农业生态学教材，例如，西北农业大学王留芳教授主编（1994）的《农业生态学》，沈阳农业大学的沈亨理教授（1996）主编的《农业生态学》等。进入 21 世纪后，有中国农业大学陈阜教授主编（2002）、湖南农业大学邹冬生教授等主编（2002）以及华南农业大学骆世明教授主编（2001，2009a）的《农业生态学》教材。美国和中国都是开展农业生态学教学很活跃的国家，通过对这两个国家有关教材的对比，可以看到共同的规律以及不同的特点。这种比较既有利于发挥中国在农业生态学教学方面的优势，也有利于借鉴美国的教学优点，以改善我国教学的不足。

一、教材的共同特点

（一）共同针对不可持续的农业现状

农业生态学教学的社会背景是农业的工业化方法出现了问题。大量的工业制成品的投入，整齐划一的农业内部生物结构，经济上高劳动生产率、高土地生产率和高资金回报率是农业最重要的目标，但是连带产生的资源、环境、生态和食品安全危机迫使人们寻求新的发展方向，这是农业生态学发展的社会需求，也是农业生态学人才培养的基本动力。因此，中美教材都反映了这样一种社会背景和社会需求。早期的教材，例如，1979 年 Cox 等编写的教材中第十六章“害虫化学控制”和第二十四章“农业的能量消耗”就谈及这方面的问题，Gliessman 的 2007 年版教材在第一章“可持续食物生产系统的需求”就系统地阐述了工业化农业的弊端。1984 年华南农学院编写的《农业生态学引论》在第七章“农业生产系统的输入与输出”中有专门的一节“资源开发和资源危机”，第十章“农业生态系统的现状”有一节“机械化的集约农业”，以及在 2009 年骆世明等编写的《农业生态学》中的第八章“农业发展的生态轨迹”都有涉及对工业化农业问题的剖析。

（二）共同的农业生态系统理论框架

实际上，农业生态学的出现是对农业生产的理解从传统农业学科的不断细分向系统综合的逆转，是从看到“树木”到看到“森林”的过程。生态学有不同的研究层次——个体、种群、群落、生态系统、景观等。作为生态学在农业应用的分支，两国的农业生态学都以农业生态系统作为基本层次来展开。例如，在 Altieri（1983）的教材正文的第一页就介绍了农业生态系统的概念，在其后正式出版教材第一部分第三节的题目就是“农业生态系统：决定因子、资源、过程和可持续性”。Gliessman（2007）的教材中专门设了第二章“农业生态系统概念”。陈阜（2002）编的第二章和王留芳（1994）编的第八章都用“农业生态系统”作为标题，邹冬生等（2002）编的第二章“农业生态系统的基本概念”，骆世明（2009a）编的第一章第三节题目是“农业生态系统的概念”。在农业生态系统的层面展开的主要原因是这个层次可以用于解释很多资源、环境、生态问题，也是农业生产涉及方方面面发生紧密联系的主要层面。在该层面向上容易联系到景观层面，向下则容易联系到具体生物层次。

（三）共同提出工业化农业的替代方向

提出农业方式的革命是农业生态学的使命，在中国的农业生态学中都提出了生态农业作为发展方向，例如，1984 年华南农学院版本就在第十三章“农业生态系统的未来”设了一节“中国的生态农业构思”，邹冬生等（2002）主编的教材中第八章“生态农业与农业生态工程”，陈阜（2002）主编的教材中第十章“生态农业与持续农业”都有这方面的内容。骆世明（2009a）则用第九章“生态农业建设规划”和第十章“生态农业的模式与技术体系”来阐述生态农业问题。在美国教材中也一直重视这类替代系统，例如，在 Altieri（1983）的教材中除了第一部分介绍概念，其余大部分章节介绍新的农业形式，其第二部分为“替代农业系统和技术的设计”，第三部分介绍“基于生态学的农业典型”，第四部分“替代生产系统”，第五部分“病虫草的生态管理”，第六部分是“可持续农业”。这个结构基本保留在其后正式出版的两版教材中。Gliessman（2007）不仅在各个章节中介绍有关方法，还专门设立第四部分用五章的篇幅介绍了“向可持续性的转换”，内容包括第二十章的“向生态管理转换”，第二十一章的“可持续性指标”，第二十二章的“景观多样性与农业生态系统管理”，第二十三章的“文化、社区和可持续性”，第二十四章的“从可持续农业到可持续食物系统”等。

二、教材的不同特点

（一）例证引用范围和来源不同

美国教材除了本国的例子外，比较经常运用多国获得的第一手素材，也较多运用自身研究的结果，个性表现强。Gliessman（2007）的教材中除了美国的例子，还大量运用了墨西哥、中国、以色列、哥斯达黎加、西班牙的例子，很多还是作者亲自到过和调查过的地点，使用了自己拍摄的照片。在教材中，除了各地农民的实践经验外也有很多他们自己的研究成果。Gliessman 介绍了他们在加州中部让草莓农场从传统工业化耕作向有机耕作转变的四个步骤，介绍了在苹果园种植覆盖田芥菜（*Brassica kaber*）少杂草和吸引虫害天敌、在芥菜地周围种植大爪草（*Spergula arvensis*）吸引有益昆虫、西兰花和莴苣间作体系等成功的研究成果。早在 1983 年，Altieri 的教材也用了自己归纳总结的成果，介绍了有利于减少害虫爆发的近 20 种作物间作方式和通过杂草减少作物害虫的 25 个系统。

我国的教材较多局限在本国的典型实践经验方面，很少引用别国的成功经验，也很少有编写人员自己的研究成果。这种状况一方面表明我国农业生态学的科研相对滞后，不能够及时提升和深入分析农民丰富的实践经验，创新的应用研究也不足；另一方面也反映了我国农业生态学教学科研人员的研究视野和调查活动范围还较多局限在本土的现状。要改变这种状况不容易，但是在信息发达的今天，要收集更多国际上的成果显然已经比20年前容易多了。需要特别注意的是，教材编写人员和教学人员忙于教学，没有机会或没有动力深入实际开展研究，易产生理论脱离实际的倾向。

（二）教材结构的逻辑体系不同

中国的教材有更加稳定的理论框架和相对严密的逻辑体系，美国教材的体系变化较多，重视实践和个性。目前中国农业生态学的体系一般都遵循这样的理论框架和思路：农业生态系统的结构和功能→农业生态系统的调节控制机制→农业生产出现的不可持续问题→生态农业建设与农业可持续发展。在农业生态系统的调节控制方面，都认识到自然调控→人工直接调控→社会经济间接调控的三个层次。在生态农业建设方面，逐步认识到景观生态规划→生态系统循环设计→生物多样性利用与关系重建的三个重要方面。这一方面与中国高等教育一向比较重视基本概念、基本原理和基本方法有关；另一方面也与全国农业生态学教学科研人员勤于进行理论思索有关。在美国的教材中，目前更多按照实用方式展开，例如，Gliessman（2007）的教材在第二部分介绍系统水平的相互关系，其中就分别按照种群关系、基因资源、作物群落的物种关系、农业生态系统多样性与稳定性、农业生态系统的干扰、演替和管理、农业生态系统的能量、农业生态系统的动物等来展开。尽管看到了生态学的层次，但总的来说，内容之间的逻辑关系还不是特别强。Altieri（1995）教材中的四部分分别是：农业生态学的理论基础（学科的思想、发展和概念）、替代农业系统与技术的设计（替代技术、传统农业、生态农业、有机农业）、替代生产体系（耕作制度、覆盖作物、农林体系）、有害生物的生态管理（害虫、杂草、病害）和前景（可持续农业）等。该教材按照实践体系安排教学，内容上反映了作者较强的害虫防治专业背景。

三、教材的发展方向

（一）注意平衡生态学理论与农业生态实践内容

由于农业生态学跨越生态学与农学领域，如何平衡生态学与农学基础知识、农业生态学特色知识和实践方法两个部分成为编写教材不可回避的问题（如图4－5所示）。在美国方面，Cox与Atkins（1979）的版本面对非农学生，因此有比较多的农业基础知识，但是比较缺乏具体的替代方法。美国稍后的Atkins和Gliessman的教材版本面对农业专业学生，都注重农业可持续发展的替代方法，但生态学基础知识比较少。后来在美国广泛使用的Gliessman（2007）的教材中，他用了10章的篇幅按照生态因子分别就植物、光、温、水、风、土、火、生物、综合环境等介绍了农业和普通生态学的基本知识，然后用12章的篇幅介绍农业生态学比较专业的知识。这样的安排较好地平衡了三个部分的知识，可以让教师根据学生的具体情况调整教学内容，使教材的适应性得到提高。

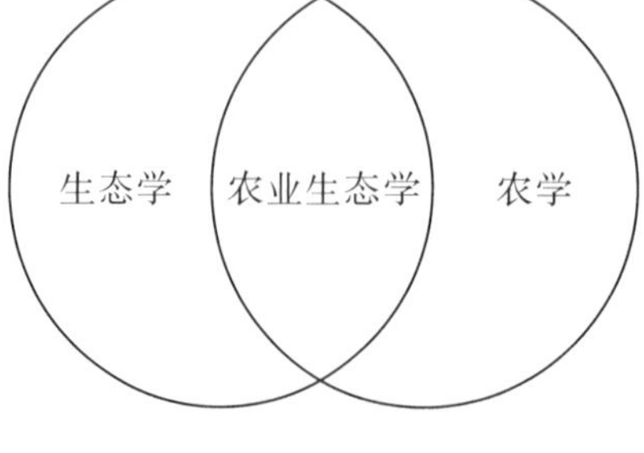

图4－5　农业生态学教材对生态学和农学基础知识内容的选择与交叉融合

在中国的农业生态学体系中，20 世纪 80 年代的版本都较多地介绍了普通生态学的基本知识，但是很少介绍农业基本知识。例如，1987 年骆世明等编写的《农业生态学》中，12 章中有 7 章内容与基本生态学知识密切相关，但没有一章的内容是关于农业基本知识的，与农业实践相关的内容也偏弱。在中国，农业生态学的授课对象一直定位在农科学生，因此不必介绍基本农科知识。当时我国生态学知识还不普及，农业生态学实际上起着普及生态学知识的作用。生态农业的实践在当时起步不久，经验总结和研究资料不是十分丰富。后来由于生态学的普及，2009 年版的《农业生态学》已经把生态学的基本原理几乎全部压缩到一章，把更多的篇幅让给农业生态学自身的知识及生态农业的实践等内容。

（二）注意引入更多的实践方法与研究成果

现代农业生态学在 20 世纪 70 年代起步后促进了农业可持续发展的实践和各种替代农业的研究，社会经济的形势也促进了农业可持续发展的蓬勃发展。因此美国和中国的农业生态学都注重对新的实践经验总结、新的成果介绍和新的问题提出。例如，Gliessman（2007）的教材增加了很多新的研究成果，也提出了转基因作物的生态安全性问题。过去美国教材比较忽略农业生态系统中饲养动物的作用，Gliessman（2007）的第 2 版教材在 2000 年第 1 版教材的基础上，专门补充了农业生态系统中的动物一章。骆世明 2009 年版《农业生态学》与 1987 年版相比，不仅增加了对景观生态学、分子生态学、化学生态学等生态学新发展的介绍，而且专门设置了一章介绍中国生态农业建设经验相关的模式与技术体系。在我国教材中，目前还没有太多篇幅直面农业生物的基因多样性以及转基因生物安全性问题，有必要在以后加以补充。

（三）注重农业可持续发展的社会组织层面

由于生态学和农学属于自然科学范畴，因此早期的农业生态学都在生物学和农学学科范畴内展开。然而，由于农业生态系统受到社会经济和人类认识与行为的调节及控制，因此不可能抛开这方面来全面认识农业生态规律。为此，相比第 1 版教材，Gliessman（2007）的第 2 版教材增加了一章“文化、社区和可持续性”，专门讨论了生产与消费被市场经济下众多环节分隔的情况，以及重建生产者与消费者紧密关系的实践和构想。该章还提出了从农田到餐桌的“可持续食物系统”概念。相比 2001 年版教材，骆世明 2009 年版教材增加了一章“支撑生态农业发展的政策法规”，在整个社会可持续发展的框架内讨论了农业可持续发展相关的经济政策、法律框架和生态农业标准与规范，比较重视政府主导的政策变化。相比两国教材，美国的教材有更多实践内容，例如，Gliessman（2007）的第 2 版教材在“文化、社区和可持续性”一章中比较了农民市场、自选农场、订单供应、消费者合作组织、农家菜馆、农家菜销售点、当地供应集体饭堂、远距离订单、电子商业等的不同影响。尽管教材的这种差异有国情的不同，但美国教材这种直接涉及生产者和消费者行为的研究及实践仍然值得我们重视。

（四）注意强化学生动手能力

在初期，无论是美国教材，还是中国教材都没有涉及实验和实习。后期两国的教材都逐步重视强化这种能力。在美国，Gliessman（2000）出版的教材配套了实验指导“Field and Laboratory Investigation in Agroecology”，在 2007 年修订出版第 2 版。在中国，骆世明（2001）在教材中附了“农业生态学实验实习提要”，邹冬生等（2002）的教材附了 8 个实验实习指导。2009 年骆世明等编写出版了《农业生态学实验与实习指导》作为《农业生态学》的配套教材。比较 Gliessman（2007）出版的实验指导与骆世明（2009b）的有很多共同之处，如都有关于环境因子及其作用测定、种群相互作用实验、化感现象观察、作物群体结构分析、自然群落调查、农业能量产投分析等。但是两国的实验教材也有不同的特点，美国的实验教材包含了较多具体农艺措施的效果，如作物覆盖比较、间作效果试验、田间多样性对草食性动物影响、草食性昆虫的取食倾向、陷阱植物设置效果、天敌引诱植物的设置效果、树木与作物关系等。这是值得我们借鉴的。目前中国教材中的实习部分更加倾向于农业生态系统的能物流分析和模式构建，检验田间措施效果的实验实习比较少。

（五）注意视听和网络资源利用

在 Altieri 的农业生态学网页上（www. agroeco. org）提供了农业生态学的 3 类视听教材。Gliessman（2007）教材中每一章后面都附有大量相关的网站目录。骆世明（2001）编写的教材中附有“农业生态学电化教学参考材料”，列出了 25 份录像与多媒体材料。总的来说，两国近年有关农业生态学专用视听教材的发展还是比较滞后，有待加强。如何更多搜索和利用国内外农业生态学相关网站是我国农业生态学教学应当迎头赶上的一个方面。

四、讨论

中美两国的生态学界都很重视农业生态学的发展，例如，美国生态系统生态学权威 Eugene P. Odum 在美国佐治亚大学领导的生态研究所在 20 世纪 70 年代起就设立了农业生态学研究项目和长期定位研究点。中国生态学会第一任理事长马世俊教授多次主持召开全国生态农业研讨会，并且在 1987 年主编了《中国的农业生态工程》（马世俊、李松华，1987）。这两位生态学权威人物都主张从生态系统生态学的角度审视和研究农业生态问题。他们还主张不仅需要从自然生态角度研究农业调控问题，而且应当从社会经济系统角度研究农业调控问题。这些思想对两国农业生态学理论体系的共性发展奠定了重要的基础。遵循教学普遍规律的结果促使两国的教材建设都比较注重吸收新的理论和实践成果，比较注重学生实践能力的发展，也比较注重视听教材的建设。

美国农业的工业化大生产基础不同于中国以小农耕作为主的社会需求，农业生态学面临要变革的社会需求有差异。另外，美国社会的民间主动性较强，中国社会的组织结构较强。这类差异都反映在教材的差异上。中美教材编写还有一个重要的差异就是，中国农业生态学的编写多是由教育部门立项或者出版社组织，由多个学校的教师一起编写，并且为多个参编的学校首先选用。美国的教材多由教授自主编写，由各个学校自主选用，因此个性更突出，竞争性更强。除了编写人员的个人素质差异外，社会经济实力影响的研究范围和活动视野的差异也不容忽视。通过教材的比较，我们看到，今后应当进一步加强两国在教学方面的交流和借鉴，更多地保留与发展适合中国国情和学生实际需要的内容，也更多地吸收借鉴美国农业生态学编写上的优点。

参考文献

[1] 陈阜．农业生态学［M］．北京：中国农业大学出版社，2002.

[2] 柯克斯，阿特金斯．农业生态学——世界食物生产系统的分析［M］．王在德，等译．北京：农业出版社，1987.

[3] 骆世明，陈聿华，严斧．农业生态学［M］．长沙：湖南科学技术出版社，1987.

[4] 骆世明．农业生态学［M］．北京：中国农业出版社，2001.

[5] 骆世明．农业生态学［M］．2 版．北京：中国农业出版社，2009a.

[6] 骆世明．农业生态学实验与实习指导［M］．北京：中国农业出版社，2009b.

[7] 马世俊，李松华．中国的农业生态工程［M］．北京：科学出版社，1987.

[8] 农学系农业生态教研组．农业生态学引论：上册、下册［M］．广州：华南农学院，1984.

[9] 沈亨理．农业生态学［M］．北京：中国农业出版社，1996.

[10] 王留芳．农业生态学［M］．西安：陕西科学技术出版社，1994.

[11] 邹冬生，廖桂平．农业生态学［M］．长沙：湖南教育出版社，2002.

[12] ALTIERI M A. Agroecology—the scientific basis of alternative agriculture [M]. Berkeley: University of California, 1983.

[13] ALTIERI M A. Agroecology—the science of sustainable agriculture [M]. Boulder, CO: Westview Press, 1987.

[14] ALTIERI M A. Agroecology—the science of sustainable agriculture [M]. 2nd ed. Boulder, Colorado, US: Westview Press, 1995.

[15] COX G W, ATKINS M D. Agricultural ecology—an analysis of world food production systems [M]. San Francisco, US: W. H. Freeman and Company, 1979.

[16] GLIESSMAN S R. Agroecology—the ecological processes in sustainable food systems [M]. Boca Raton, Florida, US: CRC Press, 2000.

[17] GLIESSMAN S R. Agroecology—the ecological processes in sustainable food systems [M]. 2nd ed. Boca Raton, Florida, US: CRC Press, 2007.

第五编
课堂教学方法改革实践与探索

第一章
课堂互动式和参与式教学方法概述

现代大学课堂是鼓励探求知识、思想碰撞和探索创新的场所，课堂教学的方式方法在一定程度上反映了大学的教育教学精神与特质。因此，积极探索和采用新颖、多样化的课堂教学方法，使学生变被动学习为主动学习，将学生完全吸引到课堂中来显得尤为重要。其中师生互动、生生互动、学生的课堂参与是大学课堂教学活动的重要方面。互动式和参与式教学方法可充分调动学生学习的积极性而被引进教育领域，并受到高校师生的喜爱而被广泛应用。

一、互动式和参与式教学方法的界定

近年来，由于互动式、参与式、研讨式等教学方法具有教学趣味性强、组织形式灵活多样、教学效果明显等诸多突出优点，受到越来越多教师和学生的青睐，其中互动式和参与式两种教学方法的应用最为普遍。

参与式教学法是指学生在明确教学目标的指导下，运用科学的方法，在民主、宽容的环境中，积极主动地、具有创造性地介入、融于教学活动的每一个环节。它最早是由英国的一些社会学家在从事国际援助性研究时总结归纳出的一套社会学理论，其内容核心就是让受援助的人们最大限度地参与到援助项目中，以期取得援助的预期效果。之后，“参与式”又被援引到教育教学领域，形成了“参与式教学法”。在教学过程中应用参与式教学方法，应该以学生为中心，强调发挥学生的主体作用和亲身体验，鼓励学生积极主动参与教学过程和教学活动，尊重学生的个体差异性，注重培养学生自主学习和独立思考意识，激发学生的潜能和创造力，是对传统“满堂灌”式教学方式方法的一种超越。

互动式教学相对于传统教学而言，是一种创新性的教学方法。互动式教学实际上也是参与式教学方法中的一种类型。互动式教学是通过营造多边互动的教学环境，在教学双方平等交流探讨的过程中，通过不同观点碰撞交融进而激发教学双方的主动性和探索性以达成提高教学效果的一种教学方式。在课程教学过程中应用互动式教学方法，需根据教学内容、针对难点和重点问题设计不同的探讨主题，围绕主题展开教学双方互动，通过提问、回答和辩论，使学生掌握所学内容、开阔思路、发挥潜能，提高其综合素质和创新能力。在教学过程中，要充分体现师生的互动关系，既要发挥教师的主导与引导作用，又要体现学生的主体作用。互动既可以在师生之间，也可以在学生之间进行。这种教学方法能够充分调动学生的学习热情，挖掘学生的学习潜能，变被动学习为主动求知，不仅使理论知识的传授不再单调，而且使学生的语言表达能力、沟通能力、合作能力等均得到提高。

二、开展互动式和参与式教学的必要性与重要性

（一）活跃了教学气氛，可有效激发学生的学习兴趣与潜能

传统的灌输式教学模式以教师为中心，忽视了学生的主体地位和参与意识，师生之间没有或缺

少互动和交流，学生只是接受知识的“容器”，通常其学习的积极性不高，往往表现出“身在课堂心在外”，甚至有少数学生以“五花八门”的理由来逃避课堂教学。美国著名的成人教育家戴尔·卡耐基曾说过：“一两重的参与重于一吨重的说教。”皮亚杰的建构主义理论认为：“知识不是单纯地通过教师传授得到，而是学习者在一定的情景即社会文化背景下，借助他人（包括教师和学习伙伴）的帮助，利用必要的学习资料，通过意义建构的方式而获得。”而在互动式和参与式教学模式中，学生和教师都参与教学过程，尤其是让学生置于教学活动的主体地位，使学生从知识的被动接受者转变为对知识的主动探求者，实现了由传统教学模式下“要我学”向“我要学”的转变，学生通过互动和参与教学的亲身体验能感受到作为学习主人的乐趣。生态学专业课程大多数是实践应用性很强的课程，运用互动式或参与式的教学方法可以为学生创设主动参与的机会，引导和鼓励学生参与到教学活动中来，活跃课堂教学氛围，激发学生的学习兴趣和参与意识，让每一个学生在互动和参与中得到发展，从而不断提高学生学习的积极性和主动性，增强课堂活力，发挥学生潜能，提升教学质量。

（二）提高了学生的课堂参与度，并可促进教师综合素质的提升

传统的教学模式是以教师为中心，而互动式和参与式教学方法则转向了教师与学生并重，学生变成了教学活动的积极参与者乃至主体与主角，教师则由“主演”变为“导演”。学生积极参与互动和创造，成为教学过程的主体，教师则成为教学过程的规划者，是学生学习活动的组织者和引导者，是问题和资料的编写者与提供者。互动式和参与式教学法把学习的主动权交给了学生，充分发挥了学生的主体作用，提高了学生的课堂参与度，通过教师与学生进行知识的交流、观点的碰撞、心灵的沟通、感情的反馈，从而达到课堂教学的最高境界。在实际教学过程中，教师不仅要具有扎实的专业理论知识和技能，还要懂得教育学、心理学和人文社会科学等的基本知识，才能在课堂上做到旁征博引，并灵活驾驭课堂。因此，互动式和参与式教学法的应用，也相应提高了对教师各方面的要求，不仅要求教师要有广博的知识、娴熟的语言表达能力和组织能力，还要求教师具有灵活处理临时性和突发性问题的应变能力。因此，互动式和参与式教学法的应用有利于促进教师综合素质的提升。

（三）促进了教与学的有机统一，有利于学生综合素质的提高

互动式和参与式教学方法突破了传统的注入式教学法的不足，以双向沟通作为交流的主要方式，教师与学生在课堂上互相呼应，无论是课堂提问、对话，还是课堂讨论或案例教学，都强调师生之间、生生之间的交流与合作，实现教与学两方面的互相影响和促进。互动式和参与式教学一方面可以调动学生的眼、口、耳、鼻、舌、四肢乃至全身投入相关教学环节，从而拓展了学生对知识的接受途径，提升了教学的实效性和体验性；另一方面，可以引发许多师生互动交流与思想观点碰撞的环节，有利于学生与教师之间、学生与学生之间更多的交流和合作，提高了学生的交流表达能力。同时，教师也可及时掌握学生对知识的学习程度和思想深度，还会促进教学相长，从而产生良好的教与学的效果。

三、开展互动式和参与式课堂教学的主要实践案例

（一）问题导向的案例分析教学

案例教学法是一种以案例为基础的教学法（Case - Based Teaching）。为培养学生发现问题、分析问题和解决问题的能力，教师可从当前社会的热点话题中寻找教学素材，引导学生进行分析诊断，或者鼓励学生自己从当前社会和身边生活中发现问题，并对其进行思考。譬如，我们在进行生

态学专业课程教学的过程中常利用课前的五分钟，让学生进行“生态新闻报道”，由学生阐述最近发生的与本专业有关的时事新闻，教师和学生可就此进行讨论分析。采用这种教学方法可提高学生发现问题、分析问题和解决问题的能力，拓宽知识面。教师在运用案例教学法时尤其要注意所选案例须紧扣教学内容。同时，案例内容须具有一定的代表性和普遍性，具有举一反三、触类旁通的作用，而不是实践中根本不会发生的案例，且典型的案例涉及的关系往往比较全面，涵盖的知识点较多，有助于学生从各个方面运用所学理论进行分析探讨，从而得出正确的结论。

（二）小组讨论或辩论教学

教师根据教学内容和学生的实际情况选择适合的内容，如根据一堂课需掌握的难点或重点等，设计一些具有探究性、发散性的问题或主题，启发学生的探究精神，让学生进行小组讨论，或针对不同观点进行自由辩论，在此期间教师可适时进行引导，最后由教师对讨论中出现的各种观点进行评价并作出总结。通过激烈的讨论与辩论，既开拓了学生的视野，加深了对知识的理解，又培养了学生深入剖析问题本质的能力，可使学生更全面、更深刻地理解并掌握该难点或重点。

（三）启发式提问教学

课堂提问是教学过程中常用的教学方法，但是巧妙地运用提问来激发学生的学习兴趣是非常重要的，启发式提问教学法就能很好地达到此目的，因此深受广大师生欢迎。如我们在介绍“生态型”这个术语时，为了让学生不死记硬背，在讲授之前先直观地将各种形态的狗、马以及生长在各个区域形态各异的野生稻和栽培稻一一呈现在学生面前，让学生思考片刻后提问“它们是否为同一物种”“它们外形差异为什么那么大”等，学生必然会给出很多不同的答案，教师则适时有针对性地进行归纳，然后才引入生态型的概念。

（四）利用道具的体验式教学

在课堂教学中，教师可充分利用道具或辅助仪器设备让学生参与和体验，让学生在体验中了解、理解和掌握专业理论知识及技能。例如，在讲授大气污染时，让学生用眼和鼻分别观察感受事先已瓶装好的清洁空气及污染废气；在讲到水体富营养化内容时，可用不同的大烧杯盛装不同富营养化程度的水，让同学们用眼睛和鼻子分别观察感受其性状及气味，并可让学生用快速检测仪器现场测定水体的一些理化性质指标；在讲到噪声污染时，可分别播放不同分贝的噪声和美妙音乐让大家听，让同学们用耳朵感受噪声污染对自己身心的影响，还可让学生使用噪声计来测量现场的声学指标。又如，在讲到有机食品时，可准备好分别使用化肥农药种植出来的大米和有机方式生产出来的大米（事先将每一种大米标上编号，但不告诉学生具体的大米名称和来源），进行现场蒸煮，让全班学生品尝，开展现场米饭品鉴活动，学生们则可根据自己品尝米饭时感受到的风味和品质，来判断哪一种是有机稻米、哪一种是常规工业化农业手段生产出来的稻米，并收集和统计学生的判断结果。通过这项活动，让同学们亲身体验并认识到常规种植和有机种植的差异。另外，在上课前或课堂上，教师可制作一些教学模型、模具来辅助教学，或者让学生自制模型道具，来进行体验式教学。

（五）师生角色互换式教学

在课堂教学中，教师根据需要选择适当主题，让学生们（或学生小组）准备讲义和课件，让学生当“老师”进行知识讲解，其他学生和老师则充当“学生”，并要求他们进行互动提问和讨论，老师可适时地进行点评和总结，这样可加深课堂上学生对知识点的理解和掌握。同时，在平常测验或布置作业时，让学生互相出题，互相批改试卷与作业，这样可促使学生自己去寻找和梳理整门课程的基本知识点、重点、难点，有时为了出题，学生会千方百计、“挖空心思”地编写题目，在这个过程中，促进了学生自己对课程内容的熟悉和复习以及对课程知识体系的把握，也可让学生了解教师教学工作之不易。总之，师生角色互换式教学会收到明显的教学成效。

（六）现场教学

在有条件的情况下或对于一些实践性强的课程，教师可将课堂教学搬到教学内容发生的现场，如田间地头、工厂、市场等，让学生对专业知识进行全方位的参与和体验。例如，在讲授农业生态学中的生态农业技术模式时，可带领学生到校内农场，现场讲解“玉米与大豆间作”“水稻与水生蔬菜间作”“水旱轮作”“鸭稻共作”“高畦深沟”“作物病虫害综合防控技术”等生态农业模式的结构和功能，同时，可选择单一化常规种植系统进行对比分析，并让学生进行现场观测。通过田间地头教学，可明显加深学生对专业知识点的理解和现实体验。

（七）第二课堂实践教学

第二课堂是大学生自愿参加的有目的、有计划、有组织的各种教育实践活动。其内容丰富、形式多样，包括了各类社团活动、社会实践活动、学科竞赛与科技活动等。第二课堂是第一课堂的延伸和补充，可有效促进第一课堂知识的消化，增强第一课堂教学的效果，有力推进学生应用能力、实践能力和创新精神的培养。第二课堂以其内容的丰富性、组织的灵活性、素质培养的全面性、资源整合的广泛性，把学校与社会、理论与实践、知识与能力等多方面有机地结合起来，克服了常规教学时间有限、注重理论知识传授、脱离实践的弊端。首先，目前常规课堂教学因学时数有限而无法保证学生有足够的时间去深入掌握所学知识，但第二课堂具有充分且可自由支配的时间，学生可在教师的指导下，有充足的时间对课堂所学的知识和技能进行练习、验证、实践和创新。其次，常规课堂教学往往是围绕本门课程教学重点而展开的，而在第二课堂中学生实践活动的内容或成果作品往往需要同时用到多门专业课程知识和技能，这可锻炼学生融会贯通运用该方面知识技能的能力。总的来说，第二课堂开展的各种形式的学习、实践和创新活动都不是孤立的，并且可以进行拓展和深化，与教师科研相结合，与产学研相结合，也可以与传统实验实践环节相融合，不受时间、地点、环境的限制，从课内延伸到课外，从学校走向社会，以主题实践活动的形式，将教学工作寓于各种主题鲜明、丰富多彩的实践活动之中，超越严密的课堂理论体系传授，用所学的专业知识解决实际问题，相对于常规教学而言，更具有直观性、实践性、综合性、创新性，成为大学生个性、潜能、创造力等综合素质拓展与展现的良好平台。

四、开展互动式和参与式教学法存在的主要问题

（一）教师综合能力还有待提高

在高校中，许多教师虽然专业基础扎实，但知识面还不是很广，欠缺课堂组织能力。一些教师进入高校工作后，迫于各种绩效考核指标等硬性压力而忙于申请各类科研课题、撰写科研论文等，并未投入较多时间去认真备课、准备教具、组织现场教学材料，做好参与式课堂教学的组织安排。同时，部分教师也由于自身能力和性格等方面的原因，很难对课堂教学进行良好的引导和掌控，互动式、参与式教学对他们来说不仅不能提高教学效率，反而可能会阻碍教学的顺利开展，影响教学进度。因此，要开展好互动式和参与式的课堂教学，教师的综合能力还有待进一步提高。

（二）学生之间差异大，全员参与难度大

一直以来，学生习惯了被动接受式的教学方式，主动积极参与的学生往往只有少数，大多数学生只是在教师提问到自己时，才被动地与教师互动。即使在进行小组讨论时，很多学生还是难以克服胆小、害羞、缺乏自信心等心理障碍，导致不敢说话、话不得体、词不达意或张口结舌等状况。

同时，由于大部分教学班级学生人数众多，教师也不可能兼顾每一名学生，使得互动教学难度加大，真正做到师生全员参与教学的难度就更大。

（三）受学时数所限，传统教学法仍然占据主导地位

由于采用小组讨论、课堂辩论、角色扮演以及案例分析等教学方法讲述一个知识点所需的时间比教师直接授课所用的时间多得多，而目前华南农业大学的大多数课程只有 32 学时，在这有限的课堂教学时间内，一门课程教学内容多且是必须完成的教学任务，所以教师主要采用的仍然是传统的教学方式，即由教师讲授为主，辅以互动式和参与式等其他教学方式。

五、在生态学专业课程中推进互动式和参与式教学的策略

针对目前本校生态学专业在实际课程教学过程中出现的主要问题，我们认为可从提高教师综合素质和拓宽互动参与平台两大方面加以推进。

（一）提高教师综合素质

由于生态学是一个综合性专业，内容广博、交叉众多，与生态学相关的专业课程的理论和实践知识涉及面广，而某些具体的知识点又非常专业，因此，任课教师首先必须具有过硬的相关专业知识和实践背景。但由于本校生态学专业开办较迟，本专业的很多教师都不是生态学科班出身，生态学方面的相关知识还不够广博和扎实，很多教师尤其是年轻教师缺乏实践背景，这就要求教师在从事教学的同时还要加强对相关专业知识的学习，并走向农业与农村基层进行社会生产实践。学校应提供相应的资金和条件对教师进行培养与培训，以快速有效地提高在职教师的综合素质。例如，学校可制定加强教师继续培养的政策措施，从资金和条件上支持教师到国内外进修、访学、参加教学培训和教学交流，到基层参加学习锻炼。对开展互动式和参与式教学的教师可给予一定的奖励与政策倾斜。

（二）拓宽互动参与平台

首先，要充分利用课堂时间进行互动式和参与式教学，应在学期之初布置本学期内课堂讨论和辩论的主题，以便让学生有足够的时间查阅文献和收集资料。同时，可考虑在每节课内教师口头讲授期间适时穿插问答，适时插播小段视频或语音等，以激发学生参与互动的兴趣。其次，要加强和重视课外实践互动参与平台的构建与使用。生态学专业课程实践性强，很多知识内容都需要学生亲自进行实践操作才能获得深刻的体会和理解，才能真正掌握，所以都设置了一定的实验和实习环节，教师和学生都应充分利用这些机会，扎扎实实地落实这些课程，不能流于形式，教师尤其要利用好实践教学的机会，在学生动脑、动手、亲身实践体验的过程中加强互动活动的开展，让更多的学生有机会和教师面对面探讨、与同学进行交流。最后，可充分利用各类网络互动平台。现代大学生十分青睐网络，高校教师可以根据这个特点，充分利用 QQ、微信、微博、校园网、电子邮件等网络载体加强与学生的互动交流，尤其是对性格内向的学生，更适合利用网络这层“面纱”参与师生互动和生生互动。教师也可以充分利用网络这一方便快捷的平台以弥补教学时数的不足，促使师生全员参与互动目标的实现。

参考文献

[1] 曹云明. 参与式教学在高校课堂教学中的应用技巧 [J]. 大学教育，2012 (11)：89 -91.

[2] 杨元芳. 论互动式教学法在思想政治理论课中的应用 [J]. 湖北科技学院学报，2015，34 (5)：168 -169.

[3] 周毕文，李金林，田作堂．互动式教学法研究分析［J］．北京理工大学学报（社会科学版），2007，9（S1）：104－107.
[4] 谢智娟．参与式教学方法在课堂教学中的应用［J］．中国成人教育，2008（11）：47.
[5] 田管凤．研讨式教学法的应用探索［J］．大学教育，2013（2）：25－26.
[6] 苗东利，雷佑安．研讨式教学在高校教学中的应用［J］．大学教育，2013（1）：131－132.
[7] 张旭宝．参与式教学在“两课”教学中的研究［J］．高职教育，2012（8）：189－191.

第二章
课堂多媒体教学的综合运用实践

多媒体教学是一种现代化的教学手段，集声音、图像、文字、动画为一体，人机交互，为学生发挥学习的主动性和积极性创造了条件，可激发学生的学习兴趣；把抽象的文字信息转化为直观的动态图像，使教学内容生动、逼真。随着多媒体信息技术的不断发展和更新，多媒体辅助教学已越来越受到重视。近些年来，为了加大多媒体教学在高校教学中的应用程度，以改进教学方法和手段、保障本科教学质量，大多数高校花大力气做了许多工作，包括改善校园网环境、增设多媒体教学设备、开发优质多媒体课件等，这些举措从根本上保障了多媒体教学的迅速发展和广泛应用。教育部办公厅发布的《普通高等学校本科教学工作水平评估方案（试行）》的评估指标，要求普通高校必修课应用多媒体授课的课时不低于15%，“211 工程”院校不低于30%。而调查资料显示，大多数高校多媒体教学授课率都超过了70%，其中大部分非实验课程利用 PowerPoint 作为课件的制作软件，只有少部分采用其他软件或网络教学[1-3]。由此可见，多媒体教学在很大程度上已经取代了传统的教学手段，并成为一种日常的教学方式。

在华南农业大学生态学专业课程的实际教学过程中，我们基本上是全程采用多媒体教学。现针对在具体使用多媒体教学过程中存在的利弊进行分析探讨，并试图提出相应的解决方法。

一、在课堂中运用多媒体教学的优点

（一）有利于激发学生学习积极性，提高学习效果

多媒体教学可以用图形、图像、文字、声音、动画及视频帮助教师形象直观地展现教学内容，最大限度地将抽象问题形象化，创设图文并茂、动静结合的教学环境，增强教学内容的趣味性，对学生的感官进行多方面的“刺激”，给学生提供全方位、多渠道、最直接的视觉和听觉感受，调动学生的积极性，加深学生对所学内容的理解和掌握。例如，在讲到生物群落的分布规律时，可直接将森林、草地以及荒漠等各类型群落的图片呈现在学生面前，学生很快就能总结出群落的分布会随着纬度、经度和海拔高度等的变化而出现有规律的变化。

（二）有利于促进教师的教学设计和交流，提高教学技能

实施多媒体教学，教师首先必须熟练地掌握各类现代化教学设备的使用。其次，教师需要掌握一些课件制作软件的使用方法，在制作多媒体课件时，教师还需要学会如何在海量的网络信息中去搜寻有价值的教学辅助资料，以进一步增强教学效果。同时，多媒体教学可以把教师对教材的处理、教学内容的理解、教学过程的设计等完全显示出来，有利于教师间的交流和探讨，促进教师的共同学习、共同进步。随着网络的发展，信息传递速度加快，学生接受信息的来源多样化，无疑给教师带来了极大的挑战，进而要求教师不断完善教育观念、更新知识内容、拓展教学思维、改进教学方法，在客观上推动了我国现代教育教学技术和实践的发展，拓宽了教师的视野，增加了教师的知识量，有效促进了教师教学技能的提高。

（三）有利于扩展课堂教学容量，提高教学效率

多媒体教学克服了板书带来的时间浪费，将复杂的情形和过程利用计算机加以模拟，通过放映幻灯片等进行展示，可在短时间内将大量信息引入课堂，扩展了课堂教学的容量，开拓了学生的视野，有效解决了专业课程课时少而教学内容多的矛盾。同时，学生在课堂上不用担心笔记记录不完整，课后学生还可以根据教师的课件进行温习和回顾，避免了因忙于记笔记而错过部分知识内容学习的矛盾。另外，可利用各类精品课程网站，将教学课件、优质教案等上传到校园网，学生可以自行下载自己所需要的教学材料，甚至可以选择下载自己喜欢的非专业课程学习材料，拓展自己的知识面；而教师也可以通过网络借鉴和学习他人的优秀精品课件、教案、视频、动画等，实现资源共享，从而提高教学效率和教学水平。

二、在课堂中运用多媒体教学的弊端

（一）信息量大而导致学生吸收消化知识困难

多媒体教学的一大特点就是大大增加了课堂教学信息量，但这种快速呈现的知识信息导致学生难以区分重点和难点，对知识的学习也只能是“大概印象”，难以及时地吸收和消化，教学效果有时反而会“事倍功半”，教师也不能及时观察课堂教学效果，从而不能有效地调整课堂教学方式和内容，反而影响教学质量。

（二）互动减少而导致学生注意力分散

多媒体教学普及后，很多教师主要通过多媒体投影向学生展示文字、图片、视频或动画等方式进行知识的传授。表面上看，多媒体教学使得课堂上的内容增多了，样式也比较新颖和丰富，会吸引学生的注意力。但实际上，有些教师的讲解变成了屏幕的“文字配音”，师生的关注点和注意力有时难以集中在同一目标上，加上教室里往往略显昏暗的多媒体投影情景，教师对课堂的控制力变弱，一些自制力差的学生很容易“走神”或犯困，不能将注意力集中在教师的讲解上，从而影响学习效果。

（三）过分依赖多媒体教学而削弱教师的教学能力

多媒体教学普及后，一些教师尤其是青年教师，过分依赖电子课件，在课堂上只是点点鼠标，对着多媒体课件上的内容“照本宣科”，往往不具备在课堂上利用表情、动作、声音上的变化向学生展示教学魅力的能力。教师长期使用多媒体，会对多媒体产生依赖，一旦在教学过程中出现停电、断电或者设备出现问题时，教师站在讲台上就会“脑子一片空白”，失去了讲课能力，教学自信心受到打击而更加依赖多媒体技术，从而形成恶性循环。另外，由于多媒体使教学变得简单易行，似乎只要有课件就可以上课；很多教师往往是“一劳永逸”，做好一个课件后一直沿用，或者干脆下载网上同行的课件，未经认真消化就直接拿来进行教学之用，这些都严重影响了教师教学能力与水平的提升。

三、合理运用课堂多媒体教学的对策建议

尽管长期使用多媒体教学会给教师的成长带来一些负面影响，甚至会助长教师养成思维惯性和行动惰性，不利于教师自身素质的提升，更不利于课堂教学效果的提高。但毋庸置疑，多媒体教学有着传统教学方式所不具备的许多优点，因此，如果我们能处理好各种问题，合理运用多媒体教学手段，将其与传统教学法进行优势互补，就能达到良好的教学效果。

（一）制作优秀的多媒体教学课件

课件是多媒体教学的主要载体，从课件也可看出一位教师的教学风格。优秀的课件能使多媒体教学的优势充分发挥出来。很多深受学生喜爱的教师所制作的课件都能做到简要明了，富有创意，将其自身风格融入课件，结合颇具个性化的言语，运用启发式、互动式教学方法，知识性和趣味性强，往往更易于被学生接受和喜爱。为了提高多媒体课件的制作水平，促进教学质量和效率的提高，学校应定期组织教师进行多媒体课件制作培训、多媒体教学设备使用培训，以及举办多媒体课件制作比赛等活动，还应该经常组织教师开展多媒体教学观摩，以促进相互学习。

（二）充分利用网络教学平台共享多媒体教学资源

教师可充分利用网络平台的优势，课前将课件共享到平台上，并列出简单的提纲，提示重点和难点所在，让学生了解每节课将要学习的内容及其重难点。学生可进行简单的课前预习，从而在课堂听讲时可有效地利用上课时间掌握教学的重点和难点，教师可适当播放视频片段等来提高学生的学习兴趣，加深对知识点的理解。课后，学生可对照课件和书本进行复习，并将所遇到的问题通过各类网络教学平台提交给教师。教师可登录平台解答学生的问题，提高学生利用平台学习的积极性，当然同学之间也可以互相解答问题，真正实现师生之间、生生之间跨时空的交流，有效促进学习。需要说明的是，在网络教学平台上共享教学资源，需按照相关规定，加强知识产权的保护及相关技术服务工作。

（三）多采用互动式教学启发学生思维，活跃课堂气氛

课堂上，师生之间的思想与情感交流是教学活动必不可少的环节，因此，教师在运用多媒体教学时，不能只顾操作电脑，对着屏幕讲解，而要随时观察学生的反应，注意加强与学生间的思想和情感交流，避免将多媒体课堂教学从传统教学的“人灌”变为“机灌”。在课堂上应多采用启发式、互动式和参与式教学，吸引学生的注意力，启发学生对所讲内容进行思考，激发学生的学习兴趣，调动学生学习的主观能动性。

（四）将传统教学手段与现代多媒体教学技术有机结合

教学不仅是一门学问，而且是一门艺术，更是一项创造性劳动，每位教师特定的教学语言、教态、板书、应变能力构成了教师的课堂风格和魅力。多媒体课件在课堂教学中有很大的优越性，但也不能整堂课都依赖多媒体。课堂的主体应该是学生和教师，而不是多媒体课件，我们只有把传统教学手段、教师个人讲课艺术和现代多媒体辅助教学等有机地结合起来，才能真正发挥多媒体课堂教学的效果。因此，教师首先应该认真备课，做好课前设计，哪些内容使用多媒体教学效果好，何时采用黑板板书方式的效果更佳，哪些环节需要使用教具，只有将现代多媒体教学手段与传统教学方法进行优势互补，才能避免教师过分依赖多媒体而成为多媒体课件的“解说员”或“传声筒”。

参考文献

［1］王秀荣，冯旭鹏．高校多媒体教学的应用现状探析［J］．现代教育技术，2008，18（10）：35－38.

［2］乔培，高岭．多媒体教学在高校的发展与应用探究［J］．中国教育信息化，2010（9）：50－54.

［3］傅俭．高校多媒体教学的现状分析与思考［J］．江苏高教，2011（1）：88－89.

第三章
基于创新型多元互动教学模式的“农业生态学”教改探索

农业生态学主要研究由农业生物与其环境构成的农业生态系统的结构、功能及其调控和管理途径，是运用生态学的原理及系统论的方法，研究农业生物与其自然及社会环境的相互关系的应用性学科[1]。它是一门建立在系统思维基础上的学科，是为实现农业可持续发展提供核心理论的学科[2]，对农业生产、农业环境保护乃至区域经济社会可持续发展具有重要的指导作用[3]。2011 年，生态学被国务院学位委员会正式调整为一级学科，标志着生态学教育进入了一个新的发展时期，这显示了国家对生态学学科的高度重视和对生态学专门人才的强劲需求。因此，作为生态学科中一门应用性很强的核心课程，“农业生态学”已成为农业院校生物类、农学类和资源环境科学类等学生最重要的专业课或专业基础课之一。国内外的相关高校都十分重视农业生态学的教学工作，并做了大量卓有成效的工作，包括教材编写[4-7]、教学方法改革[8-9]、教学团队建设[10-11]和学科定位探讨[12-14]等。

华南农业大学是进行农业生态学教学与教学改革最早的学校之一。1981—1984 年，吴灼年教授组织了多次全国农业生态学骨干师资和农业科研人员的培训，为我国农业生态学的发展起到了推动作用。1986 年，华南农业大学成为全国首批农业生态学硕士学位授权点，也是全国首批生态学一级学科博士学位授权点，拥有“广东省高等学校农业生态与农村环境重点实验室”“农业部生态农业重点开放实验室”“农业部华南热带农业环境重点实验室”；具有“学士—硕士—博士—博士后”完整的人才培养体系，并于 2007 年获批“农科生态学系列课程”国家级教学团队[9]，2006 年获批“农业生态学”国家精品课程建设项目，在农业生态学教学方面取得了较显著的成绩，涌现了国家级教学名师（骆世明教授）和省级教学名师（章家恩教授）。

随着生态文明建设及其对相关人才的需求，特别是随着农业生态学的快速发展和社会对创新型人才培养的迫切需求，如何提高农业生态学的教学质量也越来越受到重视。为了适应当代大学生素质教育和创新人才培养的需要，近年来，我们对“农业生态学”课程的设置、教学内容、教学方法等也进行了一些尝试性的改革实践。

一、进行创新型多元互动教学模式的“农业生态学”教改背景和总体思路

华南农业大学的“农业生态学”课程经过连续 30 多年的建设和经验积累，已经取得相当多的课程教学与研究成果，尤其是在教师队伍的组建和教材建设方面。目前“农业生态学”已被列为我校农学和生态学等专业的专业基础课。根据教育部、中宣部等部门 2012 年下发的《关于进一步加强高校实践育人工作的若干意见》和《关于全面提高高等教育质量的若干意见》的要求，强调要实行创新人才培养模式，强化实践育人环节，加强大学生创新创业教育，支持学生开展研究性学习。华南农业大学也因此出台了诸多管理条例，多方位地创建了一些教学科研平台，如建立了农事训练中心、工程训练中心等，增加了实践教学环节的学时数。以 2012 级农学专业“农业生态学”课程为例，由原来的 32 学时增加到 64 学时，其中理论和实验分别占 32 学时。在这个改革的大背景下，我们提出了“创新型多元互动教学模式”。

目前主要的教学模式可归为三大类：

（1）LBL教学模式，即Lecture Based Learning，是传统的讲授式教学模式，该模式以教师为主体，授课为中心，采取全程灌输式教学。

（2）PBL教学模式，即Problem Based Learning，是以问题为基础，学生为主体，小组讨论为形式，在教师的参与下，围绕某一专题或具体案例进行研究的学习过程。

（3）TBL教学模式，即Team Based Learning，是以团队为基础的学习，提倡学生自主学习，以将学生培养成终身学习者为目标。

多元教学模式则是指在课程教学中，运用不同的教学手段，将传统的课堂讲授方法科学、适时、有效地结合任务教学、情景模拟、案例分析和实验实践教学，形成由教师引导、培养学生主动学习的行为模式。因此本章所指的多元互动教学模式不仅包含以上三种教学模式，而且要辅以其他教学手段，将多种教学方法和手段融会贯通地整合在一起，更为重要的是强调教师与学生之间的互动。而创新则是要求教师在教学方法的改革上要根据学生的具体情况和专业背景来进行改革，与时俱进，不断发展创新，这不仅仅是几种简单方法的结合，而是多种教学方法（如自主性教与学，研究性、探索性教学，教与学角色互换，综合性实验和双语教学等）的灵活应用。

农业生态学是一门实践性很强的学科，单一的教学模式很难适应目前社会对专业型、创新型人才需求的趋势，而多元化教学模式则在教学过程中增强了学生学习的积极性、主动性和创造性，有助于学生养成独立思考、解决实际问题的能力。因此，我们将多种教学法融合为一个有机整体，确立了“问题导向、能力本位、实践创新”的教学理念，尤其是将“以问题为导向”的教学方法贯穿整个教学过程，立足案例和实践教学，同时采取多种形式的互动交流，着力提升学生学习能力和创新素质，以适应不同年级和专业的学生。创新型多元互动教学模式目前已应用至农学院农学专业的农业标准化与贸易专业方向、农业信息化专业方向、农学丁颖创新班和生态学等多种专业背景的学生。其总体思路可总结为：以培养综合素质为核心、培养创新能力为主线，立足多元化教学主体，灵活运用多样化教学方法和手段，平衡生态学理论与农业生态实践内容，强化学生动手能力，即时交流互动，提高教学效果。同时，也丰富了教材建设和实践教学资源，由国家级教学名师骆世明教授主编的《农业生态学》《农业生态学实验与实习指导》分别荣获全国高等农林院校优秀教材奖。

二、基于创新型多元互动教学模式的“农业生态学”教改的具体实施方案

我们根据“创新型多元互动教学模式”的总体思路对“农业生态学”课程教学进行了改革探索，其实施方案的关键环节包括以下几个方面：

（一）教学内容紧跟学科发展前沿和生产实践

我校“农业生态学”理论课使用的教材为骆世明教授编著、中国农业出版社2009年出版的《农业生态学》。其主体内容包括：绪论、农业的基本生态关系、农业生态系统的结构、农业生态系统的功能（物流、能流）、农业生态系统的信息流和资金流、农业资源与区域环境、农业发展的生态轨迹、生态农业建设规划、生态农业的模式与技术体系。我们在教学内容主体框架不变的基础上，适时引入国内外最新的学科发展动态。同时，每次课前有一个“生态小新闻”报道的教学环节，主要是由教师或学生介绍当前与农业生态学有关的最新新闻报道和生产实践，或者介绍农业生态学的新技术、新方法或新进展等。

（二）基于教学主体多元化的教学方法的灵活选择

我们在教学过程中，尤其注重研究性学习、探究性学习和协作性学习等现代教育理念的应用，

始终将“以问题为中心”的教学理念贯穿于整个教学过程，大力提倡“学生参与”、高度重视实践教学为鲜明特色，变“填鸭式”教学为“参与性”教学。在课堂上采用启发式和参与式的教学模式，灵活运用讲授、提问、课堂讨论与辩论、视频等多种方法手段，让学生系统、深入地理解农业生态学的基本概念和知识。例如，在开学之初，我们布置两个将要进行课堂讨论的主题：①学生家乡的生态农业模式（第9周进行课堂讨论）；②我国未来农业发展的方向选择（第14周进行课堂辩论）。学生按自己家乡的所在地进行分组，事先准备好发言稿；学生介绍、辩论或讨论结束后，教师对讨论中出现的各种观点作出评价。通过参与式和互动式的探讨与交流，学生接收到巨大的信息量，了解更多的事实、知识和思想观点，既开阔了学生的视野，又培养了学生严谨求实的科学态度，提高了学生深入剖析问题本质的能力，加深了学生对农业生态学基础知识的理解。

（三）生态学理论知识与农业生态实践内容的合理平衡

农业生态学跨越生态学与农学领域，在教学过程中对生态学与农学基础知识、农业生态学特色知识与实践方法等进行合理的教学时数分配是非常重要的，其是否科学与合理直接决定了教育教学的效果。因此，我们在制定教学计划进度表之前，一般先要了解学生的已修课程和已具备的知识基础等，再根据学生的具体情况来调整教学内容。如面向农学专业的学生时，我们将减少农业基础知识而增加生态学基础知识的讲授；反之，如面向非农学专业学生时，我们将会补充一定的农学基础知识。同时，我们根据不同专业学生知识贮备的背景和专业培养目标，进行农业生态学实验实习的具体项目设计安排。

（四）开设综合大实验和田间综合训练，强化学生动手能力

以往农业生态学实验课附属于相应的理论课程，课时数较少，一般是8学时或10学时，因此开设的都是一些简单的验证性实验或现象观察实验。从2012年起，“农业生态学”实验课单列，课时数增加到与理论学时等同的32学时，为了提高学生的实际动手能力、课题设计能力以及综合分析能力，根据教学内容设计了系列大实验，大都属于综合性、设计性实验，学生可在每个系列中选择一个自己感兴趣的实验项目。在综合性、设计性实验教学过程中，我们将学生分成几个小组，要求每个小组根据规定的主题进行开题报告，提出研究目的和假设，设计相应的实验方案，制定研究方法，然后开展实验研究获得相关结论。本课程实验的地点选择也是多元化的，主要有宿舍、实验室和生态农场三个场所，我们会根据实验内容来进行安排。例如，对于作物种植密度引起的种内竞争实验，学生可以选择在农场或宿舍阳台来完成，若选择在学生宿舍完成则可采用一次性塑料杯来种植不同密度的蔬菜，学生可以很方便地进行跟踪观察。再如，对于作物间作引起的种间竞争实验，则是在大田中进行的。

此外，我们充分利用学校农事训练中心和生态教学农场的实训基地，开展“农业生态学”体验式的实训教学。例如，结合生态学专业学生为期一年的校内基地农业生态种田实践，开展“我的地盘我作主”学生大田种植实践，并结合本科生导师制度等促使教师指导学生开展大学生科研创新课题，从而进一步强化与巩固农业生态学理论和实践知识及能力的教育。

（五）设置多种交流平台，学生可随时与教师互动

除了在课堂上积极采用多种互动教学方式，如提问、讨论辩论、启发式教学等之外，为了更好地与学生进行交流互动，教师在学期之初建立了一个“生态学习之家”QQ群，让当期修读“农业生态学”课程的学生都加入，老师及时将课件、最新相关文献资料等上传至该平台，也可以及时回答学生的问题，学生之间也可以通过这个平台进行在线讨论。当然，学生还可以通过邮件、电话等方式及时与老师沟通。但在教学过程中我们发现，学生最喜欢使用QQ平台进行交流，而且交流最多的内容是实验过程中遇到的细节问题。因此，多种交流平台的设置，可以突破“农业生态学”课程教学的学时数限制，及时解决学生在学习和实验过程中遇到的各种问题，调动了学生的学习积极性和主动性，提高了教学质量。

三、基于创新型多元互动教学模式的“农业生态学”课程教学改革的效果

为了评估在“农业生态学”理论教学以及实验教学过程中运用创新型多元互动教学模式的效果，我们对近两年修读“农业生态学”课程的学生进行了匿名问卷调查，发现97.8%的学生对该课程理论教学和实验教学总体效果的评价是“满意”和“很满意”，只有4名学生（占2.2%）选择的是“比较满意”，没有人选择“不满意”，具体见表5－1。

表5－1　各专业学生对“农业生态学”总体教学效果的满意度统计表

专业（方向）	总人数	教学效果满意度选择人数			
		很满意	满意	比较满意	不满意
农学信息	23	12	11	0	0
农学贸易	49	14	34	1	0
农　　学	63	15	47	1	0
生 态 学	51	11	38	2	0
合　　计	186	52	130	4	0

同时，我们对运用创新型多元互动教学模式进行“农业生态学”教学改革的具体评价情况进行了统计分析。结果表明：96.2%的学生认为创新型多元互动教学模式可激发其学习兴趣和积极性；91.4%的学生认为能增强对知识的记忆力；94.6%的学生认为有利于对理论知识的综合性理解和掌握；91.9%的学生认为可提高自学能力；92.5%的学生认为能提高思考能力（如表5－2所示）。

表5－2　学生对“农业生态学”教改的具体评价结果统计表

评价指标	不同评价结果所占的比例（%）					学生认可度（%）
	很好	较好	一般	较差	差	
能激发学习兴趣和积极性	47.8	48.4	2.7	1.1	0	96.2
能增强对知识的记忆力	47.3	44.1	8.1	0.5	0	91.4
有利于对理论知识的综合性理解和掌握	41.9	52.7	3.8	1.6	0	94.6
能提高自学能力	45.7	46.2	4.3	3.8	0	91.9
能提高思考能力	45.7	46.8	3.2	4.3	0	92.5
有利于科研意识的培养	67.2	28.5	2.7	1.6	0	95.7
有利于加强实践动手能力	67.7	29.6	2.7	0.0	0	97.3
有利于培养团队协作精神	68.3	27.9	3.8	0.0	0	96.2
有利于反映真实的实验综合能力	31.7	58.6	4.3	5.4	0	90.3

注：学生认可度的数值等于“很好”和“较好”的比值之和。

针对实验教学部分，我们特别做了一个教学效果的调查，发现学生对综合性大实验和田间综合训练的教学方式认可度很高，其中95.7%的学生认为本次实验教学改革模式有利于科研意识的培养，97.3%的学生认为有利于加强实践动手能力，96.2%的学生认为有利于培养团队协作精神，

90.3%的学生认为有利于反映真实的实验实践综合能力。除了这些量化的指标评价结果外，我们也收集了修读本课程学生的书面评价，其中绝大多数学生给予了高度评价，如有学生认为“创新型多元互动教学模式使原本枯燥的农业生态学变得有趣多了”“使学生综合创新能力得到了提高”“能有效提高学生的独立实验操作能力”“能增进学生对中国农业发展道路的理解，使学生更关心未来我国农业的发展模式”等。这些评价结果充分说明了我们的教学改革是成功的，对兄弟院校和其他专业课程改革及创新型人才的培养具有借鉴意义及进一步推广应用的价值。

参考文献

[1] 骆世明．农业生态学［M］．2 版．北京：中国农业出版社，2009.

[2] 王松良．作为学科与专业的“农学”之历史反思与体系再构——以农业生态学作为新农学的核心理论科目［J］．中国生态农业学报，2011，19（6）：1455－1460.

[3] 王松良．农业生态学：学科的角色［J］．中国生态农业学报，2011，19（2）：484.

[4] 骆世明．农业生态学实验与实习指导［M］．北京：中国农业出版社，2009.

[5] 骆世明．中美《农业生态学》教材的比较分析［J］．生态学杂志，2010，29（7）：1458－1462.

[6] 陈阜．农业生态学［M］．2 版．北京：中国农业大学出版社，2011.

[7] 马丁，绍尔博恩．农业生态学［M］．马世铭，刘克，译．北京：高等教育出版社，2011.

[8] 杨冰，陈长青，陈林海，等．加强农业生态学实践教学的探讨［J］．高等农业教育，2012，254（8）：68－70.

[9] 王松良，CLAUDE D CAKLWELL，SHANNON K ILYANEK，等．中加合作农业生态学“双语＋精品”课程建设的探索与实践［J］．福建农林大学学报（哲学社会科学版），2010，13（1）：90－95.

[10] 章家恩，骆世明，秦钟，等．农科生态学系列课程国家级教学团队建设的实践与探索［J］．大学教育，2013（8）：121－127.

[11] 章家恩，骆世明，秦钟，等．我国高校生态学专业建设与人才培养方向探讨［J］．应用生态学报，2009，20（7）：1630－1634.

[12] 林文雄，陈婷，周明明．农业生态学的新视野［J］．中国生态农业学报，2012，20（3）：253－264.

[13] 骆世明．农业生态学的国外发展及其启示［J］．中国生态农业学报，2013，21（1）：14－22.

[14] 黄国勤．中国农业生态学的发展［J］．江西农业学报，2009，21（8）：178－181.

第四章
案例教学在“生态规划学”课程中的应用

案例教学法是由古希腊哲学家苏格拉底最早开创的，主要是讨论问题的方式。现代案例教学法是由19世纪70年代美国哈佛大学法学院院长兰德尔首创，他编著的《合同法案例》是世界上第一本案例教学法的教科书。20世纪20年代，有“总经理摇篮”之称的哈佛大学商学院开始使用案例教学法，该院院长华莱士于1921年出版了第一本案例集。此后，哈佛大学MBA学生在学习期间必须学完800多个案例来学习经营者的方法，哈佛大学由此造就了众多最有适应能力和解决问题能力的职业“老板”和“经理人”，案例教学法也成为哈佛大学商学院长久不衰的传家宝[1]。但由于早期的案例教学应用的学科范围较窄，直到20世纪70年代，案例教学才逐渐被运用到美国教育领域。我国自20世纪80年代始，也开始引入案例教学，现已在众多实践性较强的课程中得到广泛运用。“生态规划学”是一门实践性很强的课程，在课程教学中使用案例教学将会收到很好的效果。因此，从课程教学的需要出发，我们对案例教学在“生态规划学”课程中的应用进行探讨，希望对实际教学有所帮助。

一、案例教学法及其特点

案例也称为个案、个例、事例或实例，最早运用于医学、法学、军事学、教育学以及管理学等学科[2]。案例教学法也叫实例教学法或个案教学法，是指为了达到特定的教学目的，在任课教师的指导下，结合理论知识，由学生对选定的具有代表性的典型案例进行有针对性的分析和讨论，从而作出相应的判断和评价，得出各自不同的结论，并加以比较、评价、选优，以提高学生分析问题和解决问题能力的一种教学方法[3]。该方法在教材选用、授课方式、教师和学生的角色及责任等方面与传统的课堂教学方法相比较，均具有显著的不同[4]。

由此可见，案例教学法可以更好地贯彻理论联系实际的教学原则，它有利于学生将理论知识与社会实际联系起来，有利于学校和社会的沟通与联系，使培养出来的学生更容易适应社会的需要。

二、案例教学在“生态规划学”课程中应用的必要性

（一）“生态规划学”课程的特点

生态规划作为一种学术思想和方法技术，不是一蹴而就的。它是在长期的规划实践积累和相关学科的发展基础上，以及在当前全球资源环境问题的严峻形势与人类社会可持续发展的现实需求下逐步发展起来的。生态规划思想产生于19世纪末20世纪初，经历了以土地生态恢复、生态评价和综合规划为代表的萌芽阶段，以田园城市运动、美国规划协会为代表开展的典型规划以及地图叠合技术为代表的形成和发展阶段，以遥感和计算机等新技术在规划中的应用为代表的现代生态规划阶段等三个阶段。我国生态规划工作起步较晚，但发展较快，涉及领域相当广泛，无论在理论上还是在方法论方面均取得了显著成绩。

生态规划是一个由人参与并由人主导的方案制定过程。它是按照生态学原理，对区域的社会、经济、技术和生态环境进行全面、系统、综合的规划，以便充分有效、科学合理地利用各种资源条件，促进生态系统的良性循环，使社会经济持续稳定发展。生态规划已从最初的土地利用规划为主向多行业（生态农业、生态林业、生态畜牧业、生态水产业以及流域生态保护、生态工程等）、多生境（草原、湿地等）以及多空间尺度（生态村、生态镇、生态县、生态市、生态省等）方向发展。生态规划学属于应用生态学范畴。“生态规划学”课程主要是为了解决人类对资源环境的合理利用、生态环境保护及区域可持续发展问题而开设的[5]。其特点包括：

（1）学科领域涉及广泛。生态规划学是一门新兴的交叉应用学科，是生态科学体系中一门重要的实践性学科。它是生态学、地理学、资源环境学、经济学、社会学、管理学、美学、系统科学、规划学、工程学等多学科知识相结合的产物。

（2）基础理论多且复杂，生态规划工作必须在自然科学理论、经济学理论、社会学理论、人文学理论和哲学理论等支撑下进行。

（3）实践操作性较强。生态规划主要围绕规划区域的本底调查、资料收集、整理、现状分析与评价、方案设计以及方案实施等工作进行，具有较强的实践性。

由此可见，生态规划学侧重于研究生态规划的理论与方法学问题，其研究对象是某一具体空间和时间范围内的自然—经济—社会复合生态系统，是理论性、应用性、实践性、整体性和综合程度均很强的学科[6-8]。

（二）“生态规划学”课程中应用案例教学的必要性

“生态规划学”作为一门理论性和实践性紧密结合的课程，是生态学专业为数不多的“能够落地”的综合性课程，同时也是一门经验性和技术性较强的课程。该课程的设置突出了素质与能力的综合培养，因此在课程中应用相关案例进行教学，有利于学生个性的发展与综合能力的提升。

1. 有利于理论与实践的结合，增强实践性

案例教学把学生放在特定设计的空间环境中，通过典型生态规划案例，要求学生根据理论联系实际的原则，灵活运用所学的理论知识，实事求是地对客观问题和现象进行分析，作出判断，学习乃至亲自动手编制规划方案，由此培养学生在实践中分析和解决问题的综合能力。“生态规划学”课程的基本目标是夯实理论基础，让学生对生态规划的内涵、体系有全面而系统的认识和理解，这是应用生态规划解决实际问题的前提。同时，在课堂中大量引用案例，可以加深学生对理论知识的理解。

2. 有利于培养学生的自主性，增强亲身体验感

传统教学法是教师讲、学生听，“满堂灌”“填鸭式”的讲授是教学的主要做法，这种教学使学生的学习处于被动的、消极的状态[9]，一些基础较好的学生觉得内容太简单，而一些基础较差的学生还未听懂就已讲授完。案例教学更注重培养学生的主体性、主动性、自主性与创造性思维。案例教学则是教师和学生共同参与到对实际案例的讨论与分析中来，案例讨论或规划实践成为课堂教学的中心。在整个教学过程中，教师的作用只是对案例的把握和对学生的引导，学生必须主动参与其中亲身实践与体验，才能达到教学效果，这就要求学生无论在课前、课中还是课后的学习均要更加主动[2]。这也是实践性课程培养学生这方面能力的目的之一。

3. 有利于增加师生间的沟通

一方面，在传统教学中，教师是“教书匠”或“讲解员”，其角色是把自己掌握的书本知识介绍给学生；而学生只是带一双耳朵和眼睛的“听讲者”或“接收器”，教师与学生的交流可有可无。而在案例教学中，教师的角色是“教练员”“评论员”和“裁判员”，既要选择典型案例，引导案例讨论，又要负责更新案例和评述案例；学生则必须成为积极的参与者，阅读案例，认真分析

和思考，积极发言参与讨论，并据此得出结论[4]。在这一过程中，教师往往会从一个典型案例中引申出许多问题，引导学生进行深入讨论，各抒己见。另一方面，案例教学通常要求学生以小组为单位来完成任务，从而有利于促使学生学会沟通理解，学会承担责任，培养团队合作精神。

4. 有利于开拓视野，活跃思维

案例教学要求学生充分运用所学知识，找出解决问题的方法，而答案通常不是单一的，而是综合的。学生在这一过程中，通过对各种知识和方法的比较与优化选择来获得解决问题的优化方案，从而达到学习能力和综合运用知识能力的培养。

三、案例教学设计与应用

“生态规划学”教学内容的设计是以该课程教学的目的为依据。该课程的教学目的有：①让学生了解、熟悉和掌握生态规划的基本理论与基本方法，以及生态规划的基本内容与编写技术规范；②使学生能够正确灵活地运用这些基础知识、方法和技术规范去分析和解决实际问题。例如，如何收集规划区域本底资料并进行归纳、整理与分析评价，如何编制生态规划方案以及如何有效开展生态规划工作等。因此，应根据不同的教学目的，选择不同类型的教学案例。

（一）例证型案例

例证型案例主要是针对“生态规划学”课程教学的第一个目的而设计的，用于举例说明或帮助理解生态规划所涉及的某个概念、基本理论和基本方法等。它主要是教师根据课程涉及的基本原理、方法等，将案例作为一种可以转化为概念和理论性知识的媒介加以利用，以展示和说明有关的理论与方法[10]。这类案例一般在授课过程中给出，其侧重点在于让学生从客观的、局外人或“评价者”的角度来对案例进行分析，最终达到通过案例的学习来深刻理解相关概念、理论与方法的目的。例如，在学习生态规划的地域分异规律时，一般选择我国自北向南的寒温带、温带、暖温带、亚热带和热带五个气候带为“引子”，再深入介绍 2008 年 7 月由环保部和中国科学院共同发布的《全国生态功能区划》作为案例；在介绍与农业生态规划有关的古典农业区位理论（“杜能农业圈层”理论）时，所选择的案例则是北京市现代农业产业布局的“五个圈”模式（即由内向外的城区服务展示农业、近郊田园景观农业、远郊优质高效农业、山区生态休闲农业和环京辐射合作农业五大圈层）；在介绍生态规划评价的核心方法时，同时也是制订生态规划方案基础的生态适宜性分析法时，选择了多个设置合理、指标较齐全的城市建设用地生态适宜性评价体系，如选择“基于 GIS 的大连市建设用地生态适宜性评价”“基于 GIS 的南宁市建设用地生态适宜性评价”等作为案例。

（二）实践型案例

实践型案例也称为分析演练型案例，是针对“生态规划学”第二个教学目的而设计的。这类案例往往是在学生已学习并掌握了生态规划的基本理论、基本方法以及规划报告编制的技术规范基础上，针对如生态示范区、生态县、生态镇（村）甚至是生态农庄等不同尺度类型的生态规划时，一般结合我们在以往工作中承担的不同地区、不同类型的规划案例，向学生详细介绍这些规划案例涉及区域的自然、经济、社会条件以及我们的规划方案，并要求学生通过对不同案例的分析、讨论和思考，明确不同层次、不同类型的规划所涉及的理论知识、技术规范等，同时要求学生尽可能地指出规划中可能存在的不足及其他可能的备选方案。这类案例让学生站在“规划者”的角度进行具体思考与规划操作，这种做法既可以使学生对现实中的规划有感性的认识，缩短其所学理论知识与社会现实间的距离，也可以扩大学生的视野。可见，这类案例与前述的例证型案例相比较，更注重对学生分析问题、解决问题能力的培养和锻炼。例如，在介绍生态农业县建设规划时，将我们已完成的“广东省阳东县现代生态农业发展总体规划”作为案例；在介绍生态农庄时，则选择广州市番禺区沙湾镇宝墨园附近的“沙湾镇三善生态农业园规划”作为案例。最终学生通过不同类型生态规划案例的分析与全面学习，增强了其开展生态规划实践的能力。

四、案例教学中应注意的问题

（一）选择好的案例

这是在案例教学中应首先考虑和注意的问题。案例的选择要看所选择的案例是否符合教学目标，因此教师在选择案例时，一方面要明确学生在课程中应掌握哪些基本理论、概念和方法等，而后有针对性地选择案例；另一方面则要求所选案例来自现实生态规划中的实例，且是任课教师所熟悉的或者自己亲自参与完成的，尽可能选择大多数同学均熟悉的区域的生态规划案例。

（二）多种教学方法有机结合

案例教学法以联系实际为根本出发点，使课堂讨论和分析相结合，注重学生的能力培养，是传统教学方法的必要补充。可见，案例教学法是“生态规划学”教学中的一种重要方法，但不能替代学生对规划理论知识和技能的系统学习，任何一个案例均不能完整地展现生态规划的全过程。因此，在教学过程中，案例教学应与其他教学方法有机结合运用，避免单一运用此方法而带来课程教学的“单调”，使学生学习兴趣减弱、积极性降低，进而影响教学效果。

（三）案例应具有时效性

案例教学法与传统教学法的一个显著区别是传统教学法往往使用的是多年一贯的固定教科书，而生态规划案例教学法使用的是对特定环境和社会经济活动建设过程中的现实案例，其典型特征是具有时效性。同时，任何一个生态规划方案均不是一成不变的，而是随着社会经济的发展，还需要不断进行调整与修订。因此，“生态规划学”课程教学中的案例必须避免使用已完成多年的规划或思想观念已落伍的规划案例。

五、结语

案例教学法作为对传统教学模式的一种改革，对现代教学具有重要意义，使略显枯燥的基础理论和基本方法教学变得简单易懂，大大激发了学生学习的兴趣，通过对不同案例的学习使得学生能做到举一反三，为接受新的知识打下扎实的基础。但案例教学法在实施过程中存在的一些问题也值得教师注意，如案例的选择、理论知识点的讲授与案例分析的有机融合及协调等。总的来说，“教学有法，但无定法”，案例教学法只是现代教学方法中的一种，要真正提高课堂教学效果、提高教育教学质量，培养出符合时代发展需求的人才，需要教师懂得多种教学方法的配合使用。

参考文献

[1] 李世宗，陈会荣，卢玮．《市场营销学》案例教学方法研究［J］．湖北财经高等专科学校学报，2002，14（6）：43－48.

[2] 米伟哲．案例教学法在工程实践教学中的应用［J］．实验室研究与探索，2010，29（3）：145－146，178.

[3] 岳林琳，胡友利．试论案例教学法在课堂教学中的应用［J］．中国科教创新导刊，2008（20）：148.

[4] 郑文昭．试论案例教学法的应用［J］．中国成人教育，2006（11）：41－42.

［5］叶延琼，章家恩，肖红生，等．《生态规划》课程的实践教学改革探索与思考［M］//李大胜，廖明．华南农业大学教育教学改革与研究．广州：暨南大学出版社，2009：328－330.
［6］章家恩．生态规划学［M］．北京：化学工业出版社，2009.
［7］欧阳志云，王如松．区域生态规划的理论与方法［M］．北京：化学工业出版社，2005.
［8］刘康，李团胜．生态规划——理论、方法与应用［M］．北京：化学工业出版社，2004.
［9］王晓南．《旅游管理》教学方法和教学手段改革初探［J］．通化师范学院学报，2004（25）：109－111.
［10］奚秀梅，段树国．案例教学法在《环境规划学》教学中的运用探讨［J］．教学实践，2007（10B）：66－68.

第五章
头脑风暴法在大学“环境学”课程教学中的应用

我国高等教育面临新的发展形势，迫切需要采取有效措施，进一步深化教学改革，提高人才培养的质量，更好地满足经济社会发展对高素质、创新型人才的需求。在大学课程教学中培养学生的创新精神和创新能力是大学教育的关键。教学方式的优化和创新是实现创新人才培养的重要途径之一。我们在多年“环境学”课程教学中，经常使用头脑风暴法等参与式教学方法进行教学，收到了较好的效果，现就教学中运用头脑风暴法的经验和发现的问题进行探讨。

一、头脑风暴法的应用现状

参与式教学是指在教学过程中，教师与学生发挥能动性积极互动，鼓励学生积极参与教学过程，顺利完成教学任务，实现教学目标的方法。这种教学方式相比于传统的“填鸭式”教学方式具有很大的优势。参与式教学法包括小组讨论、案例分析和头脑风暴法等，已在大学教育中得到了广泛的应用并取得良好的教学效果。由于这种教学方法符合人类学习过程的心理学规律，有利于培养出有独立思考能力、有创新精神和能解决实际问题能力的人才[1]。

头脑风暴法又称集体思考法或智力激励法。其核心是充分调动和激发参与者的想象力和创造力，通过小组成员的思想碰撞，集思广益，从积累起的大量思想和解决方案中找到最优的解决方法。头脑风暴法在实施过程中，主要针对某一需要解决的具体问题，召集相关人员或专家聚在一起，进行创造性思维，提出尽可能多的建议，并探讨将方案付诸实施的可能性。头脑风暴法已经广泛地应用于各种创造性思维活动中。这种方法在大学教育中已经有不少尝试，如应用于高校舞蹈、电子商务、高级英语、食品学、金融学、物流等课程的课堂教学中[2-6]，甚至还有教师在实验课和实习中运用[7-8]。头脑风暴法运用于教学中的好处已为教学实践所证明，其突出优点是不仅可以使学生改变被动学习的态度，更重要的是可以令其打开思路，开拓思维，培养创新意识和创新能力。同时，还可以增强学生的团队合作精神和责任心。而这些正是大学素质教育的目标，也是当代大学生适应创新型社会所必须具备的能力。

二、头脑风暴法在“环境学”教学中的适用性

当前，生态环境保护和可持续发展战略已成为全球的热点和共识，生态环境教育已成为素质教育和“绿色教育”的重要组成部分。“环境学”是环境生态类相关专业的重要基础课程之一，由于环境学课程具有开放性、实践性和综合性等特点，在教学中应用头脑风暴法等参与式教学法已成为大势所趋。同时，由于环境科学的主要任务是“揭示环境演化规律和人类活动与环境变化的相互作用规律及探索解决环境问题的方法”，这使得“环境学”课程本身具有适应使用头脑风暴教学法的特点。

首先，中国正处在经济快速发展的过程中，由于以往对环境污染和破坏的忽视使得在发展经济与保护环境之间出现了大量问题及矛盾，其中许多问题严重制约了我国社会经济的可持续发展，也

影响了普通民众的生活，因此受到了科学家、政府、媒体和社会大众的关注。大学生对于新知识和新事物充满了好奇，对于身边出现的生态环境热点问题，如全球变暖、生物多样性丧失、转基因食品、生物入侵、生态破坏等都有很高的关注度。他们在关注这些问题的过程中，会很自觉地去了解相关的背景。在教师的引导下，透过对这些问题的进一步探析可以加深学生对环境学基本概念和理论知识的理解，使其可以透过现象看本质，找到导致这些问题的原因，而该过程正好适合使用头脑风暴教学法。其次，环境问题具有综合性，环境问题的解决也需要综合考量，这也为头脑风暴教学法的运用提供了很好的机会。环境问题不仅属于自然科学范畴，而且与社会学、工程技术学、法律、国家政策等紧密相连。环境问题的解决单纯从某一个或少数几个学科角度出发是很难做到的。因此我们需要从实际情况出发，在可持续发展的前提下，认真分析相关的政策、法规、工程技术等，找出最优的解决方案。再次，理论和实践紧密联系是“环境学”教学的重要特点。环境学拥有完善和系统的理论体系，但它也是一个不断发展的学科，新理论、新技术层出不穷，知识更新速度非常快。同时，环境学拥有很强的实践性，环境政策和相关法律法规在不断完善，环境保护的新技术和新方法也不断涌现，而这些实践都要有深厚的理论基础。在“环境学”的教学中，教师通过“了解问题—分析问题—学习理论—指导实践”的逻辑顺序来引导学生的学习，因此，也非常适合使用头脑风暴法进行教学。

三、头脑风暴法在“环境学”教学中的具体应用

将头脑风暴法用于“环境学”教学旨在鼓励学生自由讨论、大胆思考、积极创新，最终达到传授知识和培养能力的双重目的。

“环境学”课程采用头脑风暴法教学，从教学内容安排的角度出发，可采取从问题到理论的方式和从问题到对策的方式[5]。如我们在如何采取措施应对“全球变暖”的专题教学时就采取了头脑风暴法，这就是典型的从问题到对策的头脑风暴方式。教师在此次课讲解“全球变暖”的含义和基本内容后，要求学生在课外查找相关资料，思考如何采取措施应对“全球变暖”问题。在下次上课时，首先宣布头脑风暴法的原则，指定记录员，然后将全班同学分为若干个 4 ~5 人组成的小组，经过充分讨论以后，派代表上台充分讲解和表述自己小组关于应对全球变化的技术方法及创意，并引导其他组的同学在这些技术措施的基础上产生出更多的想法。整个过程由记录员完整记录下来。然后，继续进行分组讨论，充分讨论后再上台提出前面没有提到的新方法或者对方法的改进。最终，通过全体同学的共同努力，得到了非常多的解决办法，然后通过投票确定较好的解决全球变暖的技术措施。我们得到的解决办法既有如收集大气二氧化碳、建筑物安装反射镜或反光材料、关闭二氧化碳排放多的工厂、植树造林等常规方法，也有同学提出了一些较为“疯狂”和“另类”的想法，如在外太空用遮阳板遮挡太阳照射、将地球轨道推移到离太阳更远的地方、将二氧化碳转移到月球去等。这些方法大大出乎教师的意料，甚至出乎同学们自己的意料。虽然提出的一些方法并不可行，但通过头脑风暴法激发了学生的创造性思维，最终达到了较好的教学效果。这种深入参与式的教学方式，充分发挥了学生的主观能动性和创造性，即使没有教师的引导，他们也能互相激励迸发出灵感。在这个过程中不但让大家加深了对全球变暖知识的认识和理解，活跃了课堂气氛，更重要的是培养了学生运用创造性思维解决实际问题的能力。同时，让大家（不只是学生还包括教师）感受到了集体思考的巨大威力。任课教师在课堂中所扮演的角色也发生了根本性的改变，从以灌输为主变为以引导为主。

在关于水体污染源和污染物的教学中，我们也采用了头脑风暴的教学方法。由于这个知识点与大家日常生活密切相关，内容相对简单，如果采用直接讲解的方法进行教学很难让学生产生兴趣。而在教学中采用头脑风暴法后，学生成了教学的主体，由全体同学一起共同探讨，归纳总结导致水

体污染的污染源和污染物。然而，有同学提出了水体受到的热污染是否属于水体污染，如果是的话，其污染源和污染物分别是什么？任课教师没有当场回答，而是布置同学们回去查找相关资料，下次再讨论。查阅资料后同学们发现虽然一般认为热污染属于物理污染，不属于水体污染的类型，但是，根据水污染的定义“水体因某种物质的介入，而导致其化学、物理、生物或者放射性等方面特性的改变，从而影响水的有效利用，危害人体健康或者破坏生态环境，造成水质恶化的现象”，而热能可以伴随某种物质（如水或油）进入水体产生危害，因此，热污染也符合水污染的定义。所以，对热污染而言，产生污染水体的废热的场所是污染源，污染物是吸收了热能的排出物。当然，由于在文献资料中我们没有找到与此相关的表述，这个结论的正确性尚待进一步探讨。但毫无疑问，头脑风暴法使同学们在寻找答案的过程中，对水污染的定义有了更加清晰的认识，起到了比直接讲解更好的教学效果。

另外，在“环境学”实验教学中，运用头脑风暴法也具有明显的优越性，如环境学的综合设计性实验“水体富营养化的植物修复机理探讨”，在实验进行前，要求学生根据所学的相关环境学理论知识，查找文献资料，拟定初步的实验方案。然后，将同学分成 4 ~ 5 人一组，进行小组讨论，小组内部充分协调意见，提出一份相对完备的实验计划。再由各组派代表上台讲解实验方案，听取全班同学以及指导教师的意见和建议，具体涉及实验设计的严密性和可行性，同时结合实验室实验条件进行进一步修改，从而确定实验方案。最终不同小组都可能得到不同的实验方案。在接下来的实验课中，各小组根据已拟定的实验方案进行实验。实验结束后除了进行实验数据分析，更重要的是进一步完善实验设计方案，完善的过程当然也需要采用头脑风暴法。这样全程参与式的设计性实验课，不仅使学生充分了解和体验了科学研究的基本过程，而且在此过程中培养了他们分析和解决问题的能力，也增强了他们的团队合作精神和自信心。相对于目前一些实验课设置中被学生形容为“走过场”式的验证性实验，其优越性不言而喻。以最大限度发挥学生的自主性和创造性为目的的实验课程设计是“环境学”实践教学成功的关键。

当然，我们在课堂教学中运用头脑风暴法时也发现了一些问题，使得我们经常由于一些意想不到的情况导致不能达到应有的效果。例如，课堂教学时间如何控制，教师如何恰当地扮演好“引导者”，如何在学生存在思维定式的情况下给予新的启示，打开他们的思维，如何创造一个公平和宽松的头脑思维激荡氛围。这些问题都急待进一步探索，以便更充分地发挥这种新方法的优势，从而在“环境学”课程的教学中培养学生的创造性思维能力。毫不夸张地说，在头脑风暴法的教学中，优秀的教师角色就如同影视导演，“导演”需要具有把握全局的能力和不留痕迹的引导能力，同时需要给“演员”足够的时间和空间来发挥他们的创造力。在当前这个信息化、网络化飞速发展的时代，学生获取知识的渠道变得越来越多元化，教师如果能因势利导，充分利用头脑风暴法的优势激发学生的学习自主性和创造力，将达到事半功倍的效果。因此，教师需要不断提高自身素质和业务水平，在把握头脑风暴法基本特征的基础上，因材施教，才能在整个教学过程中发挥主导与引导作用，提高“环境学”课程的教学质量。

参考文献

［1］陈华．参与式教学法的原理、形式与应用［J］．中山大学学报论丛，2001，21（6）：159 - 161.

［2］吴畏．“头脑风暴法”在舞蹈人才培养中的应用研究［J］．艺术教育，2010（2）：97 - 103.

［3］李炜祎．电子商务课堂中的头脑风暴教学法［J］．人才，2010（5）：72 - 73.

［4］关海宁，刁小琴，王鹏，等．食品科学专业教学中“头脑风暴法”的应用探讨［J］．中国食物与营养，2010（4）：6 - 8.

［5］陈明生．头脑风暴法与多媒体手段在“金融学”教学中的结合运用［J］．科教文汇，2010（2）：36－37.

［6］李政．头脑风暴法在物流课程教学中的尝试［J］．物流工程与管理，2009，31（1）：105－107.

［7］陈新梅．问题教学法和头脑风暴法在药剂学实验教学中的联合应用［J］．卫生职业教育，2010，28（8）：79－80.

［8］陈新梅．头脑风暴法在专题实习中的应用［J］．药学教育，2009，25（2）：26－28.

第六编
生态学实践教学综合改革与探索

第一章
生态学专业实践教学的改革与实践

我国大学生当前面临的就业难问题除与高校扩招等诸多因素有关外，还与大学生自身的综合素质，特别是其实践能力低密切相关[1]。大学生的实践动手能力越来越受到用人单位的重视，实践能力的强弱成为影响大学生就业竞争力的重要因素[2]。随着社会经济发展对创新型人才和应用型人才需求的不断增加，实践教学也日益引起了高校的重视。实践教学是指根据专业培养目标的要求，有计划地组织学生以获取感性知识、进行基本技能训练、培养实践能力为基本目的所实施的各种教学活动，是培养具有创新意识的高素质、应用型人才的重要环节，是理论联系实际、培养学生掌握科学方法和动手能力的重要平台[3]。

生态学是研究生物（也包括人类）与环境（自然环境和社会经济环境）之间相互作用的过程、效应及其机理和调控的科学，也是一门实践性很强的学科门类，特别是应用生态学领域。然而，由于专业培养定位、野外实习基地缺乏、实习经费短缺等问题，加之认识上的不足，生态学专业的实践教学较为滞后。这种状况已严重影响现代生态学人才的培养质量，也在一定程度上影响了生态学专业毕业生的就业状况。基于此，加强对生态学专业实践教学的改革与探索研究具有极其重要的意义。

一、当前开展实践教学存在的问题

（一）认识问题

长期以来，在教学过程中，实践教学一直被认为是课堂理论教学的辅助环节，处于“配角”和“从属”的地位。在这种思想影响下，通常在专业人才培养计划制订中，实践课程设置较少，其所占学时和学分数的比重也很小；即使设置了实践教学内容，也往往“散落”在相应的理论课程中，缺乏独立的实验课程和实习实践课程。由于存在认识上的误区，师生对实践教学不够重视，往往认为实践教学是可有可无的，即使安排了相关的实践教学内容，通常也是“走过场”，避重就轻，避繁就简，应付了事。因此，转变认识，树立现代人才培养的“实践教学观”已是当务之急。

（二）教学组织问题

理论教学往往只需在课堂上通过讲解、演示等就可以完成。实践教学是一个相对复杂的、综合性的教学环节，需要考虑的因素很多，它往往涉及实习场所、实习经费、设备器材、师资配备、学生组织管理、时间进度安排、后勤保障（如开展野外实习时还需考虑交通、住宿、餐饮、安全等问题），因此，实践课的教学组织存在较大的难度。同时，在实践教学过程中，还经常遇到实习场地缺乏或不固定、经费不足、具有实践教学能力的教师缺乏、实习中内外关系协调难、实习器材不足与教材缺乏等诸多问题，这也是影响实践教学开展的一个重要原因。

（三）经费短缺问题

实践教学的成本相对较高，而大多数学校的教学经费本已很紧张，因此投入实践教学的经费就更少，如在一些学校，学生人均实习经费仅100元左右，这点经费有时还不够一个学生一次野外实习的差旅费。同时，实验、实习课的经费需要分配到不同的课程中，使得实践教学经费更为分散，使用效率低。由于实习经费的严重不足，对于一些课程实习或实验，只能缩减实践教学的时间和内容。许多的野外实践实习通常是“走马观花”“蜻蜓点水”“偷工减料”“敷衍了事”。由此可见，经费短缺是当前制约实践教学顺利实施最重要的瓶颈问题之一。

（四）绩效考核问题

实践教学的考核分为对学生实践成绩的评定以及对教师工作量与绩效的考核。目前，这两方面还缺乏科学合理的评价规范，包括量化的评价指标与标准。对于学生而言，在实习过程中，通常是将学生分组，让他们共同完成某项实践教学任务，学生成绩也往往是根据其过程表现和实践报告质量等来进行综合评定。由于多方面的原因，在实际中指导教师并不能保证对每名学生的实践过程都能进行有效的监控，因此，部分学生在实践过程中常有“偷懒”现象发生，不主动、不积极；加之考核不严格，最终在学生成绩评定上也无太大差异，这种情形必然会打消部分学生的学习积极性。对于教师而言，由于实践教学涉及很多繁杂的组织和准备工作，耗时多，其实际所用的学时通常远远超过课程的原计划学时，但在计算教学工作量时并未将额外的学时考虑进去；而且实践教学往往由多位教师共同承担，还存在工作量的分配问题。另外，在职称晋升与绩效考核等方面，理论课教学的分量往往要高于实践教学，这也在一定程度上影响了教师从事实践教学的积极性。有关实践教学的激励机制和绩效考核评价的不合理或缺少规范也是当前存在的一个重要问题。

二、华南农业大学生态学专业实践教学的改革探索与实践模式

针对当前实践教学普遍存在的经费少、平台缺乏、课时少、师资缺乏、认识不足、效果不佳等问题，华南农业大学生态学专业在实践教学方面进行了有益的改革与尝试，探索了几种新的实践教学模式。

（一）生态学实践教学课程体系的调整与改革

为了改变原有的实践教学内容分散、学时与学分比重小、经费少等局面，近年来，本专业首先从制订人才培养计划入手，在课程体系设计上进行了一系列的改革和探索。本专业最新修订的人才培养计划（2012年）主要进行了以下几个方面的课程整合与设置：

（1）将原来分散到专业课程中的实验课集中整合为两门单列的综合实验课，即“生态学综合实验”“环境学综合实验”。实验课程以综合性、设计性实验项目为主。

（2）将原来分散到专业课程中的课程实习内容集中整合为一门单列的综合实习课，即“生态学野外综合实习”。

（3）从原来单纯的理论教学课程体系中独立开设了一系列配套的综合案例实践课程，如开设了“生态学综合案例实践与创新研究”“生态工程技术综合实习”“生态规划案例野外实践”“环境学野外综合实习（含环境监测实习）”等实践课程。

（4）将原有的短期性参观调研、观测型实践教学形式转变为长期性、固定性、自助体验型生态种田实践教学，即“农业生态学田间综合训练”。

（5）从原来被动应付式的毕业论文研究实践发展到参与式、探究型的实践研究教学模式，启动了“本科生导师制全程培养计划”。

（二）生态“开心农场”实践教学模式

为了彻底改变原来的“在黑板上种田”“在电脑上种田”的局面，使课堂教学真正走出“象牙塔”，转向课外、走向田间，切实让学生经历整个农业生产过程，从实践中感悟或验证生态学的现象与理论知识，从实践中获得相应的专业技能。具体做法是，在校内的生态学农场中，划分一定面积的田块，本专业的学生从大学三年级开始，实施“本科生亲自种田计划”（现实版的“开心农场”种田实践活动），即给每个学生平均分配 8 ~ 10 平方米土地，每组 3 ~ 5 人，开展生态种田实践训练，历时 2 个学期。要求学生根据自己所学的生态学知识，“自行制订种植计划、自行开展作物种植、自行进行田间管理、自行进行实验观测、自行进行产品收获和产后处理（含销售）”，最终提交生态种田实践报告。随后组织学生统一汇报，任课教师根据学生的实践过程表现和种田实践报告的质量来综合评定其成绩（如图 6 – 1 所示）。这种自助式、体验式种田实践活动能使学生切身了解和熟悉农业生产的全过程，并牢固领会和掌握课堂中所学的理论知识，同时学到一系列的“硬”技术。

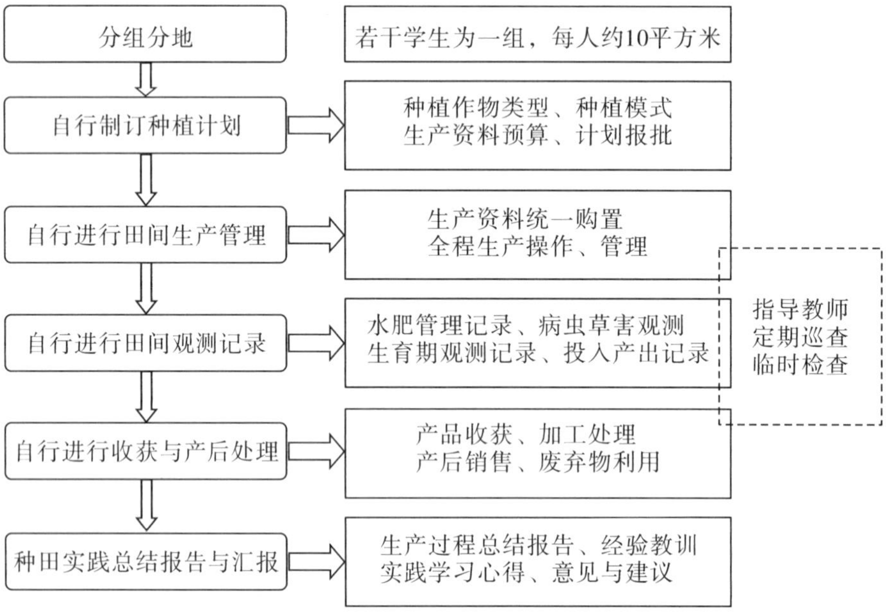

图 6 – 1 “生态学开心农场”实践教学模式流程图

（三）“本科生导师制全程培养”实践教学模式

生态学专业大学生在一、二年级期间，以学习公共基础课和通识类课程（如思政系列、英语系列、数学系列、化学系列、计算机系列等课程）为主，而大量专业基础课和专业课、专业选修课则集中在二、三、四年级。在这种情况下，学生在进入大学后相当长一段时间内对专业课程的知识接触较少，对专业不了解，缺乏学习专业的热情和积极性，处于“专业绝缘或专业疏远”状态，无专业兴趣点，通常会造成其专业思想的不稳定。因此，为了及时给本科生提供全程的专业学术关怀和人文关怀，尽早激发大学生的科技创新潜能和热情，近年来本专业实施了“本科生导师制全程培养”实践教学模式，即采用研究生的培养方式来培养本科生。具体做法是，结合本科生毕业论文选题工作的开展，每届学生从一年级的第二学期开始实施导师制，学生可根据自己的学习与研究兴趣，自主选择导师，原则上每位导师每年指导同年级的本科生 3 ~ 5 名。导师的主要任务是：①提供专业培养指导，包括指导学生的选课与挑选专业方向、帮助学生制订学业规划、就业规划和人生规划等；②提供专业学术指导，包括对学生的毕业论文、科研活动、科技创新项目的申报与设计、科技竞赛、科学数据整理、文献检索、学术论文写作与发表等方面的指导；③给予人文关怀，包括给大学生提供政治思想教育、学术道德与学术规范教育、为人处世指导、社会公德与诚信教育、日常生活关怀等。

（四）“野外综合实习或案例研究”实践教学模式

针对以往实践教学内容单一分散、经费分散、实践教学学时少等问题，近年来，本专业在课程体系设置方面，单独开设了“生态学野外综合实习”课程。该课程主要包括农业生态学实习、森林生态学实习、湿地生态学实习、旅游生态学实习、环境生态学实习、三农问题调查等内容，这门实习课程的开设使得实习内容更加综合，实习时间增长，使有限的实习经费使用更加集中，从而提高了野外实习教学的效率，而且培养了学生综合分析和解决生态学问题的能力。同时，为配合理论课的教学，还配套设置了一系列的案例实践研究课程，如“生态学综合案例实践与创新研究”“生态规划案例野外实践”等，这些实践课程通常选取若干个案例（或研究课题），让学生围绕每个案例主题，自行拟定选题、研究切入点、研究内容、实施方案、技术路线和研究方法等，最终提交案例研究报告或撰写相关的研究论文。这些案例研究课程的实践教学使学生了解到科学研究的整个过程，并学习通过科研解决问题的方法与技能，极大地提高了学生的科研能力、创新能力及综合素质。

三、加强生态学专业实践教学改革的建议

（一）加大实践教学经费的支持力度

随着学校招生规模的扩大，各项办学条件的建设，实验与实习设备的购置，加之物价上涨、办学成本增加、认识不足等多方面的原因，实践教学经费投入不足已是较为普遍的问题。另外，实践教学经费管理的不合理也导致了教学经费浪费或使用效率不高的问题。因此，必须采取有效措施，保证实践教学的顺利进行。一是要调整学校的教学经费整体预算，压缩不必要的经费开支，切实加大实践教学经费的投入比重。二是要优化实践教学经费的分配与管理，保证实践教学经费的合理利用。三是要多方筹措资金，创新实践教学合作机制与模式。要充分发挥学校的技术和人才优势，吸收企业资金支持实践教学。按照“互惠互利，双方受益”的原则，开展“产学研”合作，企业免费接受学生实习，学校免费宣传企业及其产品，并推荐优秀毕业生到企业工作。同时，为实践基地的工程技术人员和管理人员提供尽可能多的机会到高校进修，并根据企业的需要选派高水平的教师到基地担任兼职技术顾问、科技特派员等，为企业解决生产中的技术难题；积极承担企业委托的技术开发项目，优先转让给企业所需的技术成果，并向企业提供技术信息、咨询服务及先进的计算、实验和测试手段。另外，还可以通过技术入股、“产学研”合作、成果转化等多种方式，与企业建立紧密的互惠互利的合作关系，这样在一定程度上可缓解学校在实践教学经费投入上的压力[4]。

（二）加强实践教学平台建设

实践教学的开展离不开实验室和实习基地建设，因此，建立稳定、高效运行的实验室平台和实习基地是保质、保量完成实践教学的基础。目前，实践教学基地的缺乏成为制约许多专业的大学生实践能力提高的瓶颈之一。因此，在经费等资源有限的前提下，必须积极创新和探索多元化的实习基地建设模式。一是贯彻“不求所有，但求所用”的理念，由企事业单位为学校相关专业提供一些

必要的实习基地或设施。这些基地或设施规模较小，比较适合短期、小规模的实习活动，其稳定性相对较差。二是本着互惠共赢的原则，采取“产学研”合作模式，校企联合建立实践教学基地或实验室，双方共同投入，共同使用和管理。这种方式是目前高等学校建设校外实习基地可供采用的主要方式之一，其稳定性较强[5]。三是利用各类公共科技场所和主题教育基地，作为校外实习基地，开展生态学的实践教学，如科技馆、森林公园、自然保护区、生态示范园区等。四是启动专项资金，加强校内生态学实践教学基地的建设，如农事训练中心、生态技术实训中心等。校内基地的建设与使用可大大降低实践教学成本，提高实践教学效果与监控管理水平，具有长期稳定性。五是由政府主管部门投入资金，多校共建、共用实践教学基地，如大尺度的生态学野外长期定位观测试验站及大型生态学教学科研实习网络等，这种共建模式可实现实践教学基地建设经费使用的集约化、资源共享、互利共赢、高效使用基地等目标。

（三）探索与创新多元化实践教学模式

教学模式是指在一定的教育思想、教学理论和学习理论的指导下，在一定环境中展开的教学活动进程的稳定结构形式[6]。目前，在实践教学模式方面，还存在不少问题，如缺乏实践教学体系与组织管理模式的整体规划、实践教学内容的科学性与可操作性不强、实践教学缺乏连续性和特色性、实践教学环节中缺乏有效的师生交流与质量监控、实践教学考核评价体系不完善等，缺乏成形的、高效的实践教学模式，常导致实践教学的质量和成效不佳，因此，加强对高效的实践教学模式的创新研究与探索实践已是当务之急。当前，已有不少教学工作者研究和探索出许多有益的实践教学模式，如“产学研”一体化实践教学模式、“实验、实习、毕业设计”三位一体实践教学模式、“模块化＋个性化”实践教学模式、“一认识、二调查、三培训、四顶岗”实践教学模式等，这些模式可供生态学专业创建实践教学模式时参考与借鉴。在创新实践教学模式过程中，需考虑实践教学内容的整体性和科学性、实施上的可操作性、时间上的可匹配性、经济上的可行性以及管理运作上的可持续性。同时，在教学实践模式改革中，要始终强调“双主体”（即教师和学生）作用，而不可弱化教师“教”与“管”的作用，要改变实践教学中的“放羊”现象。

（四）建立和完善实践教学相关的考评与激励机制

目前，在实践教学方面尚未形成有效的评价体系与标准，尚缺乏必要的激励机制，还存在着考核方法单一以及考核内容不全面、不完善等诸多问题，因而不利于激发师生参与实践教学的积极性和主动性。通常，对实践教学的考核评价，既包括对教师的考核评价，也包括对学生的考核评价。对于教师绩效的评价，我们应建立和完善实践教学工作量的科学计量标准、任课教师之间的工作量分配方法，以及实践教学在教师职称评审、评优和其他绩效考核等方面的同等待遇及优惠政策等。对于学生成绩的评价，我们应坚持实践教学的过程考核与结果考核相结合的原则，并对不同类型的实践教学方式可采取各具特色的评价指标、标准及方法。例如，对实验类实践教学环节考核，可从出勤率、文明实验程度（如遵守实验室规范、保持实验室清洁卫生、爱护使用仪器等的表现情况）、实验操作、实验数据、实验报告等几方面进行综合评定；对于实习类实践教学环节考核，我们可从出勤率、文明实习程度、实习过程表现与态度、实习报告等方面加以评定；对于课程设计或毕业论文类实践教学环节考核，我们可从毕业论文研究或毕业设计过程中的实际表现、知识与技能水平、毕业设计说明书或毕业论文、答辩情况等方面进行综合评定[7]。同时，需要建立实践教学过程的监控方法与评价机制，这是对学生和教师进行全程考核的重要依据。

参考文献

［1］黎荷芳．高校实践教学及大学生实践能力培养之再认识［J］．职大学报，2012（3）：107－109.

［2］于博瀛．论大学生实践能力的培养［J］．黑龙江教育学院学报，2008（7）：40－41.

［3］李敏敏．高校实践教学管理体制的创新研究与实践［J］．南昌教育学院学报，2012，27（7）：54－55.

［4］翟昆．高校实习经费管理的研究与对策［J］．教书育人，2009（6）：18－19.

［5］杨艳秋，李伟凯．地方高校实习基地建设机制与实践教学模式创新研究［J］．黑龙江高教研究，2012（7）：157－160.

［6］何克抗，李克东，谢幼如，等．“主导—主体”教学模式的理论基础［J］．电化教育研究，2000（2）：3－9.

［7］丛昕，刘金琪，魏昭辉．本科专业实验及实践教学考核模式的探讨［J］．中国电力教育，2010（4）：137－138.

第二章 生态学野外实习教学改革探讨

生态学是研究生物有机体及其周围环境相互关系的科学，不仅是一门基础性学科，也是一门应用性和实践性很强的学科[1]。20世纪中叶以来，随着社会经济的发展和生态环境问题的日益突出，人们对生态学的研究、教学和普及越来越重视[2-3]。因此，在教学过程中需要逐步改变传统的重理论知识传授、轻实践能力培养的教学模式以及理论与实践相脱节的教学方式，重视实践教学环节，加强对学生实践能力的培养。

野外实习教学是培养生态学专业大学生实践能力的重要组成部分，也是提高人才培养质量的重要内容。野外实习一方面可以巩固和充实课堂教学内容，增强感性认识，拓宽知识领域；另一方面可以培养学生热爱自然、热爱专业、团结合作、吃苦耐劳的精神，增强独立观察、思考、解决问题的能力，以及野外生存和开展实际工作的能力，提高学生的综合素质[4]。然而，长期以来，一些高校对生态学野外实习教学未能给予足够重视，实践教学存在内容陈旧、教学方法落后、野外实习教学条件不足等诸多方面的问题[5-7]，这与目前生态学蓬勃发展的现状和人才培养模式的转变极不协调。因此，加强生态学野外实习教学体系建设已成为当前生态学创新性人才培养的必然要求和紧迫任务。针对华南农业大学生态学野外实习教学存在的主要问题，我们提出了相应的改革措施和建议，旨在为实现教学资源的优化配置、高效利用及野外实习教学基地建设等提供指导与借鉴。

一、生态学野外实习教学存在的主要问题

（一）教学内容浅显、缺乏创新性

生态学野外实习内容大多只是针对生态学及相关课程的教学大纲和教学任务而设计的，仅处于“认知”层次，不能很好地与专业知识和技能紧密联系起来，实践性不强，缺乏综合性、设计性和探究性的实习内容。因此，无法实现不同课程、不同学科之间的知识融合和创新。

（二）教学时间短、教学模式单一

长期以来，由于缺乏固定的野外实习场地和足够的经费支持，生态学野外实习教学大多以1～2天的短期课程实习为主；教学模式相对比较单一，大多以参观学习为主，缺乏对学生独立试验观测和动手实践能力的训练。因此在整个实习过程中，学生多处于被动接受状态。

（三）学生缺乏参与意识、实践教学实效不明显

由于学生在实习过程中处于被动地位，学生不能真正融合到教学实践的实际生产中，且由于野外场地有限，学生多，现场实习教学条件不完善，部分学生在实习中往往只是“跟着走”“跟着听”，参与度不够，导致学生在野外实习过程中没有积极参与的意识和获取知识的积极性，野外实习教学的实效不明显。

二、改革建议

针对生态学野外实习教学存在的上述问题，提出以下几点建议：

（一）整合、优化野外实习内容

加强对生态学野外实习内容的整合和优化，主要从以下几方面进行：

（1）合并重复内容。撤销或合并相近专业课程的实习内容重复或类似的野外实习内容，充实综合实践教学的内容，同时要突出实习内容的相互衔接性。

（2）调整各类实践活动比重。适当减少验证性实践教学的比重，合理增加综合性、设计性和创新性实践活动的比重，使重组的野外实习教学内容成为一个富有专业特色的完整体系。在组织野外实习时，适当为学生安排一些自拟的综合性、创新性实践项目，可引导学生独立思考、自主设计，从而克服传统实习教学内容千篇一律、缺乏新意等弊端，激发学生的创新性和主动性。

（3）整合交叉学科知识。由点及面，将多学科交叉的知识内容有机地结合在一起，通过精心设计和组织，将实习点上围绕某个具体领域的实习活动与实习过程中知识面和综合技能的培育相结合，构建生态学综合性实习体系。

（二）突出学生的主体地位，规范实习教学过程

在野外实习过程中，要将“参观学习式”的单一化教学模式转变为“全程多元化”实践教学模式。要根据实习内容难易程度确定野外实习期限，以“学生为主体，教师为主导，注重野外实际工作能力培养，拓宽学生知识面，培养学生理论联系实际，以及观察思考、提出问题、分析和解决问题的能力”思想为指导，最大限度地发挥学生在实践教学中的主体作用。整个实习过程按以下流程进行：

（1）拟定实习计划。实习开始前，根据本专业人才培养目标或课程任务以及学生的学习兴趣，针对“规定动作”和“自选动作”的实习任务进行分组，学生对所选定的实习项目进行相关资料的查阅和知识技能的准备，拟定实习方案或计划，带着问题去实习。

（2）分工协作。在实习过程中，由专业教师带队，与野外实习基地的专业技术或辅助人员共同组成指导小组，指导学生开展实习活动。每个实习小组围绕相关主题，从不同的角度或领域开展野外综合实习，通过分工协作完成从观察、观测、记录、样品采集、访谈调查、资料收集到撰写实习报告的整个过程。

（3）及时总结经验。实习结束后，要求根据野外实习中教学工作、组织工作及其存在的问题等，组织学生和专业指导教师做好实习报告和实习总结，对野外实习的教学工作、思想工作、组织实施情况进行全面的总结、汇报和经验交流。

（三）构建野外实习基地的高效运行机制

充分利用野外实习基地合作共建单位的资源优势，探索符合教育教学规律和市场经济要求的实习基地运作机制，提高实践教学的实际效果。主要从以下几方面着手：

（1）充分发挥实习基地相关人员的作用。邀请实习基地专业技术人员及相关管理人员参与或协助实习教学内容的指导工作，向学生传授丰富的生产技能和实践经验，以提高学生野外实习的效果。

（2）成立野外实习教学基地指导委员会。由实习基地合作共建的单位负责人、基地专业技术人员、校方专业教师和负责人等组成校外实践教学基地指导委员会，每年召开实习教学和实践教学基地建设的经验交流会或研讨会，商定年度实习计划安排与具体的实施方案。

（3）加强与实习基地之间的“产学研”合作。学校发挥自身的科研优势，借助实习基地合作共建单位的场地与资源优势，进行“产学研”合作。通过项目合作，使学生有机会参与相关的科研与生产活动，进而为学生深入了解实际生产、增强实践动手能力创造更多机会。

三、结语

野外实习教学是一项系统工程，其教学改革也是一个不断探索实践的动态过程。为了确保野外实习教学的顺利进行，更好地发挥它在高校人才培养中的重要作用，当前急需开展并努力做好以下三个方面的工作：

（1）建立和完善一套生态学野外实习教学的技术规范体系（包括实习大纲、野外实习教学规范、综合性实习设计方案及规范、具体实习科目的现场操作规范、实习教学质量评价指标体系等）。

（2）进一步加强生态学野外实习基地的建设，并积极探索实习基地的高校管理运行模式与建设制度，构建完善的全程实习教学体系（包括实习路线、实习点、实习内容、实习方案、过程管理和后期考核等相关实习环节）。

（3）注意野外实习教学与后续科研训练的结合，以及野外实习与实验室分析总结工作的结合，以形成“课堂教学—野外实习教学—实验室分析测定—科研系列活动”相互连接与融合的本科实践教学体系。

希望通过以上措施能够真正做到以学生为主体，激发学生的学习意识和热情，提高学生的自主学习能力，培养学生的创新能力，推动生态学高素质综合创新人才的培养。

参考文献

[1] 耿红．生态学教学改革的几点思考［J］．安徽农学通报，2008，14（13）：190－191.

[2] 吴庆标，赖家业，庄嘉，等．生态学专业教学改革与思维创新［J］．广西大学学报（哲学社会科学版），2008（S2）：76－77.

[3] 方晰，大伦．“生态学”课程教学方法的探索与实践［J］．成都中医药大学学报（教育科学版），2005，7（2）：62－63.

[4] 于现林．论野外实习的组织与管理［J］．泰安师专学报，1999（S1）：36－37.

[5] 沈显生，尹路明，李树美，等．研究型野外实习教学的设计与实践［J］．教育与现代化，2002，64（3）：20－25，36.

[6] 胡小梅，刘高峰，李中文．生态学实验教学改革探索与实践［J］．井冈山医专学报，2006（1）：14－15.

[7] 欧阳明．谈实践教学的过程管理［J］．中国职业技术教育，2008，36（34）：14－15，20.

第三章 生态学野外实践教学体系的设计与实施探讨

实践教学是培养大学生实践能力的重要组成部分，也是提高高等教育人才培养质量的重要抓手，对于增进学生的综合素质、培养学生的创新意识和创新能力、使学生成为复合型人才均具有特殊而重要的作用[1-2]。生态学是一门实践性很强的学科，野外实际工作能力的培养和训练是实践教学的重要内容。生态学专业的野外实践教学（包括野外实习教学和野外实验教学）有别于课堂教学。在课堂教学中，教师讲授，学生领会；野外实习则是在教师指导下由学生自己通过实践进行学习的过程，即通过指导教师的现场讲授、引导或示范，学生或实习小组对各种生态要素和生态学现象、过程进行观测、调查、讨论、分析、完成实习报告等，在巩固从书本上学到的理论知识的同时，可获得在课堂上不易了解和掌握的现场观测与实际研究的技能，使学生在实践中提高独立思考问题和解决问题的能力，综合素质和创新意识得以锻炼和提高。近年来，华南农业大学生态学专业结合“农业生态学”国家精品课程建设、“农科生态学系列课程”国家级教学团队建设项目和生态学特色专业建设项目，在生态学实践教学方面进行了积极探索。本研究对生态学野外实践教学的特点、主要内容及教学过程设计等进行了探讨，以期为生态学教学尤其是野外实践教学适应当前教育改革的需要，培养具有较强实践能力的开拓型、创新型人才提供相关参考。

一、生态学野外实践教学的主要特点与基本要求

生态学野外实践教学是指围绕一定的实习目标，到野外生态与生产环境中，有组织、有计划地开展一系列生态学实践教学活动的总称。高校生态学野外实践教学作为一种集知识、能力和素质教育于一体的综合教育形式，具有以下特点与基本要求：

（一）综合性

生态学野外实践教学的综合性主要体现在以下两个方面：

（1）教学内容的综合性。野外实习的内容一般由生态学及相关专业的具有教学与科研经验丰富的教师，通过精心设计和组织，将某个具体领域的实践能力提高与实习过程中知识面的扩展和综合技能的提高相结合，将多学科多课程交叉的知识内容有机地结合在一起，使实习内容覆盖植物学、生态学、农学、土壤学、环境学、经济学等多个学科，而不再局限于某个具体的学科领域。

（2）野外实践教学对学生实践能力的培养也是综合、全面的。实践教学既重视学生野外工作能力和创新素质的培养，也关注学生如何求知和生产实践等一般能力的培养；还要求对学生的专业素养、思想观念、行为模式、团结合作和吃苦耐劳精神等方面的培养[3]。

（二）层次性和系统性

长期以来，由于缺乏固定的野外实习场地和足够的经费支持，生态学野外实践教学多以 1 ~2 天的短期课程实习为主，其内容多是以参观学习为主的认知实习，缺少对学生自主研究和动手实践能力的训练。因此，在教学内容和模式上常会让学生感到“枯燥乏味”，没有主动获取知识的积极性。为此，在对野外实践教学进行改革的过程中，应构建一个由野外实习基本方法与技能，综合

性、设计性和创新性研究构成的多层次实践教学体系，体现对学生实践能力培养的过程管理和要求。其中，基本方法与技能的实践教学以基础性和验证性的野外实习为主，培养学生的专业素养和基本的动手操作能力；设计性、综合性实践教学是引导学生积极探索，增强其野外实践技能和综合能力的培养过程；创新性野外实习实际上是一种科研实践训练，旨在加强学生创新意识和专业思维方法的培养，提高学生的综合分析问题和解决问题的能力。三个层次不可分割，生态学理论知识验证、专业思维训练以及创新能力的培养与提高贯穿在整个实践教学过程中。

（三）特色化

我国幅员辽阔，各地的资源禀赋、环境质量和社会经济发展状况各不相同，生态环境存在明显地域差异性，因此，生态学野外实践教学在内容、时间和地点的选择方面，要密切结合当地的生产实际，立足生态环境问题的区域特点，结合各自所依托的野外实习基地、实验基地、专业研究平台等进行有针对性、合理化的安排，注重野外实习内容与形式的灵活性，创新野外实习的过程管理模式、野外实习效果的考核与评价制度等，形成特色鲜明的生态学野外实习教学体系。

（四）开放性

一方面，近年来，计算机科学、信息科学、先进设备制造等的快速发展为生态学研究提供了先进的野外观测仪器与方法，使得生态学野外实践教学的内容必须保持开放性，需要及时更新野外实践的内容。另一方面，生态学野外实践教学的目的和任务也决定了实践教学不是一个封闭的教学体系，它必须关注社会和当前生态环境保护领域的实际需求，及时吸收最新的技术和科技成果，并在实习教学过程中体现。同时以野外实习基地为依托，深入了解当前所面临的生态环境问题，充分利用当地独特的生物资源和生态环境资源条件，构筑学生实习平台。此外，制定野外实习指南、管理规范等配套措施，为鼓励基础知识扎实、实践能力较强的学生直接参与教师的课题研究或开展探索性、创新性实习提供可靠的保障，从而充分体现野外实习的开放性特点。

（五）现场性和互动性

野外实践教学与课堂教学在形式上有较大的不同，这主要是由于课堂氛围和学生的心理状态、感受等与实习现场环境有较大差距，一些重要的专业思想和良好的观察、调研等行为习惯，以及某些不易言传的经验与应变方法，只有在现场环境中才有更深切的体验和领会。另外，教师可根据实习现场的生态环境状况，结合实习的目的与内容，采用启发式、参与式、讨论式的教学方法，有针对性地引导学生进行思考，同时鼓励学生提出新见解和新观点，进行现场讨论或讲解。其目的是通过灵活多变的教学形式和生动活泼的氛围，加强学生之间、学生与指导教师之间的互动，充分调动学生学习的积极性和主动性。尽管在野外实习过程中，从实习设计到制定实施步骤，从数据收集、结果计算到综合分析，都需要学生动手动脑、独立完成，但同时教师也要有较强的责任心，认真负责地进行现场指导。当学生遇到疑难问题时，教师应积极地启发学生进行思考和分析判断，培养学生独立解决问题的能力。

二、生态学野外实践教学的内容

在生态学野外实践教学过程中，需根据实践教学的主要目标、任务及实习场地的条件，在野外生态实践的基本方法与技能训练的基础上，增加具有探索性和综合性的实习内容，并尽可能让学生的野外实践活动内容与教师的科研项目结合起来，培养学生善于钻研、勇于创新的素质和能力。

（一）生态学野外实践的基本方法与技能训练

这部分实践内容涵盖了生态环境因子的野外观测技术与基本方法、植物种群与群落调查方法、主要动物类群（陆地或水生）的野外生态学调查方法、生态系统结构与功能特征的野外调查和观测方法、生态环境监测的相关方法与技能（包括大气、水体、土壤、生物样品的野外采集技术与监测技术等）。其主要目的是通过野外调查和观测，对生态学的基本知识和基本理论进行实践演练，了解野外开展生态学研究的基本途径和常规方法；掌握常见生态学野外观测仪器的使用操作技能，掌握几种重要生态因子的定量测定和分析方法；掌握生态学中常见的环境样品采样、制备、保存技术；掌握综合应用常规野外观测技术，培养对个体生态、种群生态、群落及生态系统生态学中常见生态指标的实地调查与观测的能力。

（二）生产实习或技术实训

作为一门研究生物与环境之间、生物与生物之间相互关系的学科，生态学自诞生之日起，就与诸多生产实践密切相关，并从中不断汲取营养，逐渐拓展并走向成熟[4]。近年来，随着人口的增长和工业的发展、技术的进步，人类正以前所未有的规模和强度影响着生态环境，而环境问题，如资源枯竭、粮食短缺、环境退化、生态平衡失调等的解决，都有赖于生态学理论的指导[5]。生态学原理与社会生产实践结合起来，可用于解释并解决社会实践过程中产生的相关问题，对生态学及相关专业的大学生而言，以生产现场为课堂，以从事实际生产经营活动的技术人员、管理人员或有实践经验的农户为师，是一次生动、灵活、丰富多彩的学习过程。

完善的实习教学基础条件，是搞好生产实习与技术实训教学的关键。为此，实习地点应能够提供基本的食宿条件，配备足够、合适的实习设施，满足生产实习所需要的场地或要求。在此过程中，学生深入实习现场，通过观察、询问、现场讨论，理论联系实际，加深对生态学原理、技术方法在生产中应用的感性认识，了解生态设施或生态工程的规划设计、运行、管理或经营等情况，了解生产过程中资源配置、废弃物处置或循环再利用过程、环境污染物的产生与控制等过程，并利用实测和观察的现场数据，进行分析和总结，从而提高自己的实践操作和分析处理问题的能力。

（三）综合性和设计性野外实习

近年来，我国高等教育体制改革不断深入，提高教学质量、培养具有综合能力和创新能力的人才，成为高等院校实践教学环节努力的方向[6]。综合性和设计性实习是实践教学内容、方法和手段改革的重要方面，在教育部的本科教学评估中对实践教学的要求，已明确提出80%的课程需开设综合性、设计性实习的要求[7]。然而，在过去很长一段时间内，由于受野外实习基地建设、实习经费和师资力量等多种因素所限，很多综合性实习无法深入开展，学生并没有参与实习设计，处于被动服从地位，缺乏积极性和主动性。为此，应改革以往野外实习的教学模式，增加综合性实习，尤其是设计性实习的内容及其所占比例。在此过程中，指导教师可结合当地的自然资源、生态环境特点以及现有实习场地的条件等，列出相关的野外综合实习主题，让学生以小组为单位根据兴趣进行选择，然后根据实习主题的调查指标、预期目标和效果等要求，运用已掌握的专业知识和实习技能，自行设计实习研究方案或拟定实习步骤，并在专业教师的指导下分别实施。生态学的综合性和设计性实习可围绕“生态环境质量评价”“自然保护区设计”“生态农业模式综合效益评估”“废弃物资源化利用设计”“生态农业或区域生态规划”等主题展开。在整个实习过程中，学生是主体，教师可在学生的方案设计、查阅资料等环节上予以指导，教师对学生进行个别指导，在实习结束后安排分组讨论，进行归纳总结。

（四）探索性和创新性野外实习

创新性野外实习是在学生学习和掌握了生态学专业的理论知识、具备了一定的野外工作基本方法操作和动手能力的基础上，为培养和提高学生从事野外生态学调查与独立研究能力而设置的。该部分实习能体现学生综合运用基本知识、查阅文献资料、独立设计实习、独立完成数据采集和数据整理分析、撰写实习研究报告等能力，有利于学生的科学思维和综合技能的培养。

创新性野外实习在主题和内容的设置方面，可从以下几点考虑：

（1）根据学生的研究兴趣、实际能力和相关条件确定主题，让学生自己查阅文献资料，在教师指导下，自行设计实习研究方案。

（2）结合校级或省级大学生科技创新活动项目、教师的课题研究或学校与实习基地共建单位的联合科研项目，使一些优秀的本科生在实习期间有机会在教师的指引下，进入生产实际开展科研工作，培养其独立分析问题、解决问题的能力。该环节的选题着重当前生态学及相关学科的前沿领域，学生自主设计实习研究方案，独立完成野外实习研究内容。教师对野外实习全过程进行跟踪，并适时地对学生予以点拨，激发其创新思维。

三、生态学野外实践教学的基本过程

（一）实习前准备

（1）一般在实习前1个月左右或更早时间，指导教师要到实习基地及沿线进行实地勘察，并与实习基地负责人员或技术人员商议实习的相关事宜，并根据生态学野外实习大纲和实习基地的实际情况，制订出具体的实习计划或指南。实习计划应包括实习课程名称、实习目的、实习地点、日程安排、各阶段的实习内容及要求、实习操作指南、考核办法、实习人员安排、实习仪器设备与材料准备清单、实习期间应遵守的纪律、实习经费安排等。

（2）生态学实践知识培训与宣传动员。尽管野外实习时间一般安排在生态学及相关理论课程结束之后进行，学生通过相关课程的学习已具有了一定的理论知识，但这些知识的针对性以及与实习内容的相关性等还有待进一步明确。为此，应在实习前进行生态学专业知识与实践技能的集中学习和系统培训，并对实习要点及实习路线的生态环境概况进行介绍，使学生明确实习的目的和要求，了解实习计划，查阅和收集相关的资料信息。同时，对实习过程要求、实习注意事项等进行强调说明。

（3）实习器材与行李准备。指导教师负责组织学生做好实习前的其他实习物资及资料准备（如图件、资料、仪器等），以及实习人员行李与生活日用品的准备等工作。

（二）野外实习实施

在这一阶段，指导教师的主要工作是围绕生态学野外实习的教学目标，组织实施实践教学活动。即组织学生进行现场的生态观测和调查，使其掌握开展生态学野外观测和试验研究的基本操作技能，进一步巩固和加深对生态学基本概念、基本原理的理解；通过综合性、设计性和探究性实习活动，提高学生独立思考、综合分析问题和解决问题的能力；在教学过程中，指导教师可结合专业课程的实习目标，采用启发式、现场讨论的教学方法，引导学生认识、观察和描述生态学现象、过程和模式；指导学生收集资料、做好实习笔记和撰写实习报告等，帮助学生解决在实习中遇到的问题，确保实习任务圆满完成。

（三）后续工作

野外实习阶段结束之后，指导教师组织学生进行实习学术报告和经验交流，对野外实践中所获得的知识和技能进行系统的归纳与总结，鼓励学生制作PPT课件，向教师和其他同学介绍自己的实习成果及经验体会，学生之间可以相互提问、辩论。在此过程中，教师可联系相关的理论知识，对一些重要问题进行有针对性的解释和评述，以深化实习效果。教师还将指导学生写好实习报告，认真组织实习考核和成绩评定工作。实习结束后教师需要撰写实习工作总结报告，以便为今后更好地开展野外实习教学提供参考。

四、结语

生态学研究范围的广泛性和层次性决定了野外实践教学具有内容丰富和形式多样的显著特点。生态学野外实践教学是一项系统工程，对于实习内容之间的衔接、实践教学模式、实践过程的管理等均需要进行深入的研究和不断探索，以适应新时期对大学生实践创新意识和能力培养的要求。

参考文献

[1] 章家恩，骆世明，秦钟，等．我国高校生态学专业建设与人才培养方向探讨［J］．应用生态学报，2009，20（7）：1630－1634.

[2] 李群英．地方本科院校深化实践教学改革的实践与思考［J］．中国成人教育，2008（17）：122－123.

[3] 张放平．强化实践教学推动创新型人才培养［J］．中国高等教育，2009（17）：29－31.

[4] 章家恩．生态学常用实验研究方法与技术［M］．北京：化学工业出版社，2007.

[5] 梁明义，王本强，马越．职业教育知识实用手册：职业教育基本概念与高等职业教育特色内涵［M］．兰州：兰州大学出版社，2008.

[6] 何兴元．应用生态学［M］．北京：科学出版社，2004.

[7] 陈孟林，李明顺．环境科学、环境工程专业学习指导［M］．桂林：广西师范大学出版社，2008.

第四章 生态学野外综合实习教学的改革与实践

生态学是一门纵贯基因、个体、种群、群落、生态系统、景观、全球等不同尺度，以及横跨自然、经济、社会等各个领域的交叉学科[1]，在解决当前全球人口、资源、环境与可持续发展问题等方面肩负着重要的历史使命，也是当前我国建设生态文明的重要技术支撑。作为一门实践性很强的学科，大自然和人类社会是生态学的天然课堂，野外实习是一个不可或缺的重要环节。为了适应生态学实践教学改革的需要，华南农业大学生态学专业近年来开设了“生态学野外综合实习”课程，即将原分散到每个专业课程中孤立的实习内容整合到一门综合的野外实习课程中，较大幅度地增加了实习时间，增加了综合实习的内容，旨在更好地提高学生的实践能力、动手能力和创新能力。野外实习可使学生掌握生态学最基本的野外工作方法与科研技能，培养学生发现问题、提出问题以及独立解决问题的能力。近年来，我们在生态学野外综合实习课程的教学实践中，结合实习地区的自然环境条件、生态环境建设以及农业生产模式及产业发展的特点，对野外综合实习教学的内容及考核方法等进行了探索和尝试，取得了较好的教学效果。

一、野外综合实习基地的选择

华南农业大学生态学专业的实践教学由于缺乏固定的野外实习场地和足够的经费支持，多年来以开展1~2天的短期课程实习为主，形式基本上是参观学习，缺少对学生自主试验和动手实践能力的训练，教学效果不够理想。为此，本专业近年来对生态学野外实习进行了相应的改革探索。在考虑就近多点、节约经费的同时，将实习基地是否能够最大限度地为学生提供参与实习的空间、时间和基本的生活设施，即将能否全方位地满足实践教学的需要作为一个重要因素。通过多年的建设，2009年，我们初步确定将江门新会区作为我校生态学专业野外综合实习基地。该基地现已被教育部遴选为“大学生理科实践教育基地”。

新会区是广东省历史文化名城，现为广东省江门市的一个市辖区，地处珠江三角洲西南部的银洲湖畔，属南亚热带海洋性季风气候，拥有特殊的地理、地形和地貌特征。区内的山地、平原、林地、水面、滩涂构成了相对完整的自然生态系统，是珠江三角洲地区并不多见的能够完好地保存山川江湖等自然特色风貌的地区之一。新会的西面、东南面由圭峰山脉、古兜山脉、牛牯岭山脉组成的70多万亩丘陵山地已全部造林绿化，其中36%是生态公益林，是新会的绿色生态屏障。新会区境内河流纵横交错，约2/3的土地交织成水网地带，20%的水域面积是构成新会山清水秀的自然生态因子。区内还有圭峰山国家森林公园、古兜山自然保护区、银湖湾湿地公园、小鸟天堂、将军山和南坦沙葵林湿地等生态保护区。由于新会造林绿化工作成效突出，近年来新会在生态环境保护与治理上取得了多项殊荣，曾获全国平原绿化先进单位、广东省首个绿化达标县、广东省综合环境优秀城市、广东省林业生态县、国家环保模范城市等[2]。新会得天独厚的自然生态环境以及近年来推进生态环境保护和建设的实践，使其成为一个较为理想的生态学野外教学综合实习基地。早在2000年初，新会区乃至江门市就已与我校相关学科建立了良好的科研合作关系，已相继开展了如新会围垦湿地生态系统保护与修复技术、新会银湖湾湿地公园总体规划、现代农业综合示范基地建设规划等多个科研项目的合作研究，同时，在加强学生实习、农业技术人员培训、学生就业等方面的合作，拓宽实习基地共建与运行模式等方面具有广阔的空间。

二、野外综合实习教学内容与计划的实施

生态学具有综合性、应用性和多学科的交叉性等特点，但由于各种条件所限，生态学专业野外实践教学的内容常常只处于“认知”层面，忽视了不同课程、不同学科之间的知识融合，缺乏创新性设计与实践环节，因而不能充分调动学生的兴趣和积极参与的意识。为此，我们在拟定生态学野外综合实习内容时，将具体实习点的相对深入的实习观测内容与实习沿线各地的生态环境观察内容相结合，将实习点上围绕某个具体领域的专项实习技能与实习全程中的理论知识和综合技能的培养相结合，并适当地为学生安排了一些自拟的创新性实践项目，引导学生独立思考、自主设计，最大限度地发挥学生在实践教学中的主体作用，从而克服了传统实践教学中内容千篇一律、缺乏新意的弊端。

基于以上目的，根据实习所在地的自然环境条件和生态系统类型及状况，我校 2009 年生态学野外综合实习课程的实习路线确定为：广州→新会会城→大鳌镇（小岛）→银湖湾围垦湿地→新会会城→小鸟天堂→百年葵林及葵博园→圭峰山国家森林公园→广州。具体的实习内容、地点和相关要求如表 6－1 所示。可以看出，实习内容涉及生态系统结构与功能的调查、农户调查、生态旅游景点与资源合理开发利用等方面的调查，涵盖了农业生态学、水生生态学、森林生态学、环境生态学、旅游生态学和生态经济学等相关课程的基本理论知识，也涉及农户调查、生态系统分析与评价、动植物标本的采集与处理等调查和实践操作方法，从而使实习内容由原有的单纯注重课堂知识验证转向技能与运用理论知识综合分析、解决实际问题的创新研究能力并重。

表 6－1　生态学野外综合实习的主要内容与要求

实习主题	实习地点	调查内容	调查方式	实习要求
实习一：农业冬种生产模式调查	江门市新会区大鳌镇	主要包括：①当地冬种有哪些模式，各有什么特点；②当地冬种比重有多大，当前冬种面积是多少；③当地冬种作物如何配置，面积、产量及收益如何；④当地冬种存在哪些问题，投入的化肥和农药等有哪些；⑤当地历年冬种生产情况如何，有哪些成功的经验；⑥当地冬种的市场需求如何	野外实地调查和走访，可自行编写调查表	在实地调查的基础上，每小组完成一份当地冬种生产情况调查研究报告
实习二：农户调查	江门市新会区大鳌镇	主要包括：①家庭成员以及劳动力情况；②小孩受教育情况；③人均耕地占有情况；④家庭住房、家用电器与人均收入情况；⑤家庭其他经济收入来源；⑦农业生产情况（耕作制度，如一年种几茬作物，种植什么作物）；⑧农业生产投入与产出情况	入户调查，可根据上述要点自行设计调查问卷	在问卷调查和访问的基础上，每小组完成一份当地农户调查报告
实习三：农业生态系统调查	江门市新会区银湖湾围垦	主要包括：①调查区域内有哪些生态农业模式；②这些生态农业模式的结构与功能特征有哪些；③调查区主要生态农业模式采用了哪些关键技术，如何实现；④了解当地生态农业模式的构建特点、投入产出情况、经济效益等；⑤调查区生态农业发展存在哪些问题，如何解决	实地调查与走访	结合课堂上所学的生态学知识，深入了解生态农业模式的结构与功能，每小组完成一份银湖湾农业生态模式调查报告

（续上表）

实习主题	实习地点	调查内容	调查方式	实习要求
实习四：水生生态系统调查	江门市新会区银湖湾围垦	主要包括：①水体底栖动物的采集、标本处理及其鉴定方法；②观察和比较鱼塘生态系统与沿海红树林湿地生态系统的差异；③调查水渠、河涌、池塘以及稻田中福寿螺的越冬情况；④建立指标体系，分析评价水生生态系统的生态服务功能	现场操作、实地观测调查记录	每小组撰写一份有关银湖湾水生生态系统的调查研究报告
实习五：生态旅游与鸟类习性观察实习	江门市新会区小鸟天堂	主要包括：①古榕树“独木成林”的生态学分析；②观察榕树岛鸟类的生活习性以及鸟类时空生态位的分布；③观察和分析生物与环境之间的相互作用关系；④观察和分析生物多样性保护、资源开发与生态旅游之间的关系	实地观察记录、采访	每小组撰写一份有关小鸟天堂生物多样性保护与生态旅游资源合理开发与利用的调查报告
实习六：国家级森林公园参观与调查实习	江门市新会区圭峰山4A级国家森林公园	在观赏圭峰山森林景观的同时，完成以下几方面的调查内容：①圭峰山森林群落的结构、优势树种等；②观测林内小气候、土壤、其他生物资源等状况；③进行群落调查，了解森林群落的多样性 同时，思考以下问题：①圭峰山森林公园的生态价值有哪些；②如何处理森林生态系统保护与生态旅游以及生态城市建设之间的关系；③圭峰山森林公园在资源开发利用和环境保护方面有哪些特点，存在哪些问题	样地调查（不同高度带）、实地观测记录	每小组撰写一份有关圭峰山森林生态系统保护与资源合理开发利用的报告
实习七：特色资源调查实习	江门市新会区葵博园及百年葵林	参观葵园，了解和思考以下问题：①葵树的主要生物学特性、经济价值等；②葵树的种植与管理技术有哪些；③百年葵林的生态经济利用价值有哪些；④农业生态旅游如何开发；⑤农业产业链如何拓展	实地参观与讨论	每小组撰写一份有关百年葵林资源保护及其合理开发利用的报告

在实习组织形式上，将学生分为若干实习小组（6～8人为一组），每个小组指定一名专业教师为指导教师，并选派一名学生为带队的小组长，在教师的指导下，共同完成野外调查、标本采集、指标观测和数据处理分析等工作，要求每个小组提交一份综合实习报告。实习过程中的相关要求还包括：①每个同学都必须随时随地进行认真的观察、思考，务必做到多动手、多看、多问、多想、多记。②学会生态学野外科研实践工作的一般方法，包括怎样调查某一地区的生态环境资源或现状，怎样进行森林群落结构与生态农业模式调查，怎样进行生物多样性调查，怎样进行水生生态系统的功能调查与样品采集，怎样进行农户调查等。③掌握生态学一般的野外调查方法及数据整理分析方法，如森林群落的样地调查法与无样地调查法以及数据处理分析方法等。④结合所学的生态学知识，通过野外实习观测，认识生物与环境的不可分割性、整体性和相互依存性。⑤根据野外观测和调查的数据以及访问座谈的结果，正确评价各类生态系统的结构与功能，以及人类社会的持续稳定发展与环境资源的合理利用的关系。

三、野外综合实习的考核

为了避免单纯以野外实习调查报告及指导教师评定成绩的弊端，培养学生的合作意识和责任感，较好地完成实习任务，生态学野外综合实习的成绩评定应综合考虑学生在实习准备阶段、野外实习阶段及实习报告等环节的综合表现和水平[3]，并应考虑实习小组的整体表现。实习小组成员的个人实习成绩的评定应由指导教师与实习小组的评价成绩计算得出。具体做法是：

（1）实习小组成绩的评定方法：主要由实习指导教师根据每个小组提交的实习报告和小组的实习表现（包括实习准备阶段、实施阶段、完成报告和总结阶段的全程表现），作为实习小组评分（加权求和），其中实习报告的成绩占60%，小组的实习表现成绩占40%。

（2）实习小组成员的成绩评定方法：由实习小组组长和成员根据小组内每个实习成员的实习态度、实践能力和在实习小组内的贡献大小等进行互评。在实习小组成员成绩的评定中，小组长的评分占50%，组员互评的平均成绩占50%，将二者加权求和即得学生个人成绩。

（3）学生最终实习成绩的评定方法：将实习小组成绩和实习小组成员个人成绩采用加权求和方法取得，在各实习小组成员的成绩评定中，教师对小组的评定成绩（同一小组的各成员成绩相同）占60%，实习小组互评得到的个人成绩占40%。实习成绩可采用等级制，即分为优秀（90～100分）、良好（80～89分）、中等（70～79分）、及格（60～69分）、不及格（60分以下）五个等级。

四、结语

与国内其他一些专业的野外实习存在的问题相类似，在传统的分阶段、分课程的实习教学模式背景下，生态学专业实习基本都是按课程类别编写教学大纲并分别组织实施[4]。如果采取按实习路线实施综合实习的实践教学模式，必须从专业知识的系统性和整体性出发，将相关课程的实习任务与内容落实到具体的实习路线和系列的实习点上，并要求按实习路线和实习观测点编写相应的实习指导书，并全程组织实施，从而保证整个实习的内容和地点实现“点线结合、点面结合”，覆盖目标。

为了推进生态学野外综合实习的改革，我们按实习路线和实习内容观测点编制了相应的综合实习指南，对生态学野外综合实习的目的与意义、实习的主要内容与要求、日程安排、实习路线安排和注意事项等均作了说明。在此基础上还需不断细化和完善，组织编写一部操作性和指导性较强的实习教材或讲义。

学生实习成绩考核是“生态学野外综合实习”课程教学的重要环节，对提高学生实习的自觉性和积极性以及实践教学质量有着很好的促进作用。客观地评价学生野外综合实习的水平和质量，需要实习指导教师关注实习教学过程的每一个环节，并建立较为完善的考核内容、考核指标和方式方法，其中考核的内容应涵盖学生对专业基础知识的认知考核、基本技能考评、实习报告质量评定、实习过程表现和创新能力评定等多个方面。实习指导教师根据学生在实习准备阶段、实施阶段、完成报告和总结阶段的情况来进行综合评定，将考核的侧重点放在考核学生发现问题、分析问题和解决问题的能力上。我们已建立的实习成绩考核体系还需要在实施中不断地进行改进和完善，使其向着科学化和规范化的方向发展。

参考文献

［1］孙儒泳，李庆芬，刘翠娟，等．基础生态学［M］．北京：高等教育出版社，2006.

［2］郭艳华．可持续发展实验区特色建设的实现路径——以江门市新会区为例［J］．科技管理研究，2007，27（11）：111－113.

［3］张思冲．综合环境野外专业学习指导［M］．哈尔滨：黑龙江人民出版社，2005.

［4］于法展，张志华．庐山自然地理野外实习的教学模式与教学效果评价［J］．高师理科学刊，2007，27（2）：102－106.

第五章 基于问卷调查的“生态学野外综合实习”课程建设研究

生态学是研究生物与环境之间相互关系和相互作用的学科，许多基础理论来源于野外长期观测研究[1]。生态学野外综合实习是生态学教学中引导学生了解野外生态环境，提高动手能力的重要环节。通过综合实习可以将课堂上所学的基础理论、基本知识和技能转化为学生独立思考、自主探索与发现问题的能力[2]。然而，长期以来，由于目标复杂、影响因素众多等原因，野外实习往往成为专业教学过程中一个相对薄弱的环节[3]。

华南农业大学在生态学专业本科生中开设的“生态学野外综合实习”，是一门必修实践课程，开课几年来取得了一定的教学效果。为适应新时期生态学专业课程教学改革的要求，进一步提高实践教学质量，我们设计了有关调查该课程教学改革实践效果的问卷，对2011级和2012级的生态学专业学生进行了调查。调查内容包括对野外实习的认识和看法、实习过程、实习考核与评价三个方面。根据问卷调查结果，我们认真分析了学生对本课程设置的必要性和重要性、指导教师能力、实习单位条件、实习过程、实习效果的评价及建议，形成了如下的调研报告，旨在为提高“生态学野外综合实习”教学质量，改进教学方法和管理方式提供一定依据。

一、调查对象与方法

（一）调查对象

华南农业大学2011级、2012级生态学专业学生，共计65人。

（二）调查内容与方法

采用调查问卷方法，包括单选题、多选题和开放式问题，共计10道题，内容包括对野外实习的认识和看法、实习过程、实习考核与评价方面（如表6－2所示）。调查方法采用无记名问卷形式，于实习结束后一周内进行。调查实施前，向学生说明调查目的和要求，强调调查仅为研究收集数据，与“生态学野外综合实习”课程成绩考核无关，以保证调查结果的客观性。调查问卷当场发放，当场收回，独立填写。共发放问卷65份，收回有效问卷65份，回收率为100%。

表6－2 “生态学野外综合实习”调查问卷结构表

涉及野外实习的方面	问题类型	问题内容
对野外实习的认识和看法	单选题	野外实习的作用和重要性认识
	开放式问题	学生感兴趣的野外实习内容
实习过程	单选题	学生希望野外实习的时间长度
	多选题	学生希望野外实习基地具备的基本条件
	单选题	实习小组适宜的人数

（续上表）

涉及野外实习的方面	问题类型	问题内容
实习过程	开放式问题	每组中各成员的分工与作用体现
	单选题	一天一个固定基地还是一天多个地点实习
实习考核与评价	多选题	学生野外实习的成绩考核评价指标与方式
	开放式问题	评价指导教师的野外工作能力与水平的指标
	开放式问题	综合评价野外实习效果的指标

二、结果分析

（一）学生对野外实习的总体认识和期望

调查结果表明，67.7%的学生认为开设“生态学野外综合实习”课程很重要，26.2%的学生认为课程较重要，可见，绝大部分同学对生态学野外实习的期望很高（如图6－2所示）。因此，进一步加强“生态学野外综合实习”的教学是非常必要的。

调查中发现学生对野外实习感兴趣的内容很多，排名前三位的依次为“群落调查”“生态模式”（生态农业模式）“采样技术”（生态环境样品采集技术）。学生对这三个方面有较高的关注度，一个可能的原因是这些方面涉及的生态学技能更为综合。因此，在下一步的“生态学野外综合实习”内容中需要更加侧重于这些类别的实践教学。值得注意的是，学生感兴趣的野外实习内容中存在“就业创业”需求（如图6－3所示），这是当前大学毕业生就业竞争越来越激烈，就业形势越来越严峻的一个侧面反映[4]，因此，如何将本课程实习与培养学生适应未来就业和创业能力联系起来，这对课程改革提出了一个重要挑战。指导教师应充分与实习单位沟通和交流，在课程实习中增加创业、管理经验的内容，为学生未来发展打好基础。

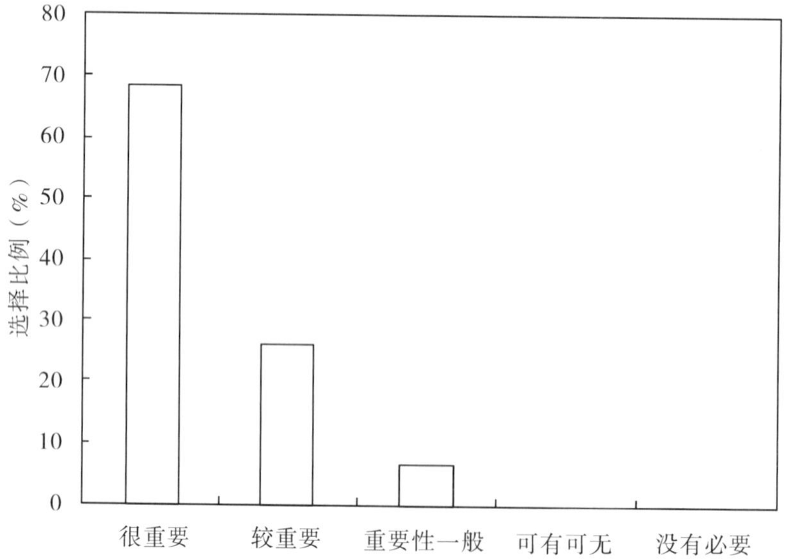

图6－2　学生对野外综合实习重要性的认识

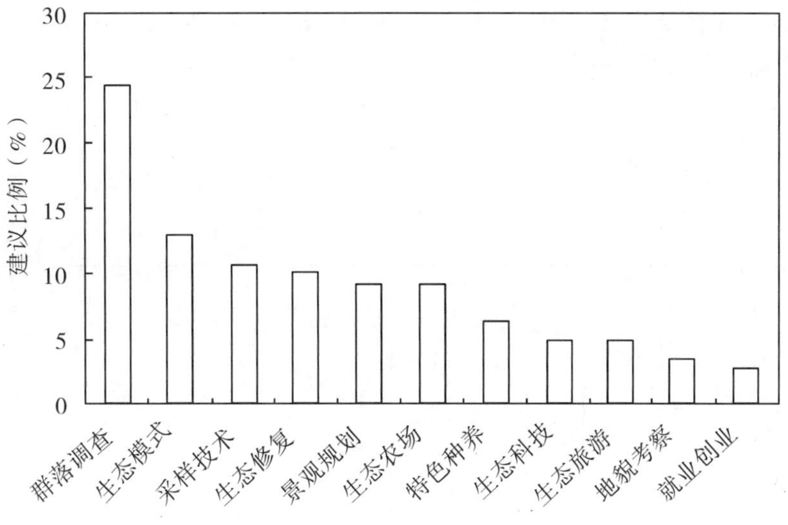

图 6－3　学生感兴趣的生态学野外实习内容

（二）实习过程控制

实习时间是影响实习效果的一个重要因素。实习时间受实习内容、实习人数、实习基地等因素的影响[5]。调查中发现，38%学生认为 3～4 天最适宜，20%学生认为 1～2 天适宜（如图 6－4 所示）。选择 4 天内完成实习的学生占总调查人数的 58%，说明多数学生倾向于野外实习时间在 4 天以内，这可能与学生体力有关。生态学野外实习时通常涉及爬山、过河等野外活动，需携带仪器设备，对学生的身体素质有一定考验，部分同学尤其是女生较难承受。虽然较长的实习时间可给学生带来更多感性认识，强化学生对理论知识的理解和掌握，但考虑到学生体力、实习经费短缺、课时受限等现实问题，将野外实习时间控制在 4 天或一周以内较为合适。

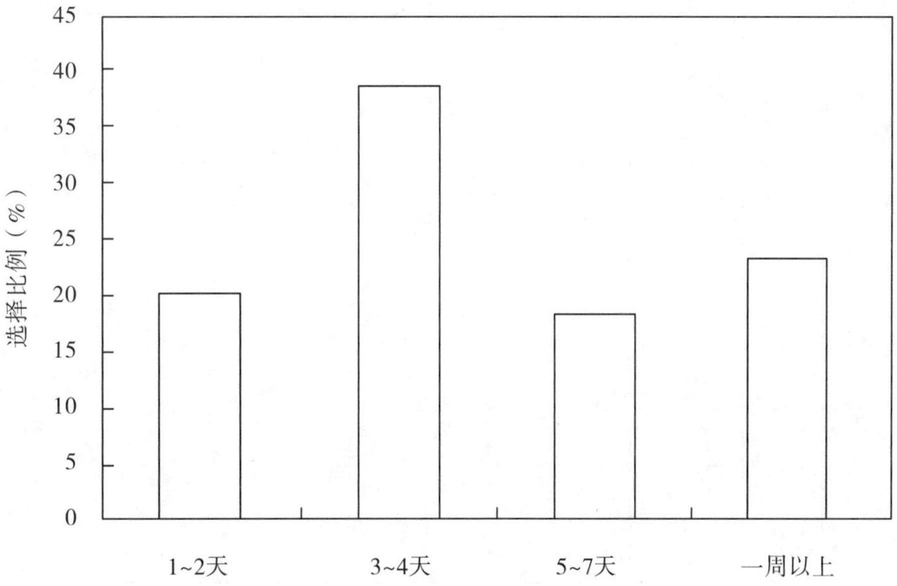

图 6－4　生态学野外综合实习时间长度的调查

一个完备的实习基地不仅可以节约实习成本，而且有利于实习内容综合性程度的提升，因此，强化实习基地建设对提高实习效率有重要作用[6]。从学生对野外实习基地的条件要求来看，大多数学生希望实习基地（或接受单位）能提供优良的场所和较多的实习工具，而对实习基地的“网络条件”“文体娱乐设施”“课室条件”等要求并不强烈（如图6-5所示）。并且，较多学生喜欢一天到多个地点实习（如图6-6所示），这说明学生更倾向于在较短的时间内接受更多的信息，学习到更多的内容。

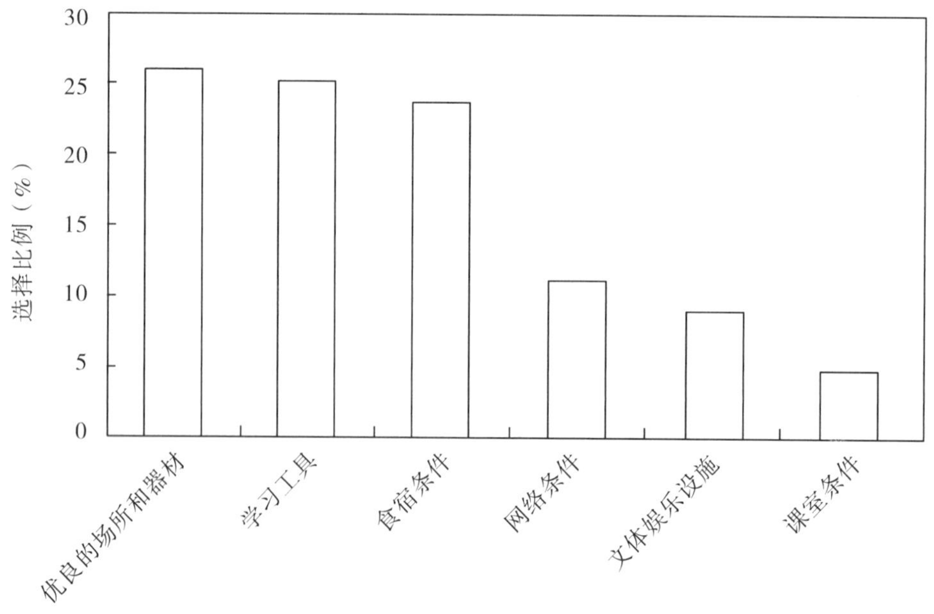

图6-5 生态学野外实习基地应具备基础条件的调查

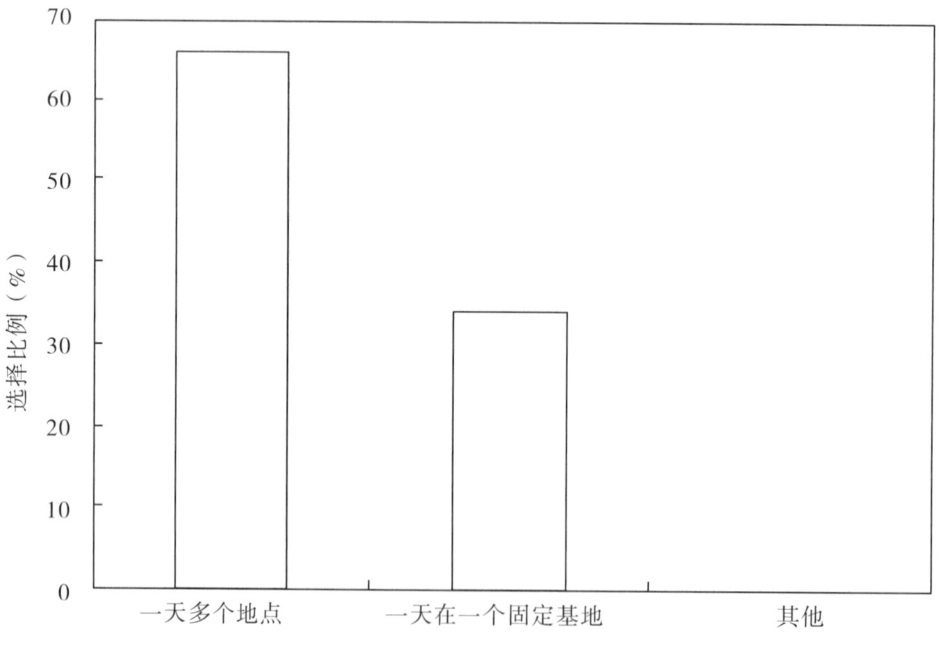

图6-6 一天内野外实习地点数量的调查

调查显示，大多数学生认为实习中分组以 3 ~4 人或 5 ~7 人为宜，过多或过少都不太适合开展野外实习（如图 6 –7 所示）。在实习团队合作方面，学生认为首先需要明确团队分工，并要做好实习准备以及实习过程的数据记录（如图 6 –8 所示）。以往在实习过程中，分组工作通常由学生自主选择，但由于学生内部缺少权威性，最终多以学号进行分组，通常出现分工不明、工作推诿现象，进而导致无法处理好组内成员的工作安排等问题，最终对实习质量造成严重影响。因此，在今后的实习中，指导教师可打破学生学号顺序，充分考虑其性格与特长搭配、男女生比例平衡等因素，对学生进行综合分组，以统筹安排实习过程中器械携带、观测、数据记录、拍照、取样等工作，这样有利于发挥小组内每个学生的特长，活跃小组气氛，也有利于提高小组的实习效率。另外，对于主动要求加入某个组别的同学也可酌情考虑。

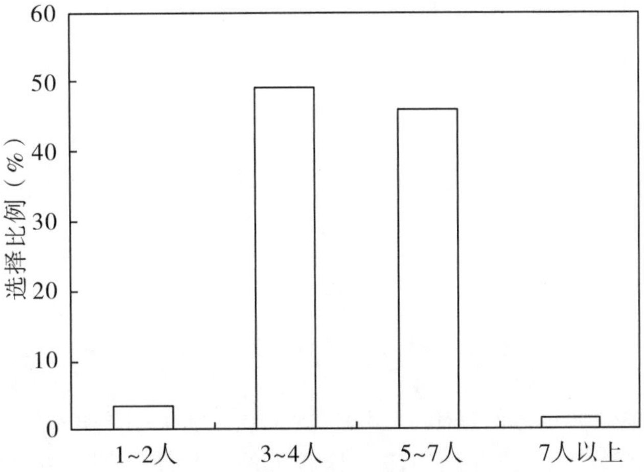

图 6 –7　野外实习学生分组适宜人数的调查

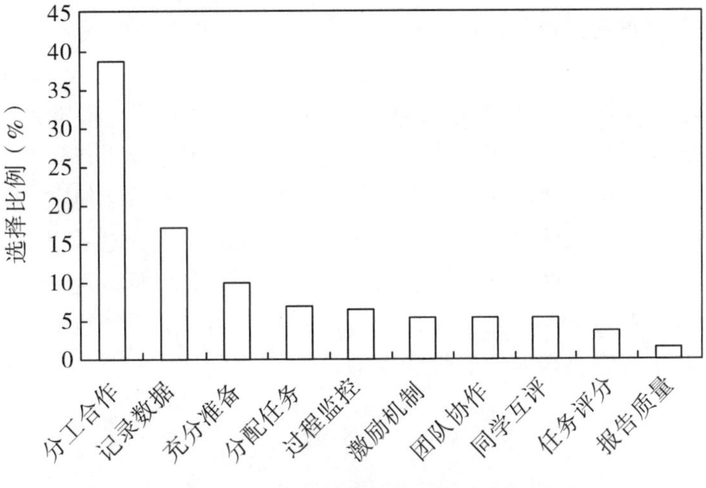

图 6 –8　实习小组成员作用体现方式的调查

（三）实习绩效考核与评价

实习绩效考核有利于提高学生专业技能的掌握能力，反映学生运用专业知识解决实际问题的水平，因此，合理有效的实习绩效考核体系是保证实习效果的重要环节[7-8]。调查结果显示，学生普遍认为“实习过程表现”和“全程考核”非常必要（如图 6 –9 所示），这表明学生更注重实习考核的公平性。目前，“生态学野外综合实习”课程对学生实习的考核包括考勤、实习报告质量及实习成果总结汇报。因此，根据本次问卷调查结果，在今后的实习教学中可以增加“学生实习过程表现评价”，采用“同学互评”方式进行。在考核中将实习考核总分的一定比例交由组内同学互评，将其作为实习过程表现的成绩。通过“实习过程表现评价”，可在一定程度上减少和防止学生在实习中偷懒或“出工不出力”的现象，保证实习成绩评价的公平性和客观性。

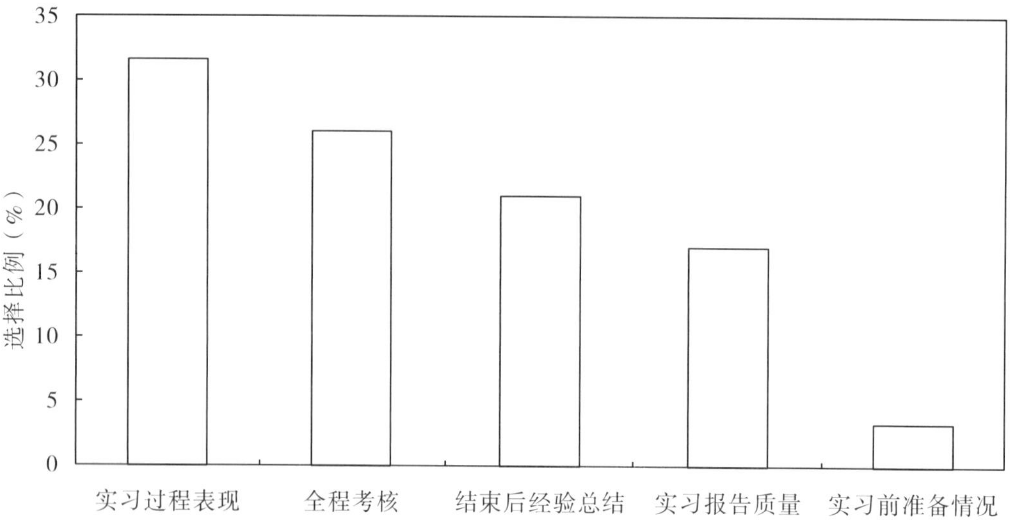

图6－9　对学生实习成绩考核评价方式的调查

学生对指导教师的绩效评价方面提出了15个指标（如图6－10所示），其中，学生对指导教师的“实习过程安排”“讲解能力”“互动交流”比较关注。除此之外，较多学生希望指导教师能够进行现场技术的“操作指导”和“答疑解惑”。这些指标的提出为今后进行“生态学野外综合实习”课程教学改革提供了很好的参考。

在对野外综合实习整体效果评价方面，学生提出了10个方面的建议指标（如图6－11所示），其中位居前三位的评价指标是“收获总结”（实习收获与经验总结）“实习表现”（实习过程表现）和“实习报告”（实习报告质量）。较多学生认为实习成果总结汇报是最能评价实习整体效果的指标之一，通常学生采用课堂演讲配合多媒体课件对实习过程和实习成果进行总结汇报，并辅以小组讨论，其所占的成绩比例一般在20%左右。通过汇报演讲，学生的实习成果得以充分展示，更重要的是个人对实习成果的展示是无法复制的，可避免抄袭现象。结合学生提出的“实习表现”指标，可以认为：学生希望能够将自己的实习成果和收获充分展示出来，而不是仅通过纸质版的“实习报告”机械地展现。因此，指导教师应给予学生充分展示自己实习成果的机会，以便更有效地促进课程评价的公平，并有利于提升整个实习的教学效果。

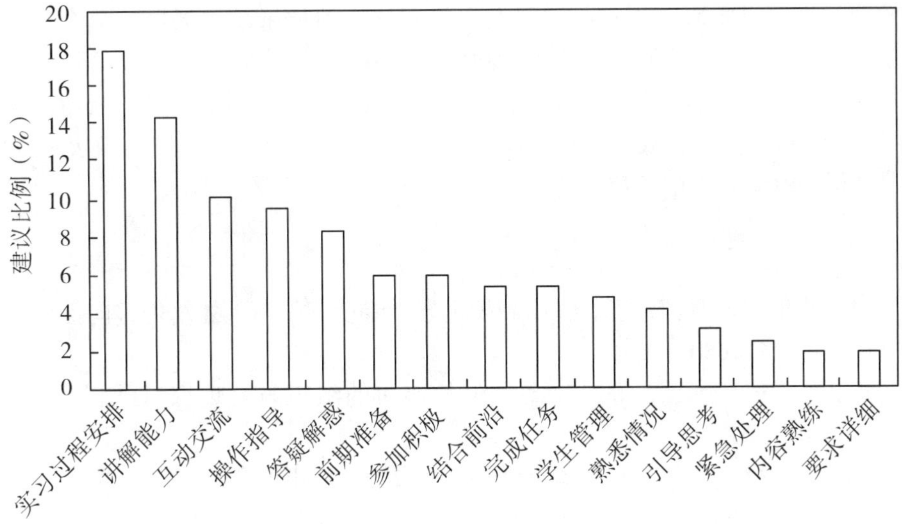

图 6－10　对实习指导教师野外工作能力评价指标的调查

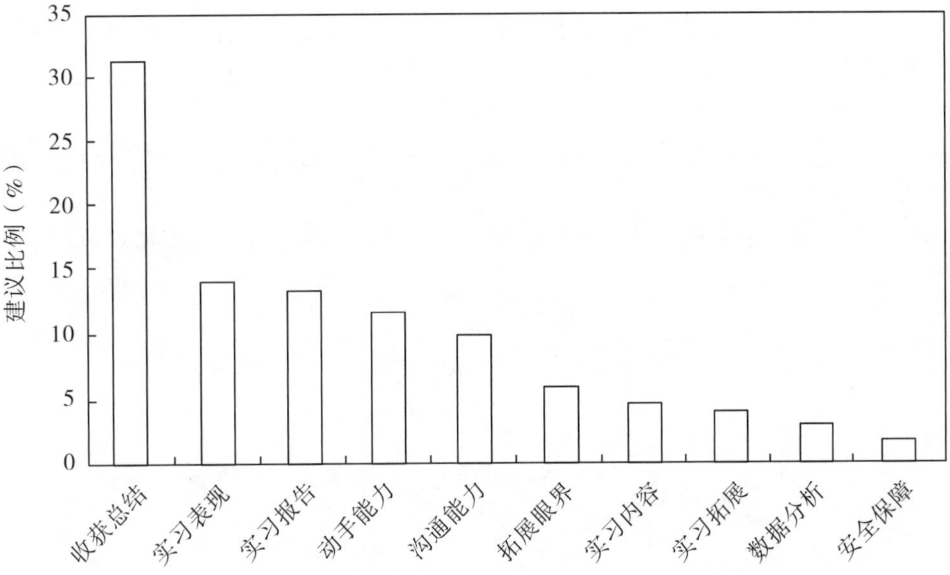

图 6－11　对野外综合实习整体效果评价指标的调查

三、结语

通过对本次问卷的结果进行分析，今后在本课程建设方面可进行以下改革探索：

（1）根据学生需求，优化野外实习内容，设计体现野外生态技能的综合性训练。

（2）在实习过程中，应适当增加与大学生就业、创业相关的产品开发和企业管理方面的实习内容，以培养学生就业和创业的意识与能力。

（3）应进一步完善实习基地（实习单位）的硬件条件（如齐全的野外实习仪器设备和工具）以及多样化的实习场地。

（4）指导教师应从学生特长、性格和性别比例等方面综合考虑，进行学生优化分组，切实提高实习小组的执行力与教学质量。

（5）强化对学生实习成绩的“实习过程表现”和“实习成果总结汇报”等全程考核评价，同时增加“同学互评”环节，以促进学生在实习中动手实践的积极性。

（6）指导教师需进一步细化实习过程安排，充分做好实习前期准备工作。实习前需召开实习动员会，将实习内容、进度安排、规范要求、前期准备、注意事项等详细地给学生讲授和培训，以便让学生在实习过程中做到“心中有数”。

参考文献

[1] 章家恩，骆世明，秦钟，等．我国高校生态学专业建设与人才培养方向探讨［J］．应用生态学报，2009，20（7）：1630－1634.

[2] 邱清华，邓绍云，邹玲，等．生态学野外实习的组织与管理探讨［J］．安徽农学通报，2011，17（19）：168－170.

[3] 姚永生，冯宏祖，王兰．植物保护专业课程教学实习模式创新与实践——以“农业昆虫学”和“农业植物病理学”联合教学实习为例［J］．中国农业教育，2008（2）：47－49.

[4] 张效军，汤惠君，马晓茗．土地资源管理专业课程实习探讨——以华南农业大学为例［J］．安徽农学通报，2010，16（7）：196－197.

[5] 朱崇辉．地质实习教学模式改革成效研究［J］．中国地质教育，2012（4）：144－146.

[6] 刘目兴，韩慧敏，揭毅，等．自然地理野外综合实习的改革［J］．实验室研究与探索，2014，33（1）：220－224.

[7] 陈金华，李洪波，叶新才，等．综合自然地理野外实习绩效实证研究［J］．亚热带水土保持，2009，21（1）：19－21.

[8] 张娇，史衍玺．农业院校环境监测课程实习教学改革探索［J］．安徽农业科学，2013，41（12）：5608－5609.

第六章
基于创新实践能力培养的实验课程体系构建

长期以来，实践教学环节薄弱是影响高校人才培养质量的最重要因素之一。特别是随着高校大幅度扩招，就业市场竞争激烈，用人单位对毕业生的动手能力及创新能力要求越来越高，如何建立适应创新教育需要的实践教学体系成为许多高校生存和发展的关键[1]。而实践教学无疑是学生接触实际问题和提高应用理论解决实际问题的直接途径。创新之根在于实践，实践教学是培养创新意识、锻炼学生实践动手能力的重要环节。尤其对从十几年应试教育环境中竞争直接跨入大学、接受专业教育的大学生来说，实践教学的必要性尤为突出。

生态学是一门理论与实践紧密联系的综合性学科[2]，实验教学具有直观性、综合性和创新性的特点，因此在培养创新人才方面有着不可替代的独特作用[3]。生态学人才培养必须强化实践教学的主要原因，既源于专业课程开展实验和实习面临的实践教学的现实困境，也源于生态现象的丰富多彩和现实生态环境问题错综复杂的状况，还来自生态学领域丰硕的理论成果及其在生态环境行业中应用实践的必然要求。传统的实验教学模式已不能满足生态环境形势和现代经济社会、科技发展对生态学人才培养的要求[4]。随着现代科技的发展，实验技术不断进步，导致实验仪器更新速度加快，实验方法也在不断改进和发展，因此，对生态学专业实验教学内容和课程体系进行整体优化改革，已势在必行。

一、生态学专业实验课程体系建设所存在的问题

自 1977 年内蒙古大学创办全国第一个生态学专业以来，随着社会经济发展和高校扩招的需求以及生态学科自身发展的需要，我国许多高校陆续开办了生态学专业。近年来，随着生态环境问题与循环经济受到全社会的广泛重视，开设生态学专业的本科院校越来越多，到 2013 年已有 79 所本科院校，仅广东省就有华南农业大学、中山大学、暨南大学 3 所，2014 年全国生态学的硕士招生院校达 126 所（不含科研机构）。

当前我国生态学专业建设与人才培养存在以下几方面的问题：①生态学科和生态学新专业快速发展与师资力量相对薄弱之间的矛盾；②课程设置和教学内容的“泛与专、深与浅”之间的矛盾；③生态学教学的“软”与生态环境建设的“硬”之间的矛盾；④社会对生态学人才的现实需求与实际供给之间的矛盾。

由于多种原因，目前生态学专业学生的就业形势并不乐观。这既与当前社会上特别是用人单位的主体企业对生态环境保护的实际重视程度不够有关，也与目前大多数生态学的毕业生独立解决实际生产问题的能力不强，即与生态学专业学生的实践能力、动手能力和创新能力不足有关。因此，探讨和推动实现教学内容与教学方式“从课堂到田间”“从软到硬”的转变，建立生态学“T”型人才培养模式，是今后生态学专业人才培养的方向[5]。而实验实践教学的改革和完善，无疑是其中至关重要的环节。

生态学实验是该专业整个人才培养过程中对质量影响十分关键的环节。目前各相关高校均根据自身的区域特点设计了本校生态学专业的实验课程，有关的实验课程设置也各有特色，但国内至今

尚未形成一套标准的生态学专业实验课程体系，也缺少系统成熟的通用教学大纲或系列实验教材。特别是部分院校新开设的生态学专业多偏重于课堂上的理论教学，实验教学和实习教学课时数少、内容简单，且常流于形式，从而造成实验教学十分薄弱的局面。

目前，国内已经有部分院校的生态学专业构建了实验课程教学体系。但通过调查研究发现，目前仍有不少院校生态学专业的实验教学仍附属于相应的理论课程教学中，把实验教学作为课堂理论教学的一种完善和补充，未能形成较为完整和相对独立的实验教学体系。

以华南农业大学为例，2003 年开始招收生态学专业本科生，最初几年的实验教学除了普通生物学与环境学方面的基础课程外，专业实验主要是面向环境监测和农业生态学等课程，能让学生进入实验室的实验课程不多。近五年来，结合学科建设，我们陆续增设了一些专题实验内容，包括植物群落调查、土壤调查与采样分析、植物化感作用实验、环境水质和大气监测实验、噪声监测、农产品（农药与重金属等）检测、生态系统分析、3S 技术与应用等实验项目，内容逐渐丰富。但生态学专业实验课程教学仍存在不少问题，主要表现在：

（1）校内实验场地和仪器设备不足，实验室功能仍不够完善配套，不能很好地满足综合性、设计性实验和学生自主创新性实验的需求。

（2）综合性、设计性实验或整合性大实验仍显不足。

（3）实验课师资力量薄弱。富有生态环境实践工作经验和综合实验能力的高水平实验师资队伍不足。近年来不少博士、硕士毕业就走上教师岗位的青年教师，大都是“从院校到院校”，缺乏一线基层工作的实践锻炼；部分教师的实践操作能力、实际分析和解决问题的能力不强，不能很好地满足创新型人才培养的需要。

近些年来，我们围绕“实践创新型人才”的培养目标，在生态学本科专业实验课程体系构建方面开展了一系列改革探索。

二、以培养创新素质和研究能力为目标的生态学专业实验课程体系构建

（一）实验课程体系设计的指导思想

以华南农业大学为例，在十多年生态学本科人才培养过程中，我们不断总结经验，与时俱进地对人才培养方案进行了四轮修订。在 2012 年最新培养方案和教学计划的修订过程中，我们确立了以自身办学定位、教学科研特色及新时期人才培养模式为依据的生态学专业人才培养目标：“具有创新精神和实践能力，掌握生态学的基本知识、基本理论和基本技能，能在科研机构、高等学校、企事业单位及行政部门等从事生态学教学和科研、生态规划、生态建设以及环境保护等工作的高级科学研究人才，以及能从事生态农业、生态工程、生态经济领域的产品开发设计、技术应用、生产管理和经营销售的高级技术应用人才。”

根据上述“强化学生的实践能力和创新能力”为主线的人才培养目标，我们结合生态学专业教育特点及存在的问题，并参考其他专业实践教学体系改革的做法[6-9]，确立了“问题导向、能力本位、实践创新”的实验教学理念。其中，“问题导向”就是在实验教学中搜集经典的生态科学问题设计实验内容，并聚焦现实中生态环境保护领域的重点、难点和热点问题，以问题为导向，科学合理地设计实验教学内容体系，确立教学课程模块，选择教学方式方法，做到实验教学活动“有的放矢”，引导学生不断发现生态科学问题与现实生态环境问题，积极寻求解决问题的方法，强调实验必须既动脑又动手，懂得为什么要这样做，为什么不能那样做，从而训练学生去思考解决问题的方法，推动生态学的理论学习与实践应用的有机统一。“能力本位”就是从学生升学深造和就业岗位的需要出发，强调以能力培养作为教学的基础目标，按照科学研究和实际工作能力的需要，选择实

践教学内容，合理设计实验教学过程，构建实验能力训练体系。同时，按照社会需求与学生个性化特点，分层次、分模块、分类别培养学生的实践技能与创新能力，提高学生就业竞争力[10]。"实践创新"就是以创新型人才培养为目标，跟踪生态学科的发展前沿，优化实验室条件和实验教学体系，探索现代化实验教学方法，加强综合性和创新性实验项目的设置，努力培养学生的创新意识、创新能力和动手实践能力。

（二）实验课程体系设计的基本思路

生态学的研究对象是自然生态系统、人工生态系统以及自然—社会—经济复合生态系统，因此，学习与研究生态学的问题必须走向田间（野外），面向社会经济生产实践。我们结合当前生态学专业建设与人才培养存在的突出问题，根据实验课程设置和教学内容设计改革方案，探讨和推动教学内容与教学方式"从课堂到野外（田间）""从软到硬"的转变；发展与推行参与性、互动式、研究型和创新型等多元化实验教学方法；构建多层次、立体化、有机衔接的综合实验教学体系。

我们围绕生态学科研与生态环境工程实践两个目标，构建培养学生综合创新能力的实验课程体系。从创新能力培养规律出发，建设多层次的实验教学体系。依托本校生态学科研特色与研究平台，在改造传统实验内容的基础上，计划筛选和增设特色实验项目，形成了三个实验模块、三个层次（基础层次、综合设计层次、创新研究层次）、近30个实验项目的实验教学体系。通过多层次的实验教学，使学生的实践动手能力、分析问题、解决问题的能力以及创新意识等得到培养和提高，为创新人才成长打下坚实的基础。

本专业实验课程体系构建的基本思路是：注重在较宽的学科基础前提下，进行生态学科研与生态环境工程实践的训练；以学科建设为基础，引进学科前沿的研究技术与方法，结合专业方向课程开阔视野，进行实践强化训练；依据认识规律进行课程安排，精心规划基础层次、综合性设计性层次、创新研究层次等不同层次的实验，依托本校生态学科研和特色研究方向形成特色实验项目；通过课内与课外结合引导学生走出课堂、走向社会；结合本系教师科研课题规划设计系列的开放式实验，让学生有更多的机会进入实验室进行创新实践活动；将实验分为必修和选修，给学生以更充裕的时间、更广阔的空间去探索与创新实践。

（三）实验课程教学体系构建的具体方案

1. 独立实验课的设置

在以往的教学中，实验课依附于理论课，多数为验证性实验，而且实验教师为理论课程教学的"配角"，限制了实验教师的积极性，也影响了实验教学质量的提高。按照学校"理论教学与实践教学并重"的要求，我们将实验课程从理论课中独立出来（设置独立的课程代码，独立的学时和学分，单独编写实验教学大纲）。实验教师在进行实验教学设计时，除与理论课教师保持一定联系外，有自己的主导权，真正做到既相互联系又相对独立。我们重点设置了几门以专业实践技能和创新能力为核心的实验课程，包括"生态学综合实验""环境学综合实验""生态工程综合实验技术与方法"等。

2. 实验课程的重组与整合

本专业原培养计划中有一些与理论课程匹配的实验教学，实验内容重叠且较陈旧，影响了学生的学习兴趣，并阻碍了实验教学水平和教学质量的提升。为此，我校根据生态学科发展的实际情况，对实验课进行重组与整合，初步确定"3+1"的核心实验课程：

（1）生态学综合实验（含植物生态学、动物生态学，一年级），48学时，1.5学分。此部分可结合特色实验和创新课题进行。

（2）环境学综合实验（含环境监测，二年级），32学时，1学分。此部分可结合特色实验和创新课题进行。

（3）生态工程综合实验技术与方法（三年级），32 学时，1 学分。此部分可结合特色实验和创新课题进行。

（4）同时，要求学生选修下列模块之一（四年级）：化学生态与分子生态（含微生物学、进化生态学）、环境监测与评价、3S 技术与生态规划的相关实验和实践。此部分主要结合科技创新课题进行，共设置 30 个实验项目，6 个学分。

3. 建立多层次、立体化、有机衔接的综合实验教学体系

从生态学创新性人才培养的整体目标出发，我们将实验课程按基础层次实验、提高层次实验和创新层次实验三个层次进行配置和建设，避免内容的重复设置。每一层次的实验课程都要按"基本技能训练、综合能力培养、创新意识培育"的基本宗旨进行实验项目的设计。

基础层次实验主要是针对验证性的实验教学，其特点是对理论课内容的实验再现；提高层次实验主要是综合性、设计性方面的实验，其鲜明特点是独立的实验教学，因此强调实验课必须独立设课；创新层次实验主要是研究探索方面的实验，其特点是强调利用科研课题、第二课堂以及开放实验室等开展的实验教学，如通过导师制来指导学生科技创新和毕业论文等途径，即参照研究生培养模式来培养本科生的实践创新能力，提倡学生尽早进入科研实验室参与教师的科研，促进教学与科研的融合。

实验教学的重点是综合性、设计性实验。第一种形式是针对课程中的核心内容开展综合设计实验。例如，生物多样性调查与生物多样性利用是生态学课程中的核心内容，为了加深学生对生物多样性的综合了解，在实验课程中开设了相关内容的综合性、设计性实验，学生分小组先自行查阅相关文献资料，根据自己的兴趣和实验室条件确定实验设计的内容与方案，经过和实验指导教师讨论后进行实验，撰写实验报告，并以小组为单位进行汇报。第二种形式是学生分小组在教师的指导下，提出综合性设计性实验的内容，如"植物化感作用与陷阱作物生态控制害虫试验""人工湿地植物与微生物净化水体有机污染试验"等，利用这些内容进行构思，设计实验，并注重可操作性（如周期不能太长，最好有一定的基础，能够在相关课题组进行），经教师指导及方案修正后，选择并自主联系相关实验室进行，要求每人撰写一份实验报告，并以小组为单位进行总结汇报。

4. 夯实第二层次的实验教学

综合性、设计性实验的目的是培养和训练学生解决生态学问题的综合能力，培养学生良好的科研素质，以及有较强的分析问题和解决问题的能力。本层次的实验教学注重结合学科前沿热点问题，改革实验内容，体现"老方法、新对象"，让学生充分了解有关实验方法在生态学科研及生态环境工程实践中的用途。例如，在生态学实验方面，开展的"植物群落的物种多样性试验""入侵生物对生态系统的影响"，可依托学校树木园和校内农场基地进行现场教学指导；在环境学实验方面，将 DO、TOC 测定、PCR 技术的应用等用于环境问题的分析检测中，开展的"校园污染源与环境质量调查评价"依托校园典型区域环境进行现场教学指导。另外，关于水体富营养化状况评价、室内空气污染评价、校园环境污染评价等，都是学生感兴趣的内容。在生态环境工程实验中，任课教师结合正在开展的各级各类科研项目，将传统的实验方法运用到最新的热点研究领域中，如在除草剂的生态毒理与生物监测、利用生物多样性提高土壤肥力和作物抗病性的技术方法、入侵生物的生态风险与防控措施等，就可以让学生了解到传统实验方法在项目研究中的应用。

5. 突出创新研究型实验的第三层次实践

创新研究型实验是第三层次，重点在于创新能力的培养。本部分实验主要通过学生课外科技创新课题和毕业论文课题来进行，在上述有关实验技能和综合知识基础上，本部分实验教学内容对于学生的知识、能力和综合素质的培养与提高起着至关重要的作用。本部分强调实验教学方法与科技创新结合。实验教学目的不仅是加深学生对相关生态学理论和实验基本原理的理解，熟练掌握基本的实验操作技能，更重要的是培养学生对专业科研的兴趣，能自觉和灵活运用研究性学习方法进行

科学研究，培养学生严谨的科学作风，从而提高学生的能力以及竞争力。本层次实践强调结合学生或导师的科研课题、暑期创新实验研究项目和毕业论文研究项目进行。这在一定程度上可缓解实验教学经费不足的问题。

6. 建立注重过程和结果的考核机制

我们在积极探索与建立实验课程过程考核机制，计划采取过程考核和开卷笔试（综合实验报告或 PPT 汇报）相结合的做法，其中过程考核占 60%，开卷笔试（综合实验报告或 PPT 汇报）占 40%。过程考核包括考勤、预习、实验操作和实验报告四个部分，分别占该部分的 10%、15%、35% 和 40%，避免了仅以实验报告或仅以考试成绩为衡量的标准。特别是对于创新性设计性实验，增设了 PPT 汇报环节，一方面加强了学生之间的交流，另一方面对于学生团队合作、归纳总结、表达能力等的提高都具有较好的效果。

7. 开设特色实验

筛选建立 20 ~ 25 项校级特色实验项目库。初步选择有一定基础或与有关科研课题紧密结合的特色实验项目，如“入侵生物（福寿螺、薇甘菊等）的生物学特性与生态控制实验”“被动式采样方法测定不同绿化植物滞尘能力与灰尘成分分析”“人工湿地系统净化污染的实验设计和运行”“植物修复土壤污染”“生物质废弃物处理处置中厌氧沼气发酵实验”“作物对光照、温度、水分、盐度、重金属胁迫的生理生态响应实验”“生物炭环境材料的制备和应用性能评价”“蚯蚓的生活习性、回避反应及其处理生活垃圾的实验”“稻田养鸭（鱼）对稻田有害动物与杂草的影响”“不同种植制度下农田杂草群落演替的观察与分析实验”等，让学生及时了解和掌握最新的科研方法，让学生有条件开展科研实践。

8. 拓展实验课堂，开展第二课堂

除了实验课堂规定的学时外，本专业的实验教学更注重拓宽学生的视野，积极倡导学生参与教师承担的科研项目。同时，结合广东省和学校、学院等设立的创新实验项目，积极鼓励学生申报，教师参与指导，每年学生获得院级以上立项的科技创新项目 5 ~ 10 项。近年来，学生获批国家级创新项目立项三项，并获得“挑战杯”全国大学生课外学术科技作品竞赛二等奖和广东省大学生科技作品竞赛特等奖等奖项共五项。

三、创新能力培养实验课程体系的实施成效

通过构建“三层次”能力培养的实验教学模式，优化了生态专业实验教学课程体系方案，构建了生态学专业创新教育的实验实践教学体系。探讨和推动了实验教学内容与教学方式“从软到硬”的转变；发展与推行参与性、互动式和创新型等多元化实验教学方法，建立了多层次、立体化与有机衔接的综合实验教学体系；以综合性和设计性实验为基础，建立了生态学专业的特色实验项目库；依托我校农业生态学研究特色、校内生态学教学基地以及本学科重点实验室平台，营造了有利于发挥学生积极性和创造力的硬件环境。通过生态学专业创新能力培养实验实践教学体系的构建，加深了学生对生态学、环境学、生态工程学等学科理论知识的理解，使其系统掌握了生态学实验的基本操作规范与基本技能，培养了学生实事求是的科学态度、认真严谨的工作作风、相互协作的团队精神、勇于开拓的科学创新精神。

参考文献

[1] 李玉清，邹静．农业高校实践创新人才培养工作的重点难点及建议［J］．高等农业教育，2014（5）：38 – 40.

[2] 骆世明．农业生态学［M］．2 版．北京：中国农业出版社，2009.

［3］骆世明．农业生态学实验与实习指导［M］．北京：中国农业出版社，2009.

［4］韩文瑜，丁洪浩，梅士伟．综合性大学涉农专业人才培养体系的构建与实践［J］．高等农业教育，2013（7）：63－65.

［5］章家恩，骆世明，秦钟，等．我国高校生态学专业建设与人才培养方向探讨［J］．应用生态学报，2009，20（7）：1630－1634.

［6］王学通，庞永师，禹奇才．工程管理专业实验课程体系的研究与实践［J］．中国大学教学，2011（1）：77－79.

［7］徐风广，杨凤玲，蔡树元．材料类专业实验课程体系及内容的改革与创新［J］．考试周刊，2014（18）：3－5.

［8］STANISKIS J K，STASISKIENE Z. An integrated approach to environmental education and research：a case study［J］．Clean technologies and environmental policy，2006（8）：49－58.

［9］KARATZOGLO B J. An in－depth literature review of the evolving roles and contributions of universities to education for sustainable development［J］．Journal of cleaner production，2013（49）：44－53.

［10］陈晓阳．构建因人而异、分类培养的人才培养模式研究与实践——以华南农业大学为例［J］．高等农业教育，2013（2）：3－6.

第七章 生态学专业野外实践教学体系构建及探索

生态学是研究生物与环境之间相互关系、作用过程及变化规律的学科，是“与自然界打交道”实践性很强的学科门类，特别是应用生态学领域。因此，实践教学是生态学人才培养不可或缺的重要环节。由于多方面的原因，生态学专业实践教学通常存在以下共性问题。这些问题已严重影响现代生态学人才的培养质量及毕业生的就业状况，因此，加强生态学专业实践教学体系的构建已是当务之急。

一、当前实践教学存在的共性问题

长期以来，实践教学被认为是课堂理论教学的辅助环节，处于“配角”和“从属”地位[1]。由于存在认识上的误区，师生对实践教学不够重视，导致实践教学通常是“走过场”，避重就轻，避繁就简，应付了事。实践教学不像理论教学那样只需在课堂上通过讲解和演示等方式就可以完成，它是一个相对复杂的、综合性的教学环节，需要考虑的因素很多，它往往涉及实习场所、实习经费、设备器材、师资配备、学生组织管理、时间进度安排、后勤保障（如开展野外实习时还需考虑交通、住宿、餐饮、安全等问题）。因此，在野外实践教学过程中经常出现以下问题：①实践教学基地不配套；②野外实习教学内容不稳定；③实践教学指导教师不够；④野外实践教学经费不足；⑤实践教学过程管理不规范；⑥实践教学质量与效果不佳等现实问题（如图 6－12 所示），进而常常出现野外实习“打游击”“一（两）日游”“走马观花”“走过场”“实习过程中学生偷懒与浑水摸鱼”等不良现象。

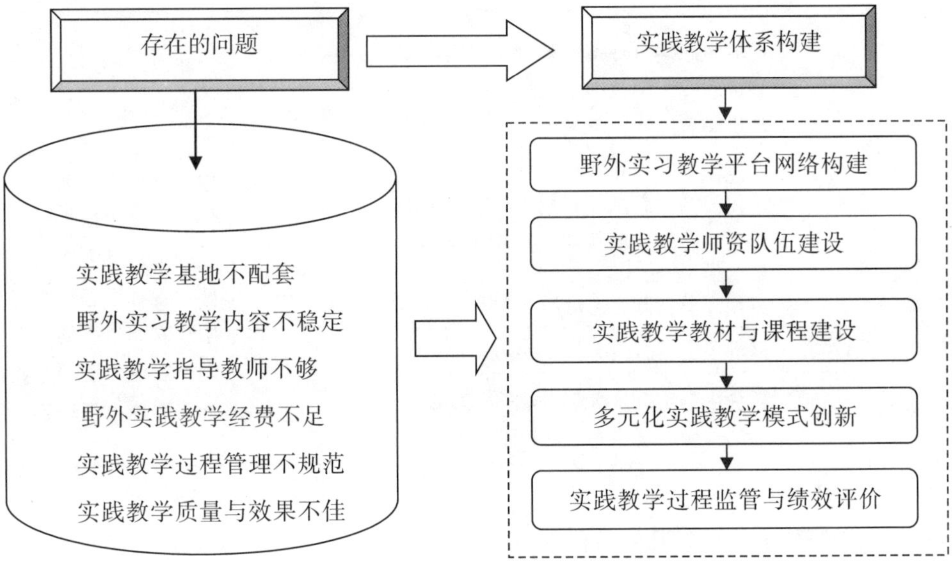

图 6－12　野外实践教学存在的问题及建设途径

二、生态学专业野外实践教学体系构建的思路与建设成效

（一）生态学野外实践教学基地平台网络的构建

实践教学基地是大学生进行实习训练的载体与场所，实习基地缺乏或不配套通常是实践教学不能顺利实施的限制性因素。当前实践教学基地建设面临以下几方面的问题：①实习基地缺乏；②虽有实习基地，但缺少容纳一定数量学生的教学场地，缺少田头实验室、食宿、安全保障、卫生和业余活动等硬件配套条件；③虽有实习基地及良好的配套设施，但在实习基地的生态环境要素与专业课程的实践教学内容不匹配，不能很好地满足主要知识点和技能的实践教学；④综合性的实习基地少。大多数实习基地可供学生实习的内容单一，不能满足专业系统性知识技能的综合实习。另外，有些实习基地离学校远，这些在一定程度上增加了实习成本和实习基地建设的投入。因此，加强野外实践教学基地建设是实践教学体系构建的“重头戏”。

为满足生态学专业野外实践教学对硬件平台的需求，应切实解决野外实习教学“打游击”和“一（两）日游”的问题。华南农业大学生态学专业通过“产学研”合作、重点学科平台建设以及科研教学基地一体化建设的策略与机制，建立了不同距离、不同功能、不同合作方式的实验教学与实践教学平台网络体系，形成了以“校内生态学农场——增城生态学野外定位观测实验实习基地——番禺佳硕农场生态农业产业化实习基地——惠州海纳生态循环农业生产实习基地——惠州生态旅游实习基地——深圳生态规划设计与生态工程实习教学基地——新会生态学综合教学科研实习基地——罗定生态循环农业农科教合作实习基地——罗定稻香园绿色稻米生产实习基地——梅州生态农业创新创业实践基地”为依托，以固定实习点为主线，以动态实习点为辅助，由近及远、覆盖面广的实践教学平台（如表6－3所示）。

经过近些年来的建设，“新会生态学综合教学科研实习基地”被遴选为国家级大学生理科实践教育基地，“番禺佳硕农场生态农业产业化实习基地”被遴选为广东省大学生校外实践教育基地。

表6－3　华南农业大学生态学专业野外实践教学基地（或实习点）

主要类型	固定实习基地	动态实习点
农业生态类	增城生态学野外定位观测实验实习基地 华南农业大学校内生态学农场 罗定稻香园绿色稻米生产实习基地 罗定生态循环农业农科教合作实习基地 惠州海纳生态循环农业生产实习基地 梅州生态农业创新创业实践基地	广州海珠湖湿地生态动态实习点 广州花都生态旅游动态实习点 珠海生态循环农业动态实习点 连山有机农业动态实习点 仁化丹霞山地学动态实习点 鼎湖山森林生态动态实习点 鹤山森林生态动态实习点 阳江农业生态动态实习点 潮州农业生态动态实习点 汕头湿地生态动态实习点
生态旅游类	惠州那里花开生态旅游实习基地	
生态规划与工程类	深圳风会云合生态规划实习基地	
生态综合类	新会生态学综合教学科研实习基地 番禺佳硕农场生态农业产业化实习基地	

（二）生态学野外实践教学师资队伍的建设和培育

野外实践教学通常需在野外长途跋涉，工作量大、劳累辛苦，因此十分需要知识面广、实践经

验丰富、身体素质好、愿意吃苦耐劳的师资。许多教师不愿开展野外实践教学，且能真正胜任实践教学的师资并不多。实践教学师资队伍缺乏是当前做好实践教学工作面临的突出问题。针对这些问题，本专业通过“青年教师导师制”和“产学研”合作项目、生态规划项目，以及专门设置青年教师科研基金（如利用学科建设经费，设立野外生态调查等联合探索课题）等机制和方式，提供条件和鼓励青年教师下乡下田，进村入户，走进田间地头开展生态环境调查和科研实践，培养青年教师的实践教学能力。通过师资队伍的整合、培育和培养等方式，近年来培养了十多名基本能够胜任生态学野外实习教学的教师。

（三）生态学野外实践教学教材编写与课程教学网站建设

为了改变原有的实践教学内容分散、学时与学分比重小、实习经费不足等局面，近年来，本专业首先从制订人才培养计划入手，在课程体系设计上进行了一系列的改革和探索，主要包括：①将原来分散到一些专业课程中的实习课程集中整合为单列的综合实习课，如“生态学野外综合实习”。②在原来单纯的理论教学课程体系中增设了一系列配套的综合案例实践课程，如开设了“生态学综合案例实践与创新研究”“生态工程技术案例调查与实践”“生态规划案例野外实践”“环境学野外综合实习（含环境监测实习）”等实践课程。③从原有的短期性参观调研、观测型实践教学形式转变为长期性、固定性、自助体验型实践教学，即在校内农场开展的大学生生态种田实践实训活动。通过上述改革，使生态学实验实践教学课程的学分比重占到本专业毕业总学分的30%左右。

为进一步规范生态学野外实践教学的内容，并为师生在实习过程中遇到的问题提供理论依据与方法参考，做到“实践教学有教材可依”，本专业的教师主编出版了《生态学野外综合实习指导》《普通生态学实验指导》《生态规划的方法与案例》《农业生态学实验与实习指导》等系列教材，很好地解决了在野外实践教学中教材缺乏的问题。同时，建立了“生态学野外综合实习”和“普通生态学实验”等课程教学网站。

（四）生态学野外实践教学模式与教学方法的创新实践

为了切实提高实践教学的效率和质量，近年来，本专业对生态学野外实践教学模式进行了创新探索，建立了可操作性的多元化实践教学组织模式，如“产学研”一体化实践教学模式、大学生开心生态农场实践教学模式、“创新—创业—毕业论文—毕业实习—就业”五合一实践教学模式（导师制）、生态学农事训练实践教学模式、生态规划沙盘比赛实践教学模式等（如图6－13所示）。同时，在实践教学模式改革中，探索建立了“双主体”（即教师和学生）的教学互动机制，一定程度上改变了实践教学中学生的“被动放羊”现象和低效状况。

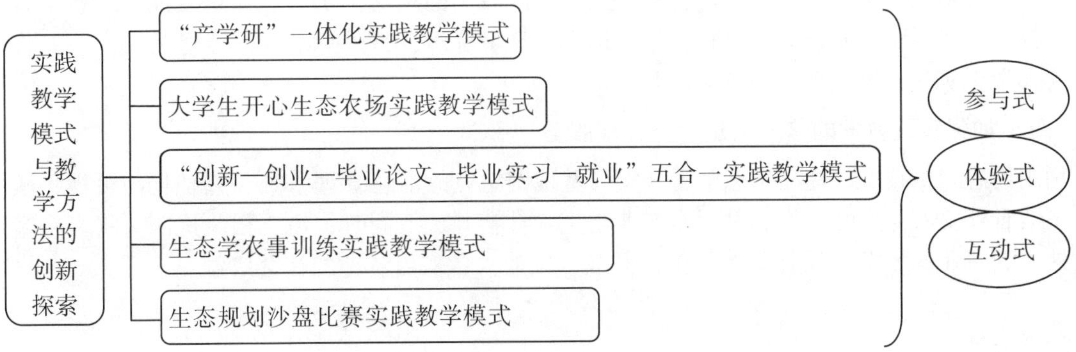

图6－13 生态学专业实践教学创新模式示意图

（五）生态学野外实践教学过程管理与实习绩效评价改革探索

为进一步提升野外实践教学效果，开展了对野外实践教学过程管理与实习绩效评价的改革探索，建立了过程监管与绩效评价的方法和指标体系。实习教学绩效评价包括对教师的绩效评价和对学生的考核评价。对于学生成绩的评价，探索将实践教学的过程考核与结果考核相结合的原则，建立了实习绩效全程考核方式，包括“实习前期准备成绩＋实习过程表现成绩＋实习报告质量成绩＋实习成果汇报成绩”，并采取学生互评和指导教师小组评定方式综合得出学生的最终成绩（如图6－14所示）。

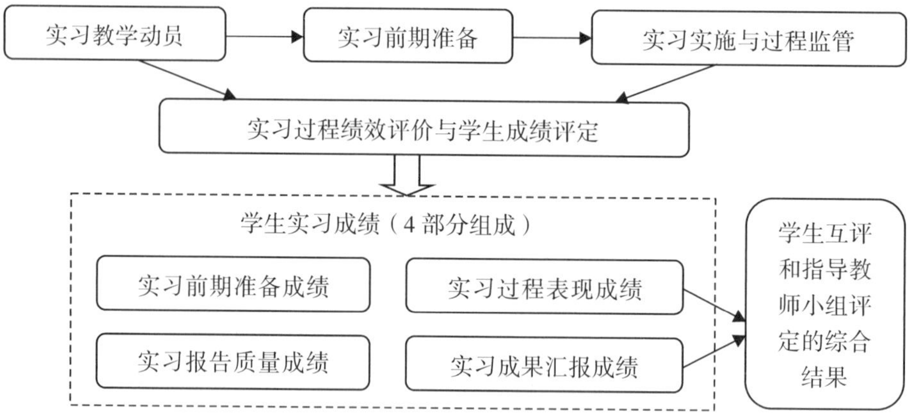

图6－14　学生实习绩效全程考核的主要内容

三、下一步的建设思路与展望

（一）继续加大实习基地建设

除适当增加实习基地的数量外，还需要多方筹措资金，重点加强对现有野外实习基地的实习内容、实践场所、田头仪器设备及配套设施的建设与完善，提升各实习基地的功能。同时，选择2～3个生态环境条件多样和硬件条件好的实习基地，逐步打造成为本专业的野外综合实习基地。

（二）加强实践教学的过程管理

认真探索行之有效的实践教学模式与方法，完善和推广应用已建立的过程监管与绩效评价指标体系及方法，使实践教学过程管理日益规范化和科学化，不断提升实践教学的质量。

（三）加强实践教学资源建设

根据生态学实习课程教学的需求，开展系列实践教学的教材、讲义、知识技能图解、实践操作视频、技术方法说明、研究案例材料、生物标本、环境标本、野外标准观测点等的编写、制作或建设，为大学生实习提供强有力的教学资源支撑。

（四）加强实践教学的信息化建设与共享服务

利用信息网络技术，建立生态学野外实习基地网络点的信息管理系统、数字化与可视化模型以及生态学野外实习课程网站[2]，并对本专业学生和社会开放。同时，建立相关机制，将实习基地向校内外相近专业的大学生或公众（科普）开放，以放大各实习基地的社会效益。

参考文献

［1］章家恩，骆世明，叶延琼，等．生态学专业实践教学的改革与实践［J］．大学教育，2012，1（11）：86－89.

［2］刘建宏，杨丽英，熊忠平，等．生态学野外实习基地的数字化模型研究［J］．中国科技信息，2010（17）：213－215.

第七编
本科人才培养过程管理及相关探索研究

第一章
本科人才培养过程管理及其规范化建设探讨

本科人才培养过程管理是学校管理的重要组成部分，是按照人才培养规律，对高校人才培养工作任务的实施、协调、检查、监督和指导而开展的系统性管理工作，是实现教学与人才培养科学化、有序化、规范化管理，提高人才培养质量的必然要求。目前，在专业人才培养过程中，有些学校疏于过程管理，且缺少相应的过程管理规范，或者即使制定了相关人才培养过程管理规范，但执行力度不够，严重影响了教学质量与人才培养质量。因此，加强对大学生人才培养过程的全程管理与规范化建设具有十分重要的意义。

一、本科人才培养过程管理的基本内容

过程管理（Process Management）是 ISO9000：2000 质量管理体系标准强调的管理方法，它主要应用于企业管理，即要求在企业管理当中的每个节点进行质量控制，通过对每个过程细节进行控制管理，从而达到全面质量管理。比如一家生产企业，从原材料的采购就严把质量关，从生产加工到最后的出厂检验每个环节都加以控制，这样才会使企业的废品率降低，生产效率提高，降低企业的成本。

过程管理的思想和方法也可应用到人才培养过程中。所谓“人才培养过程管理”是借鉴全面质量管理理论和 ISO9000 质量管理体系在高校中的运用[1]。本科人才培养过程管理是一项系统工程，从大学生入学教育管理、培养过程管理到毕业与就业管理，涉及方方面面，管理的主要对象是教师和学生。其中，入学教育管理通常包括校纪校规教育、专业思想教育、大学生职业生涯规划等方面；培养过程管理主要包括教学计划管理、课程管理[2]、课堂教学管理、实践教学管理、课程成绩考核管理、教学质量管理、大学生创新创业活动管理、学风建设与社团活动管理、毕业论文（设计）管理、毕业实习管理等方面，毕业与就业管理主要包括毕业学历与学位管理、毕业就业动态管理等方面。

根据人才培养过程的特点和目标任务，列出了人才培养各环节的主要管理内容以及相关的规范要求，仅供参考（如下表所示）。

本科人才培养管理的基本内容

人才培养环节	管理内容	相关管理要点或规范
入学教育管理	校纪校规教育	遵照校、院、系制定的各种规章制度执行
	专业思想教育	入学教育中应包括专业思想教育
	大学生职业生涯规划	指导和帮助大学生制订职业生涯规划

（续上表）

人才培养环节	管理内容	相关管理要点或规范
教学计划管理	人才培养方案制订	按照国家及学校的相关规范要求制订，需审定或专家论证
	教学大纲编制	按照教学大纲编写规范进行，每门课程需编制相应的教学大纲，并做好备案和执行工作
	教学任务书下达	课程开设管理；及时下达并落实课程教学任务，确定主讲教师或课程小组
	教学进程表编制	根据教学计划、教学大纲编制教学进程表
	教材选购	国家级、省部级规划教材选用；外文教材需要政审；报送教材订购计划
课堂教学管理	备课	集体备课，确定教学目标、知识结构、重点、难点等，教案、多媒体课件、教学资源和教具等的准备
	课堂讲授	（1）执行助教、新教师或新课试讲制度和课堂教学规范，多媒体教学手段的合理运用、课堂语言组织（守好政治底线、法律底线、道德底线，讲究科学性、专业性、逻辑性、趣味性等）、启发式、参与式、互动式、探究式教学手段的综合运用 （2）做好课堂考勤、关注学生课堂表现、课堂气氛调控等 （3）严格执行调、停、补课管理规范，以及领导听课、同行听课、督导听课制度、教学观摩制度等
	习题课、复习课和辅导答疑课	需列入教学进程表，加强知识重点与难点分析、精选例题、检查教学效果、集中答疑与个别辅导相结合
实践教学管理	实验教学	实验指导书与实验教学大纲编制；确定综合性、设计性实验和探究型实验；实验室管理规范、实验操作规范、实验前期准备、实验活动组织与过程监管；实验经费管理；实验报告撰写与评定规范
	野外实习教学	野外实习指导书与实习教学大纲编制；实习前期准备；实习基地管理规范、实习操作规范、实习活动组织与过程监管；实习经费管理；实习报告撰写与成绩评定规范
课程成绩考核管理	课程考试	试卷出题规范、试卷审批制度、闭卷和开卷考试规定、考场工作规范（主考、监考、巡考等工作规范）、考生考试规范与考试纪律、考场违纪作弊行为处理操作程序、补考制度规范、阅卷评分规范、试题分析、成绩登录、试卷归档等
	课程考查	拟定课程考查大纲、主要知识点和技能环节，考查具体形式与要求，过程考核规范、成绩综合评定方法与规范等

（续上表）

人才培养环节	管理内容	相关管理要点或规范
教学质量管理	学生评教	执行学生评教制度，学生评教规范、教学信息反馈制度等
	同行评教	执行同行评教制度
	督导评教	执行督导评教制度
大学生创新创业活动管理	项目申报立项	国家级、省部级、校级及其他类大学生科技项目申报管理规定、大学生科技竞赛活动组织管理规范，项目研究过程监管、项目经费管理、结题流程及其要求等
	项目研究与结题	
学风建设与社团活动管理	学生社团活动	学生加入社团组织的管理规范、学生社团活动管理规范等
	学风建设	学生党支部、团支部活动规范、辅导员工作规范、班主任工作规范，以及学校及院系制定的学风建设规范等
毕业论文（设计）管理	导师选择	（1）实施本科生导师制培养模式以及相关的管理规范 （2）“一人一题”选题规范 （3）毕业论文研究过程监管 （4）本科毕业论文（设计）撰写规范 （5）本科毕业论文（设计）相似性检测管理规范 （6）本科毕业答辩与成绩评定规范
	论文（设计）选题	
	论文研究（设计）	
	论文撰写	
	论文答辩与评审	
毕业实习管理	毕业实习计划安排	制订毕业实习大纲和毕业实习工作计划 毕业实习基地的建设规范 毕业实习过程管理规范 毕业实习成绩评定规范
	毕业实习地点落实	
	毕业实习过程管理	
	毕业实习绩效考核	
毕业与就业管理	学籍、毕业学分与学位	大学生学籍管理规范、休学与退学管理规范、大学生转专业规范、推免研究生规范、毕业学分要求、毕业学位审定与授予等规范
	就业动员、宣传推介	大学生就业动员、就业信息发布、毕业生就业见面会管理规范等
	就业协议与派遣	大学生毕业流程及相关管理规范、毕业生就业协议签订管理、毕业生工作派遣管理等规范
	毕业生就业回访	毕业生就业回访工作流程与方法、结果评价与应用等

二、本科人才培养过程管理的基本框架

本科人才培养过程管理是一个多层级、多目标、多对象、相互联系、相互反馈的全程管理系统模式，以此构建“全员、全方位、全过程、全环境”的育人新格局（如下图所示）。

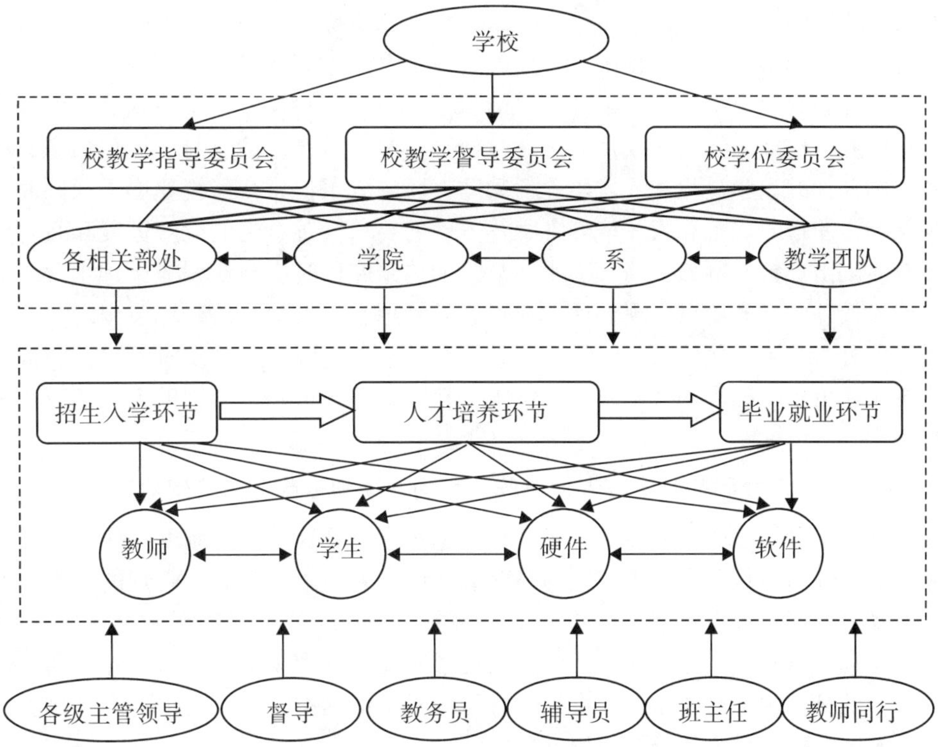

本科人才培养过程管理模式示意图

过程管理与监管的层级包括学校层面（如校党政联席会议、校长办公会议、校教学指导委员会、校教学督导委员会、校学术与学位委员会等）、部处及院系层面（包括学校教务处、学生工作处、招生就业处、各学院、系或教研室、教研组等）、具体执行层面（包括各级主管领导和科室人员、教学督导、教务员、辅导员、班主任、同行教师及其他相关人员等）。高层级对下一层级起领导和指导作用，且各层级之间相关联系、相互反馈。

过程管理与监管的环节主要包括招生入学环节、人才培养环节以及毕业与就业环节三个环节。这三个环节环环相扣，不可孤立进行。同时，不可忽视对招生入学环节、毕业与就业环节的过程与质量监控。

过程管理与监管的对象主要包括教师、学生、硬件和软件四个方面。其中教师和学生是质量监控的重点主体和“能动者”，教师的教学质量与学生的学习质量是人才培养过程监管的关键点。教师可对学生的学习过程进行调控和监管，学生也需对教师的教学质量进行评价。除了对教师和学生的教学效果与质量进行重点监管外，还需对人才培养相关的教学设施、科研设施、生活设施、体育锻炼设施以及各种规范化的管理法规、措施、教学经费投入与使用等进行同步监管，这些软硬件条件也会直接影响人才培养的质量。

三、加强本科人才培养过程管理的对策建议

（一）构建本科人才培养的全程管理与预警系统云平台

根据本科人才培养过程的框架模型，充分利用信息网络技术、智能化与可视化技术，以及云平台技术、大数据分析和专家系统技术，整合学校现有的信息门户资源，加强智慧校园、智慧图书馆、智慧教室、智慧实验室、智慧实习基地、智慧课程、智慧学籍档案、智慧办事办公系统等的建

设，构建本科人才培养的全程管理与预警系统云平台。该系统可实现对学生的学习过程与教师的教学过程的关键点及必要信息进行全程跟踪、监管、溯源和及时的预警（提醒服务）。利用该系统可即时监控、回溯和查阅每个学生在大学各阶段的课堂学习、实验操作、实习训练、课外活动等关键过程的视频、试卷、作业、学习成绩档案、学籍档案、奖惩等电子信息与可视化信息，也可追溯学校、院系及教师开展的教学过程和人才培养活动等方面的电子信息与可视化影像。同时，该系统可根据学校相关的人才培养规范和人才培养方案等方面的要求，对学生的学习进展和教师的教学进度与教学质量及时提出预警。例如，当某学生在某学期选修课程时出现遗漏或所选学分不够，或成绩不达标等，或者教师的教学质量出现差评，或者教学管理服务人员在某些环节出现差错时，系统则可根据内部诊断分析结果直接给对应的学生、教师和教学管理服务人员及时发出预警或差错提醒信号。利用该系统还可随时提取和打印教师、学生、教学管理人员和教学辅助人员的业绩记录、清单或相关分析报告。

（二）查漏补缺，建立和完善本科人才培养过程的各项规章制度与管理规范

做好本科人才培养过程的全程监管，每个环节相对应的管理规范与制度及评价方法体系必须健全。而许多学校、院系在这方面的工作较为缺乏或滞后，人才培养全过程管理的规范不全，或者即使有某方面的规范，但执行力不够，故没能充分发挥管理的实效。因此，必须查漏补缺，建章立制，建立、健全和完善本科人才培养过程的各项规章制度与管理规范。同时，除一些定性管理规范外，一些强制性的管理规范需要量化和可检索、可诊断、可操作，进而为本科人才培养的全程管理与预警系统云平台提供可量化的分析评价支持。

（三）加大投入，建立激励机制，强化本科人才培养过程管理措施的有效实施

本科人才培养过程管理需要一定的人力和物力投入，因此，必须加大投入，加强智慧校园、智慧图书馆、智慧教室、智慧实验室、智慧实习基地、智慧课程、智慧学籍档案、智慧办事办公系统等软硬件的全方位建设。同时，建立本科人才培养过程管理相关的激励推进机制，对过程管理绩效突出的单位、教师和学生个人给予必要的表扬与奖励，对过程管理出现差错的单位及相关个人给予相应的惩戒措施，以切实强化本科人才培养的过程管理。

参考文献

［1］肖章柯，杨鹏，冯爱秋．基于教学过程管理提高人才培养质量的探索与实践［J］．北京教育（高教版），2016（12）：30－32.

［2］杨丽媛．本科人才培养过程中的课程管理和改革新途径［J］．西南师范大学学报（自然科学版），2015，40（1）：163－168.

第二章 班主任在本科人才培养中的作用与经验体会

班主任工作是学校日常管理工作的一个重要组成部分。高等学校的班主任直接与学生打交道，在本科人才培养的基层管理和教育活动中发挥着举足轻重的作用。通常，班主任具有组织和领导的职责，但鉴于本科人才培养模式中的独立和自律的要求，高等学校的班主任更多的是起引导和辅助作用[1]，具体工作更多地交由班委会自主管理，以培养学生的自理和自主能力，使学生能更好地适应社会。下面结合自身工作经历，对高校班主任在本科人才培养中的作用进行了初步探讨，并介绍了一些实践做法和经验体会。

一、班主任在本科人才培养中的作用

（一）对班风建设的主导与引导

班风是指一个班级的精神风貌，良好的班风可为学生的成长、发展提供有效的动力与氛围，使班级具有亲切、和谐与互助的关系[2]。班主任作为本科新生进入高校的第一位最为“亲近”的教师，有责任引导学生形成良好的学习和生活习惯，进而为班风建设打下好的基础。

（二）对本科生学习和就业的指导

班主任可为本科生的学习和就业提供良好的指导。目前很多高校的班主任大多由具有博士学历的教师或经验丰富的教授担任，这些教师通常知识面广，对大学的教学模式和人才培养要求较为熟悉。因此，他们能够很好地指导学生如何完成课堂学习和课外学习任务，包括如何利用图书馆、学术资源、教学服务设施等进行自主性学习，使学生能够更好地适应大学的教学管理模式。同时，在就业方面，班主任可结合自身经历和掌握的信息，从专业发展方向和社会经济发展需求出发，尽早地、及时地帮助学生做好职业生涯规划，为学生提供有针对性的就业指导。

（三）对本科生的日常组织管理

班主任可以通过班委会对班级日常活动进行有效的管理。班级的日常组织和管理主要是由班委会来完成的，因此，一个团结协作的班委会，将有利于班集体各种学习和生活活动的顺利与有序开展。班主任应努力组建一个优秀的班委会，并切实为班委会工作的开展创造有利条件，通过班委会使班级的日常活动运转有序。

（四）对本科生的人文关怀

人文关怀可以增进班主任与学生之间的理解和感情，也是学生心理健康发展的良药[3]。大学期间，学生的思想行为、价值观和人生观都处于塑造期，易受到外界环境的影响。班主任应及时了解学生的学习与生活状况，乃至情感状态，这有助于班集体和学生的和谐发展，特别是对学习或日常活动表现不积极，或性格内向孤僻，或情绪不稳定以及家庭经济困难的学生，班主任更要积极介入了解情况，“对症下药”。

二、做法与经验体会

（一）端正思想认识，重视班主任工作

在高校，许多专任教师承担着大量的教学和科研任务，面临较大的工作压力，空闲时间有限。同时，本科生的思想政治工作和日常管理通常由专职辅导员负责，这种状况易使担任班主任的教师失去责任感和动力[4]。但事实上，班主任在班级管理工作中具有不可替代的作用，是引领一个班级学生正常完成大学四年学习、生活和发展的重要向导。班主任可安排本班学生到自己所在的实验室做帮手，这样既可以从侧面了解学生的情况，也不影响自己的科研活动；或者安排学生去了解和收集自己任课班级的教学意见，这样可增加与学生的联系机会，同时也有利于提高学生的工作能力和自己的教学质量。总之，将班主任工作融入自己的教学和科研工作中，是十分有益的。

（二）组建一个优秀、和谐的班委会

班委会是班集体的重要领导组织，也是联系班主任和学生的重要纽带。班干部的选择对发挥班委会的效力至关重要。在班干部的任命上，本人担任班主任时的主要做法是采用“全班参与、自我推荐、民主集中、公平公正”的原则。一方面，在每次学生竞选班干部时，要求竞选者必须进行竞选演讲，充分展示其组织管理才能，其他学生则匿名投票，最终以票数选定班委会成员。同时，为了保证班委会工作的延续性，对进入班委会的学生所担任的职务，必要时要进行微调。另一方面，为了使每名学生都有机会参与班委会的工作，每届班委会的组成成员都需进行部分更新。这样，大学四年期间，班内 80% 以上的学生都有参与班委会管理工作的经历和锻炼机会，可使整个班级更加团结，班集体日常管理事务的执行效力大大提高。

（三）树立典型，通过示范效应带动班级良性发展

在班级内树立典型，通过良好的示范效应带动其他学生的共同发展与进步。树立典型需要班主任具有发现典型模范的能力。在 2008 级生态学专业学生中，有一名学生逻辑思维能力强，经常会提出独特创新的想法，具有较强的科研潜力。经过多次谈话和引导，该生开始进入实验室参与部分科研工作，其科研能力得到迅速展现，他不仅获得了多项科技创新项目的资助，还独立撰写并在核心期刊上发表了多篇学术论文，毕业后被免试录取为中国科学院的研究生。该生的优异表现在本班起到了良好的示范带动作用，另有四名学生也参加了这个实验小组，开始学习设计实验、分析数据并撰写论文，最终这些学生均考取了不同科研院所的研究生。除此之外，这些学生的表现也对下一级的学生产生了良好的示范效应，2009 级、2010 级的部分学生也对科研表现出浓厚的兴趣。因此，通过树立典型示范的方式可以带动班集体的良性发展。

（四）多途径与学生沟通交流

班主任常常由于日常工作繁忙，而疏于和学生交流沟通，但发展迅猛的现代科技手段为班主任解决此类问题提供了较好的工具与途径。因此，除了常用的谈话方式外，还可使用 QQ、微博、飞信、微信、公共邮箱、网络论坛等信息交流方式，加强与学生的沟通。这些方式可拉近班主任和学生的距离。有些学生还拥有自己的微博或微信，故也可以通过浏览学生的微博或微信上的信息及时掌握他们的思想、生活与学习状况，进而有效地进行班级管理。使用学生们常用的现代交流工具，可以更进一步拉近与学生之间的距离，让学生觉得班主任不是“老古董”，而是一位志趣相投、与时俱进的朋友，这种做法十分有利于班级管理。

（五）为学生就业提供规划指导

“上完大学究竟该做什么?”这是很多本科生在入学后经常思考且感到十分困惑的问题[5]。班主

任应先了解学生的情况，包括家庭背景、性格、兴趣、智力和能力状况等，结合社会发展需求动态和专业特色，鼓励并指导学生制订合理的专业学习规划和职业发展规划，这样有利于学生在大学期间尽早地、及时地了解自我、发现自我，最终找到最适合自己的未来发展方向。在笔者担任班主任的班里，有一名学生平时表现沉稳，做事干练，比较适合从事管理工作，因此我们鼓励他平常多参与班委工作以及其他社交活动，历练自己，努力提高自己的综合素质。在毕业参加公务员考试时，他取得了较好成绩，考取了国家公务员，实现了自己的理想。这也为下一届学生树立了良好的榜样。总之，在大学期间关注学生的特长，帮助其做好职业发展与就业规划，有利于学生毕业后找到合适的工作，这也是每位班主任的职责所在。

班主任在本科人才培养中扮演着重要的角色。高校班主任的任职时间通常是连续四年，这使得班主任可以与学生形成长期的、亲密的师生关系和朋友关系。作为班主任，应当在学生的大学四年期间，为所在班的每名学生的人生发展规划提供个性化的学习和就业指导服务以及人文关怀，切实为现代高层次人才的培养作出应有的贡献。

参考文献

[1] 刘兰冬. 新时期高校班主任工作探讨 [J]. 时代教育（教育教学），2010（10）：12－13.

[2] 陆文香. 浅谈班主任工作经验——如何培养良好的班风 [J]. 雅安职业技术学院学报，2011（2）：50－51.

[3] 潘明玉. 人文关怀与学生心理健康——班主任工作的思考 [J]. 广西教育学院学报，2005（S1）：40－41.

[4] 齐昊. 浅谈高校班主任强化班级管理工作的几点思考 [J]. 湖北经济学院学报（人文社会科学版），2011（5）：58－59.

[5] 张金美，舒希勇. 浅议高职院校班主任在学生就业工作中的指导作用 [J]. 中国电力教育，2011（32）：46－47.

第三章 高等农业院校本科毕业论文存在的问题及改革对策

毕业论文（设计）是高等学校培养创新人才一个重要的实践性教学环节，是对学生在大学四年的理论知识学习、综合素质与实践能力培养效果的总结和检验[1]。毕业论文也是培养学生运用所学知识与技能开展相关专业研究工作和塑造创新意识的重要途径。因此，加强毕业论文（设计）的指导和管理，提高毕业论文（设计）的质量是高校教学管理与人才培养工作的重心之一。但近些年来，随着高校招生规模的逐渐扩大，本科生的毕业论文质量有下滑趋势。作为高等农业院校，学生的毕业论文还存在很多特有的困难，例如，由于农业生产的季节性和风险性，造成相关毕业论文实验研究投入的经费和人力投入较多等，这些也给毕业论文质量带来严峻的考验。

一、高等农科院校本科毕业论文存在的问题

（一）对毕业论文的重要性认识不足

毕业论文是大学阶段专业学习情况的综合体现，最能反映大学生的理论知识、思辨能力和创新精神。但现实中许多大学生并不重视毕业论文，不愿投入更多的时间和精力到所在专业的科学研究开发活动中，经常以学习与各种活动忙为借口，参与毕业论文实验研究的时间偏少。科研意识和科研精神匮乏，不少学生抱着应付的态度，因此也就难以完成高质量的论文成果。

（二）指导毕业论文的师资力量薄弱

在农科院校的许多专业中，毕业论文（设计）是以农作物种植或动物养殖的实验研究为主，而农业生产具有明显的周期性和风险性，因此教师指导本科论文所花的精力和时间相对较多。近年来，由于扩招，每位教师所指导毕业论文的学生数量急剧增加，加之指导教师需要兼顾日常的教学和科研任务，故他们在毕业论文指导上投入的时间和精力不够。另外，部分教师可支配的科研经费有限，势必影响本科毕业论文的质量。

（三）学生的专业素养与科研素质不高

毕业论文应能培养学生查阅文献资料、实验设计与操作、科技论文写作等方面的能力。同时通过毕业答辩，培养学生的材料组织、讲演与口头表达等能力。但实际上，直到毕业时，仍有很多学生不懂实验设计和实验数据统计分析，不会撰写论文，欠缺独立分析问题和解决问题的能力，科研综合素质不高，这也是造成本科毕业论文质量不高的重要原因之一。

（四）毕业论文质量管理不严

一些学校缺乏对毕业论文的严格的过程监控和质量管理，有些教师在评阅论文时把关不严，常出现“非优即良”的现象，即通常存在不论学生的毕业论文优劣，基本上都能通过并获得学位的情况。这种局面助长了部分大学生对毕业论文研究工作的不重视，这也是导致大学生毕业论文质量下滑的原因之一。

二、提高本科毕业论文质量的改革对策

（一）对毕业生选题过程的改革

1. 提前毕业论文开展和开题时间

部分高校的学生在大学第七甚至第八学期才开始毕业论文研究工作，由于时间短，加之临近毕业，学生的心思都花在就业应聘、研究生面试等方面，对毕业论文研究工作“不上心”，应付了事，进而对论文质量造成很大影响。因此，应考虑在上完或正在上专业基础课的大学二、三年级（即第五或第六学期），甚至更早的学期，就安排学生开展毕业论文工作，以保证学生有充足的时间和精力投入毕业论文研究或设计，进而保证质量。

2. 毕业论文选题应结合生产实践应用和相关的科研项目进行

可创造机会，拓宽渠道，积极与生产基地、科研单位、公司等合作，充分发挥专业教师、校外科研人员和管理人员等的作用，让学生在生产实践和科研项目中进行毕业论文选题，进而提高本科毕业论文研究的水平和质量。

3. 毕业论文选题应强调综合性、实用性和前沿性

本着培养学生综合运用所学基础理论、专业知识和基本技能，增强发现、分析和解决实际问题的能力，在满足本科毕业论文要求的前提下，将学生的毕业论文及其毕业去向、兴趣爱好以及教师的科研课题有机地结合起来，以进一步提升本科毕业论文的创新性与实用性，使学生做出来的毕业论文具有真正的价值。

（二）对毕业论文研究过程的改革

毕业论文选题后，在教师的指导下，学生自行设计具体实验方案与技术路线，确定研究内容与相应的方法，然后进行开题，指导教师（小组）提出修改建议，研究方案经学生修改完善后，由学生（或学生团队）实施具体研究，获取实验结果。

同时，要完善毕业论文研究过程的考勤和登记制度。由于本科生大多跟着研究生做实验，平常较少参与毕业论文研究工作，有些毕业前才加入，只负责收集一些实验数据，他们在写论文时往往不清楚研究目的，不知道实验数据的来源与意义，也不懂得实验数据的统计分析与结果分析，而草草撰写毕业论文。因此，必须加强毕业论文研究的过程管理，要求学生必须对每次实验和相关工作进行登记，以作为其毕业论文评分的重要指标之一。

在毕业论文研究过程中，还应要求学生定期进行汇报，指导教师需及时了解论文的进展状况，并对学生的论文研究活动进行有效监督，以确保本科毕业论文的质量。

（三）建立毕业论文质量综合评价的指标体系

本科毕业论文的目的不仅仅是最后的论文本身，还在于培养学生从事科学研究的基本能力和素质，因此评价学生的毕业论文成绩应从多方面进行。可以考虑从以下几个方面对大学生毕业论文的成绩进行评价：

（1）选题的新颖性、实践性等占10%～20%。

（2）文献查阅及资料归纳总结能力占10%～15%。

（3）实验操作及研究能力占20%～30%。

（4）数据统计及分析能力占15%～20%。

（5）文字和语言表达能力占15%～20%。

（6）答辩环节占15%～20%。

具体各个部分所占的百分比可以根据各校的实际情况进行调整。陈文艺等[2]介绍的本科毕业论

文成绩评价体系采用“3+4+3制”也取得了很好的效果，即学生对待毕业论文的态度、资料收集、实验方案与实验技能、分析与解决问题的能力、创新和论文撰写情况，占整个毕业论文总成绩的30%，由指导教师评定；毕业论文内容的科学性和撰写的规范性，占毕业论文总成绩的40%；学生答辩的毕业论文内容、过程和回答问题以及毕业论文的创新等，占毕业论文总成绩的30%。

（四）建立毕业论文的创新管理与激励机制

为了激励学生对毕业论文研究的全身心投入和创新型学生的培养，可在如下方面创新相关的管理与激励机制，主要包括：

（1）对高质量完成的毕业论文，可提前进行论文答辩。

（2）对毕业论文完成质量好的，可作为免试推荐研究生或优秀毕业生的候选对象。

（3）对完成论文并在核心期刊发表论文的，可替代毕业论文。

（4）对解决实际问题或在理论上有贡献的毕业论文进行奖励等。

参考文献

[1] 孙艳京，李光永，杨培岭．提高本科毕业设计（论文）质量的思考与实践[J]．高等农业教育，2005，9（9）：54－56.

[2] 陈文艺．农科专业毕业论文的质量管理[J]．华南农业大学学报（社会科学版）．2005，4（3）：143－147.

第四章
本科生毕业论文工作的改革与探索

毕业论文是高等学校本科教育中的一个常规性实践教学环节，也是提高学生综合素质与创新能力的关键一环[1]，毕业论文实践活动可以综合考核学生在大学期间所掌握的各种理论知识和专业技能。因此，毕业论文在本科人才培养中具有十分重要的作用，其实施的效果直接影响高校人才的培养质量。

一、目前本科毕业论文工作中的共性问题

我国高校本科毕业论文工作经过长期的实践和发展，其主要操作模式及规范条例日渐成熟。然而，不可否认的是，在现实操作过程中，本科毕业论文工作仍面临着诸多问题，这些共性问题的存在，在一定程度上影响了高校本科毕业论文工作的深化发展。

（一）投入毕业论文研究的时间短，精力不够

本科论文研究可以有效地提升学生在大学期间所学的专业理论知识和技能，然而，目前大学生在完成本科论文方面的精力投入明显不足，影响了毕业论文质量。一方面，较多高校大学生的毕业论文通常安排在毕业前的最后一个学期进行，写作论文的时长为 10 ~ 12 周，时间较为紧张，加之毕业实习通常也安排在此时期进行，挤占了用于完成毕业论文的时间，如此紧迫的时间导致学生难以完成高质量的论文。另一方面，毕业生面临较大的就业压力，此时期学生整日忙于毕业和就业活动，如参加招聘会、应聘、面试等，这直接与毕业论文活动冲突[2]。特别是已经落实工作的学生，用人单位往往要求其提前上岗实习，以熟悉工作，致使这部分学生根本没有时间和精力开展毕业论文研究。结果往往是，学生通常利用一两周时间来突击完成一篇“粗制滥造”的论文，以应付答辩。因时间仓促，有的学生毕业论文中缺少必要的实验数据统计分析，研究结果简单或者不可信，而且有些同学仅写一篇综述论文“交差”。通过这些途径赶写出来的毕业论文质量就可想而知了。由此可见，本科生毕业论文开始的时间（学期）晚，或者即使起步的时间早，但由于学生不够重视或投入的时间和精力不够，而通过最后一学期的某段时间来突击完成，是造成毕业论文质量难以保证的根本原因之一。

（二）学生在毕业论文研究中处于非主导角色，被动应付

本科毕业论文是检验和强化本科生在大学期间所学专业理论知识的重要环节，然而，在实际工作中，许多学生往往处于被动完成论文的状态。一方面，有观点认为导师在本科毕业论文的完成过程中占主导地位[3]，导师似乎有保证学生完成毕业论文并通过答辩的义务，这种思想在实际工作中极易造成学生对毕业论文的消极对待现象。在研究过程中，学生缺乏主动性和积极性，认为自己是在为导师完成科研任务，更有甚者，抱有为导师“打工”的思想，因此，常表现出敷衍了事等消极行为。另一方面，部分教师由于工作繁忙，无法抽出充足时间去了解学生的研究兴趣和需求，没有时间指导学生的毕业论文研究工作，甚至有些导师干脆将本科生安排到研究生的学位论文研究中，结果势必使本科生对论文选题“稀里糊涂”，他们并不了解项目的具体研究目的、目标、内容、方

案和方法，在研究过程中只是当助手或“打下手”，缺乏主动性，做研究很盲目。显然，这不利于学生自主能力和创新能力的培养，也是影响本科毕业论文质量的重要因素。

（三）毕业论文不规范问题层出不穷，耗时耗力

“不以规矩，不能成方圆。”本科毕业论文撰写规范是培养大学生严谨学风以及客观衡量学生毕业论文研究成果的必然要求。通常，不同学校对本科毕业论文的撰写均有详细且严格的规范，然而，本科毕业论文不合规范的问题仍层出不穷，反复修改和打印不仅耗费指导教师的精力，也造成了较大的资源浪费。造成毕业论文不规范问题的原因有多种：一方面，学生学习态度不端正，没有意识到本科毕业论文是反映自己在大学期间研究成果的重要标志之一，认为论文规范是小问题，不愿在写作规范细节上花时间，有规不依，应付了事。同时，学校对本科生毕业论文规范要求不严，使大多数学生持有依赖思想，认为本科论文写完就“万事大吉”，而规范格式问题是指导教师的事，造成部分学生的毕业论文从封面、题目、摘要到参考文献在格式上都或多或少地存在着问题，致使指导教师反复修改，工作繁重。另一方面，一些学校关于毕业论文的写作规范和评定规范太烦琐，或不统一，或“朝令夕改”，结果使学生和教师“无定规可依”，加大了学生与教师的工作量。

（四）论文质量监控和评价体系薄弱，亟待强化

本科毕业论文的质量是反映本科人才培养水平的重要指标，但在本科毕业论文评价过程中，由于管理不严、规则不细、监控体系不完善、评估方式不科学而存在很多问题，影响了论文质量。论文研究的实施过程通常包括学生选择导师、调研、选题、开题、实验研究、论文写作、论文答辩、论文评定等阶段。学校一般对研究生的学位论文研究实施过程比较重视，相比之下，对本科生毕业论文质量的过程监控环节较为薄弱。例如，在本科毕业论文工作中，选题和开题阶段几乎被忽略，选题存在随意性，往往未能结合学生的兴趣或未来职业发展方向，简单地匹配学生和指导教师，往往出现一位教师指导十多个甚至更多学生的现象，显然这些做法无法保证本科毕业论文的质量。同时，在本科毕业论文工作中对前期和中期阶段的监控明显弱化，出现“重结果、轻过程”的现象。而且，本科毕业论文的评定多以最终答辩和论文水平来衡量，因此，无法体现学生在整个毕业论文研究期间的过程与综合表现，显然，这种薄弱的过程监控体系和单一的评价体系不利于本科毕业论文水平的提升。

二、本科毕业论文工作的对策与建议

针对当前本科论文工作中出现的上述问题，结合华南农业大学生态学专业本科毕业论文工作的改革情况，我们提出了系列对策和措施，以供参考。

（一）建立本科毕业论文研究激励机制

建立本科毕业论文评优激励机制，激发学生的研究兴趣。每年在毕业论文完成之后，可组织全系专业教师分组考核学生，学生的考核成绩包括指导教师评分、专业教师评分、答辩现场评分三部分，并按照相应的比例对学生的毕业论文进行综合评定，最终确定是否评选和推荐为系、院或校的优秀毕业论文，并给予表彰。同时，在论文研究过程中，鼓励学生及时总结论文研究成果，积极撰写和发表学术文章，特别是以第一作者的身份在正式刊物上公开发表。指导教师可从课题经费中为其支出论文版面费，稿费则可归学生使用，同时，其所在的课题组也可按其发表论文的数量给予学生一定的物质奖励。

（二）实施本科生全程导师制培养

建立本科生导师制，有利于实现本科生在大学期间的全程专业素质教育，切实提高人才培养质量[4]。华南农业大学生态学专业从2011级学生入学的第二学期，就实施了本科生导师制培养模式。具体做法是，在大学的第二学期，召开学生和导师的“双向选择”见面会，教师向学生介绍自己的专业特长和研究领域及主要承担的科研项目，随后留给学生近两个月的时间去与各位教师广泛接触，最终自主选择确定导师。同时，对每位导师所指导学生的人数进行了总体限制，最多不超过5人，以确保学生的毕业论文质量。通过实施本科生导师制培养模式，其效果非常显著。首先，本科生导师制培养增强了学生的学习动力。学生有了导师之后，可以“名正言顺”地融入导师所在课题组，而不是像以往那样为完成毕业论文而被动参与。通过进入实验室、参加野外调研等活动，学生在课堂学习的理论知识找到了落脚点和结合点，其所学知识能够及时做到“有的放矢”。其次，本科生导师制培养模式强化了教师的责任感。整个大学期间，导师需要从各方面培养学生，需要为学生做出良好榜样，在为人处事、科学研究、学术规范和组织管理等方面可以起到言传身教的作用。同时，对本科生毕业论文的全程指导也列为导师的人才培养成绩或教学工作量。因此，导师对学生毕业论文的实施和管理也会投入更多的精力。总之，本科生导师制培养模式是一项保障本科毕业论文质量和人才培养质量的有力举措。

（三）重视毕业论文的规范和格式

本科毕业论文既是研究结果的一种表达形式，也是学位授予评审时的重要依据。因此，本科毕业论文应有相应的规范和格式要求。虽然目前有关本科毕业论文的国家标准格式有多种[5]，但由于本科专业的多样化，各学校一般也会结合自身实际，制定相应的毕业论文的格式和规范要求。例如，近年来，我校针对本科毕业论文工作制定了《华南农业大学本科生毕业论文（设计）撰写规范》，并对农学、经管、工程类的毕业论文提供了专门的格式样版，这为本校不同专业的毕业论文撰写工作提供了依据。生态学专业的本科生在学期间，开设了“科技论文与应用文写作”必修课程，其中有部分内容专门为学生讲解毕业论文格式和撰写规范。同时，在毕业论文工作开展之前，还会安排相关教师为学生做毕业论文研究辅导报告，讲解毕业论文的写作格式与规范。这些工作均有效提高了本专业本科生对毕业论文撰写规范的重视程度，显著减少了毕业论文后期因格式规范问题而造成烦琐的“返工”现象。

（四）探索多元化的毕业论文研究模式

毕业论文工作属于大学教学中的综合实践教学部分，可以提高学生动手能力、分析和解决问题能力及其综合素质。然而，目前本科毕业论文工作形式较为单一，基本上是“导师+若干学生”的指导模式。实际上，大学生在大学期间已经具备了一定的专业素质和工作能力，若能提供机会，让学生自主申报各级各类科技创新项目或自主选题开展毕业论文研究工作，应该可以最大限度地激发学生的科技创新潜能。为此，本系大力鼓励生态学专业的本科生积极申请各层次的科技创新课题或者积极参加“挑战杯”全国大学生课外学术科技作品竞赛活动，通过各种不同类型的科研创新实践活动，为他们开展毕业论文研究工作提供良好的发展平台。这些多元化的毕业论文研究与人才培养模式，极大地调动了学生的研究兴趣，也提高了本科毕业论文的质量。

三、结语

毕业论文研究是大学生培养的关键环节之一，体现了本科生在大学期间对专业知识的掌握程度、水平和综合素质，因此，必须从思想上高度重视毕业论文工作。同时，要切实做好经费保障、教师到位、学生主体、规范管理等各方面工作。总之，要做好本科毕业论文工作，必须从实际出发，因地制宜地实施各种改革措施，切实解决本科生毕业论文中出现的问题，只有这样，才能真正发挥本科毕业论文工作在高等学校教育和人才培养中的重要作用。

参考文献

［1］何新荣，黄合婷．提高本科毕业论文（设计）质量的探索［J］．医学教育探索，2008，7（9）：991－992.

［2］曾锦，钱向丽，江丽，等．工科院校本科生提前做毕业论文的探索［J］．黑龙江科技信息，2009（9）：122.

［3］侯贵华，陈景文，罗驹华．试析教师在本科毕业论文教学环节中的主导作用［J］．盐城工学院学报（自然科学版），2003，16（2）：76－78.

［4］王先文，赵浩峰．本科生导师制在毕业设计（论文）教学中的应用［J］．太原理工大学学报（社会科学版），2001，19（4）：65－68.

［5］毛小庆，韩力．大学本科毕业设计质量研究［J］．重庆大学学报（社会科学版），2006，12（6）：133－136.

第五章
生态学专业大学生科技创新的模式与对策探讨

大学时期是培养学生实践能力的重要阶段，是培养学生创新能力的关键时期[1]。为了适应培养创新型人才的需要，大学在进行教学改革提高教学质量的同时，也将培养创新型人才作为高等教育改革的重要目标。生态学是一门实践性很强的学科，其对学生的创新思维和动手能力都有很高的要求[2]，而科技创新具有鲜明的自主性、实践性和组织性特点。因此，对于生态学专业的大学生来说，实施具有可操作性的科技创新实践模式与途径，对高质量地实现生态学专业人才的培养目标具有重要意义。我们对近几年来本专业大学生开展科技创新的一些案例与做法进行了总结和分析，旨在为更好地推动大学生科技创新活动，提高人才培养质量提供相关参考。

一、生态学专业学生的科技创新模式与途径

科技创新是提高大学生科技创新能力的重要途径，好的创新模式与途径将有利于激活和推进大学生的科研兴趣。近年来，华南农业大学生态学专业在大学生科技创新能力培养方面进行了相应的探索与实践，现将本专业大学生科技创新的几种主要模式与途径总结如下：

（一）科技创新项目驱动型

此类科技创新模式主要是以“华南农业大学创新创业训练项目（国家级、省级、校级、院级等）”为载体进行。近年来，生态学专业大学生大多从二年级开始，就较为踊跃地申报各级各类创新项目。同时，本专业所在的农学院也设立了“大学生金穗计划项目”，大力支持和鼓励大学生进行科技创新活动。学生在项目研究过程中，其科研能力得到了较好的锻炼和提升，主要体现在以下几方面：①项目选题能力；②申请书撰写能力；③实验研究组织与实施能力。科技创新项目驱动型模式可以有效地激发学生的创新潜力，并让学生了解科研的全过程。

（二）毕业论文驱动型

相比科技创新项目驱动型模式，毕业论文驱动型的科技创新对大学生具有更广泛的适用性。该模式的基本过程为：首先是学生根据自己的意愿选择导师及其科研课题，即通常以导师的课题为载体；然后在此基础上，和同学或研究生一起组成科研团队，开展毕业论文实验研究；最后根据实验数据撰写毕业论文，进行答辩。整个过程在导师的指导下完成，学生在整个过程中可得到相应的学术指导，勤奋的学生在研究过程中科研能力和创新能力可得到很大的提高。

（三）“挑战杯”竞赛驱动型

“挑战杯”全国大学生课外学术科技作品竞赛是新时期创新教育不可缺少的重要形式和重要环节[3]。“挑战杯”竞赛项目与一般的科技创新项目相比，要求更高，涉及的环节更多。对于生态学专业的本科生来说，可以结合学科研究热点以及社会经济发展面临的生态环境问题，开展“挑战杯”科技竞赛创新研究。例如，学生可根据课堂学习的入侵生态学的理论知识，选择调查当地某一入侵生物的时空分布与生态风险等方面的研究主题，通过面上调查、模型模拟、3S技术和风险评价技术等开展创新研究，完成并提交科技创新作品，参加科技竞赛。“挑战杯”竞赛驱动型模式可以

有效提升学生的科技创新力和综合素质。

（四）“三下乡”社会实践驱动型

大学生“三下乡”社会实践活动已经受到社会各界和高校的广泛重视，并取得了明显的成效，积累了丰富经验[4]。近年来“三下乡”活动开展得十分活跃，学校和学院每学期都会组织此类活动，本专业的一些骨干教师也会结合自己的科研项目组织学生开展社会实践科技创新活动。例如，近年来，生态学专业的学生在相关教师的课题支持下，开展了“广东省生态农业模式的社会实践调查”“珠三角地区农业与农村生态旅游现状的面上调查”“广东省农民旅游现状与发展前景的走访调查与问卷调查”“广东省典型地区水稻生产模式、发展现状与存在问题的社会实践调查”“广东省农村垃圾资源及其处理利用调查”等一系列科技创新活动。相比之下，“三下乡”社会实践驱动型科技创新活动的要求比科技创新项目驱动型、“挑战杯”竞赛驱动型科技创新活动所需时间较短且较为集中，其主要作用是锻炼大学生野外工作能力和社会实践能力。

（五）自我兴趣驱动型

大学生的科研兴趣培养是现代人才培养的必然要求。生态学是研究生物与生物、生物与环境之间相互关系的学科，在这些“多元关系”和现象中蕴含着无数的科学奥秘，显示出极大的科研魅力。因此，对生态学专业的大学生来说，教师可通过课堂教学，引导、培养和激发大学生对科学研究的兴趣，并让他们根据各自的兴趣，自主选题，自主申报各级各类科研课题或利用导师的实验室和科研项目，自主设计研究方案，开展创新研究。这种模式可以最大限度地挖掘大学生的科技创新潜力，这种自我兴趣驱动型的科技创新活动，可贯穿整个大学期间的学习过程，可以将课程学习和科技创新活动融于一体[5]。

二、取得的成效与存在的问题

（一）取得的基本成效

依托本专业的主讲教师和各相关的专业实验室软硬件条件，我们践行了上述五种科技创新模式，取得了明显的成效。

近年来，本专业大学生科技创新活动极大地提高了学生撰写项目申请书的能力、设计实验研究方案的能力、整理科研数据发表论文的能力及其专业综合素质。例如，由 2008 级生态学专业大学生组成的一个科技创新项目小组，在导师的指导下，自主完成实验、撰写论文，并在《生态学杂志》《中国生态农业学报》《广东农业科学》上以第一作者发表了多篇文章，该小组同学的科研组织能力也得到了较大提高，其中有两名学生最终考取或被免试录取为中国科学院的研究生。另一组科技创新项目小组学生也在《水生态学杂志》《生态科学》上发表了两篇论文，该科研小组中一名学生已申请到加拿大攻读硕士学位。同时，2008 级生态学专业还有两组同学结合本专业实验室平台开展了相关科技创新活动，其科技作品“农村垃圾、污水治理现状调研——以韶关为例”“薇甘菊入侵对中小型土壤动物群落结构的影响”获得第十一届“挑战杯”广东省大学生课外学术科技作品竞赛特等奖，并分别获得第十二届“挑战杯”全国大学生课外学术科技作品竞赛二等奖和三等奖。参与科技竞赛的学生在科技创新方面得到了极大的锻炼和提升。

（二）存在的问题

1. 科技创新活动的可持续性不强

科技创新活动属于探索活动。有探索就不可避免地会出现失败，在科技创新研究过程中，学生的个人科研素质、毅力、吃苦耐劳和不怕输的精神，对科技创新的成败和可持续性尤为重要。部分学生误以为“设计好了实验，一步一步做下去，就会得到好的研究结果”。因此，当遇到实验结果和原定的科学假设或预期研究目标差异较大，特别是经过反复多次试验都达不到预想目标，或研究试验数据不理想时，他们往往会出现气馁和畏难情绪，最终有些学生会主动放弃，使得整个创新项目搁浅，或不了了之，从而影响了科技创新活动的持续进行。

2. 指导教师投入的时间和精力不够

高校教师除了基本的教学任务外，通常还承担着一定的科研项目任务，以及发表论文和指导研究生等任务，因此，教师对学生科技创新活动指导投入的时间和精力受到限制，在一定程度上影响了大学生科技创新的深度和质量。

3. 经费有限，覆盖面不广

除部分学生能够申请到各级各类大学生科技创新项目的立项支持（但经费通常也不多）外，大多数情况下，大学生科技创新活动开展所需的经费主要是从指导教师承担的科研课题中支出。然而，通常在相关的绩效评价中未能将教师指导大学生科技创新的这部分工作量体现出来（除大学生科技创新成果获奖以外），因此，除毕业论文驱动型的科技创新研究活动外，指导教师通常不太积极或不太愿意用自己的科研项目经费支持大学生开展以自我兴趣为导向的科技创新研究。故在大学生科技创新经费方面尚缺少长效的支持机制。

三、对策建议

为了更好地推动大学生的科技创新活动，培养具有创新能力的现代专业人才，特提出以下几点建议：

1. 提高认识，做好规划

学校、学院、系、教学科研辅助部门和主讲教师需从专业化高素质人才培养的高度，全方位改变观念，提高认识，要将大学生的科技创新活动作为实践教学与人才培养工作的大事来抓。同时，要做好相关的总体规划，创建丰富多彩、多元化的科技创新活动模式，使各种模式相互补充、相互促进。

2. 加大经费投入，提高大学生科技创新活动的覆盖率

学校和学院应采取多种形式（如通过与企业的“产学研”合作、社会服务创收、社会团体赞助等），多方筹措资金，加大对大学生科技创新活动的资金支持力度，以使更多的学生都有机会参与科技创新活动，从而逐步实现大学生科技创新活动的“全覆盖”。

3. 建立和完善大学生科技创新活动的激励机制

需要制定相关的制度和规范，包括大学生科技创新的绩效评价以及指导教师的绩效评价方法与规范。对于参与科技创新的大学生而言，可在评优、评先、推免研究生等方面给予优惠政策；对于指导教师而言，需将其指导大学生科技创新活动纳入工作量计算体系以及相关的绩效评价，这样方可同时增强大学生和指导教师在大学生科技创新工作方面的积极性与主动性。

4. 将大学生的科技创新活动融入指导教师的科研活动

教师在大学生科技创新活动及其能力培养方面中扮演着重要角色。教师应给予学生全方位的支持和机会，帮助他们树立科技创新的自信心。只要组织和引导得当，大学生也是一股重要的科技创新力量和人力资源。因此，可以将学生的科技创新研究与自身承担的科研项目结合起来，让学生有机会直接进入自己的研究团队，一方面，可以降低科研项目的人力成本；另一方面，有利于快速提高大学生科技创新能力，也有利于解决大学生科技创新研究经费有限的问题。

参考文献

[1] 黄发良. 论应用型工科大学生创新能力的培养 [J]. 福建工程学院学报，2008，6 (5)：426 – 430.

[2] 秦钟，章家恩，赵本良，等. 生态学野外实践教学体系的设计与实施探讨 [J]. 广东农业科学，2011 (7)：197 – 200.

[3] 尤建设. 以“挑战杯”竞赛为引领，深入推进大学生创新能力培养——以许昌学院为例 [J]. 河南教育 (中旬)，2012 (2)：53 – 54.

[4] 刘韧，易厚，贺宗彦. 大学生社会实践工作问题与对策 [J]. 四川理工学院学报 (社会科学版)，2011，26 (1)：85 – 87.

[5] 崔诣晨，高晓琴. “三下乡”社会实践活动：提升大学生就业核心竞争力的有效途径 [J]. 出国与就业 (就业版)，2010 (1)：45 – 48.

第六章 大学生科技社团促进高校学风建设的方法研究

高校是高素质人才的培养场所，是高层次、高水平和创新人才的培育基地，而高校学生科技社团是培养具有创新精神和实践能力人才的重要途径，是素质教育的有效载体。它可营造校园科技文化的氛围，培养学生严谨求实的科学精神，促进高校的学风建设，提高学生的创新能力，是大学生成长成才的一条新通道。因此，高校大学生科技社团建设在加强大学生思想政治教育、全面提高大学生综合素质、加强学风建设等方面发挥着重要作用，对培养21世纪创新型高素质人才、推进国家人才战略有着重大意义。

一、大学生科技社团的概念和功能

（一）大学生科技社团的概念

大学生科技社团是指高校内由一群有志于某一学科、专业或某一方向研究的学生根据自己的科研与学习兴趣自愿组织而成的学生群众性团体，其目的是加强专业学习，拓宽知识面，提高实践动手能力。随着高等教育改革的不断深入，大学生科技社团在培养学生创新实践能力、营造浓厚的校园学术氛围、促进大学生全面发展等方面的作用已越来越大。因此，大力发展高校学生科技社团具有重要的现实意义。

（二）大学生科技社团的功能

1. 夯实专业基础，提高专业素养

大学生科技社团是重要的第二课堂，通过开展各种形式的科研学术活动，大学生可以巩固、延续、补充第一课堂所学的知识，有效地完善知识结构，提高专业素养，为创新能力的培养打下良好的基础。

2. 构建交流平台，促进学科交叉

由于大学生科技社团是以大学生对某一专业或领域的兴趣而自愿参与建立的，因此，大学生科技社团的组建不受学生系别、专业和年级的限制，不同学科之间的相互交叉、相互渗透，容易让思维活跃的大学生碰撞出创新的火花。

3. 推进大学生社会化，提高实践能力

大学生科技社团将专业知识与社会实践相结合，开展各种社会实践服务活动，可为同学们接触社会、了解社会需求提供平台，激发他们的创造动力，也为大学生将创新思想付诸实践提供了良好的平台。

二、大学生科技社团建设的现状及存在的主要问题

（一）大学生科技社团的现状

在众多的社团组织中，科技社团有着鲜明的特色和蓬勃的生机与活力，尤其是根植于高校浓郁

的文化和科研氛围中，科技社团有着诸多优势，无论是在专业知识，还是在科普推广和思想政治教育方面都发挥着重要作用。但目前高校社团存在管理体制不完善、工作活动难到位、社团文化难以传承等共性问题，加上科技社团面临的科研条件未能满足需要的现实问题，使得大学生科技社团应有的功能未能很好地显现出来。

（二）目前大学生科技社团建设存在的主要问题

1. 缺乏专业的指导教师

大学生科技社团的活动是以科研活动为主，较高的专业素质要求和科学研究过程的严谨性都要求此类社团必须配备专业型、科研型的指导教师，而学校团委的教师一般很难胜任和直接提供这样的专业指导服务。同时，目前学校尚未建立为大学生科技社团聘请专业指导教师的相关机制。在这种情况下，大学生科技社团的工作较难得到有针对性的专业指导，因而使社团发展和科研活动的开展面临一定的困难。

2. 科研经费和场所难以得到保障

科技社团需要一定的资金投入，还需要一定的科研设备和活动空间来保证社团科技文化活动的顺利开展。在这种情形下，原本就不充裕的社团资源和资金很难满足各项工作的需求。

3. 社团成员低年级化

目前参加科技社团的学生大多是低年级的学生，虽说这种“低年级化”现象在广大的学生社团中较为普遍，但科技社团不仅需要一批有热情和激情的学生参加，而且更需要有科研兴趣和良好科研素质的学生参加，因此，从某种程度上说，科技社团成员的“低年级化”是造成科技社团发展水平不高的原因之一。

三、大学生科技社团促进学风建设的路径和方法

（一）坚持正确导向，构建大学生科技社团建设与学风建设有机结合的平台

大学生科技社团建设从根本上要服务于学风建设，要实现学风建设与社团发展的互动。因此，应积极创造条件，组建有利于大学生自身素质提高和全面发展的科技社团。发挥指导教师的作用，围绕学生专业特色，创建一些理论研究型社团和科研创新型社团。一方面，将政治思想、学风、团队合作精神等纳入科技社团活动的考核指标；另一方面，强化社团成员的专业学习和科技创新活动水平，以此逐步推动全校大学生的学风和校风建设。

（二）开展丰富多彩的科技学术活动，培养学生专业兴趣，促进优良学风建设

大学生科技社团要围绕专业学习和科技创新开展丰富多彩的活动，如学术报告、科技竞赛、科普宣传、科研调查等，将第二课堂的科研学术提升与第一课堂的专业学习结合起来，以此开阔团队成员的科研视野，拓展专业兴趣，激发学习动力，通过科技社团的活动，推动形成热爱科学、求真务实和开拓创新的优良学风。

（三）搭建社会实践平台，促进大学生创新人才培养

大学生科技社团可为成员提供专业理论学习与实践研究的平台，可通过学术讲座、专题讨论、发明创造、创新创业大赛等活动引导成员加深对专业知识的学习、理解，拓宽学生的专业知识面。同时，根据当前社团的社会化发展趋势，科技社团活动范围可逐步向社会领域拓展。因此，可以通过开展社会实践、科普宣传，以及与企业的“产学研”合作等活动，搭建大学生科技社团与社会对接的实践学习平台，这样有助于社团成员养成关注社会、关注行业动态、了解社会的学习与工作习惯，从而让他们在各种社会实践活动中，激发创新创业灵感，提升发现问题、解决问题、服务社会

等方面的创新创业能力，并为未来就业做好相关准备。另外，通过社会实践平台，科技社团成员可以向社会、向企业等宣传自己，还可能向社会组织争取一定的活动经费支持。

四、增强学生科技社团在高校学风建设中作用的对策建议

（一）建立协调联动的大学生科技社团管理与参与机制

社团作为素质教育的有效途径为高校所重视，但由于缺乏相应的制度保障，大学生科技社团建设也存在着教学管理相关部门的缺位问题，从而间接导致了社团活动的盲目性与低水平发展。因此，需要创建教学相关部门支持学生科技社团发展的有利环境，发挥教学教育相关管理部门及学院在学生第二课堂中应有的作用。可以通过建立相关的激励机制或制度鼓励专业教师参与大学生科技社团活动，落实科技社团的专业指导教师的聘用与配备工作，以及帮助社团解决活动场地与必要的活动经费等问题。

（二）制定合理的社团指导教师管理制度

对于大学生科技社团的指导工作，可实行“分级管理、挂靠院系”的管理方式。大学生科技社团可依据自身的意愿选择挂靠院系。与某一专业相关的社团可以选择挂靠设置相关学科的院系。同时，学校、学院应根据具体情况，制定出合理有效的科技社团专业指导教师聘任与绩效评价机制，明确指导教师的权利和义务，以确保指导教师能够对社团科技文化活动进行有效和实质性的指导。

（三）丰富大学生科技社团的活动内容和形式

大学生科技社团应结合自身优势和特点，开展丰富多彩的科技学术活动与社会实践活动。一方面，可借助专业指导教师的科研资源，参与指导教师的课题研究，力所能及地进行课题资料收集、课题调研等工作，以此锻炼科研能力。专业素养高的成员还可在指导教师的指导下，申报大学生科研创新计划、“挑战杯”全国大学生系列科技竞赛等项目，进而在社团内组建科研团队，提高团队整体的科技创新能力和凝聚力。另一方面，积极开展多方位的社会实践活动，努力提高团队成员的实践能力、组织沟通能力、创新创业能力和服务社会能力。

（四）健全科技社团的组建和内部管理机制

在社团的自我管理、自我教育与自我服务三大功能中，科学的自我管理是实现自我教育与自我服务的有效途径。针对目前科技社团存在的生命力弱、发展不稳定等特点，要从管理上寻找突破口。大学生科技社团的组建、内部组织机构的设置、负责人的产生、管理制度的健全、活动内容的规划、活动方案的制订等，均要充分体现学生在科技社团中的自我管理功能。做到在制度方面确保社团各部门的正常运转，在人员管理方面要调动广大成员的积极性和主动性，在活动管理方面要形成常规性活动与特色活动等相结合的多层次活动体系。

五、结语

大学生科技社团是推动高校思想政治教育和校园文化建设的途径之一。加强大学生科技社团的建设和管理，充分挖掘大学生科技社团的集体学习及科研氛围、创新潜力和服务社会的能力，营造良好的学风与育人环境，进而形成推动高校学风建设的强大动力。

参考文献

［1］共青团中央，教育部．关于加强和改进大学生社团工作的意见［Z］．中青联发〔2005〕5号．

［2］葛健伟，曾珠，寒露．充分发挥大学生社团的育人功能　努力拓展学生素质［J］．嘉兴学院学报，2006，18（S1）：5－7．

［3］楼晓英．学术类社团在高校学风建设中的积极作用［J］．河北科技师范学院学报（社会科学版），2007，6（2）：58－61．

［4］李明江，田丽．新时期大学生科技创新体系建设［J］．思想政治教育研究，2009（4）：124－125．

第八编
生态学专业大学生就业需求与发展前景分析

第一章 生态学专业新生对本专业认知与就业意向的问卷调查

大学新生对所学专业的态度对其大学期间的学习与生活将会产生重要的影响。为此，本章通过对华南农业大学生态学专业2014级本科新生的问卷调查，梳理他们对所学专业的认知状况及其个人对未来发展的想法，摸清新生的专业思想动态，以便为新生入学教育和四年中的课程教学改革提供相关参考。

一、学生选择报考本专业的原因分析

学生的学习效果在很大程度上取决于其对专业的了解、喜爱程度和兴趣，因此，学生是否喜爱本专业是他们能否圆满、愉快完成四年大学学习的一个重要因素。调查分析结果表明，2014级生态学专业的新生在选择本专业的原因中，排在第一位的因素是个人兴趣，占38.3%；排在第二位的因素是“服从专业分配”，即约31.7%的学生是因为服从专业调配而进入这个专业的；排在第三位的是听从家长或老师的建议而选择报考，约占23.3%（如图8－1所示）。从以上结果可以看出，学生选择本校生态学专业的原因是多样的，且所占比例相差不大，也就是说主动对本专业感兴趣的学生并不占优势。因此，教师在后续的学生专业思想教育以及专业课程教学中应该充分考虑这一方面的差异。特别是因为“服从分配”以及“听从他人建议”而进入到本专业的学生，二者总共占比高达55%，这部分学生的专业思想将可能出现不稳定。

通过问卷调查还发现，该批新生进入生态学专业学习一个学期后，其专业思想有较大转变，81.7%的学生表示喜爱本专业，16.7%的学生持无所谓的态度，只有一名学生表示不喜欢本专业（如图8－2所示）。该生不喜欢本专业的主要原因为他认为生态学专业就业前景不好。同时他也表示会通过认真学习，争取获得好的绩点，再考虑转入其所喜欢的专业。上述结果表明，不管学生是何种原因进入生态学专业学习，经过一个学期的学习后，通过入学教育、专业思想教育、专业课程开设等途径，绝大多数学生开始逐渐热爱本专业，其专业思想逐步稳定。这也是他们在未来课程学习中能够愉快学习和主动学习的基本保证。但不可忽视的是，仍有16.7%的学生对本专业抱着无所谓的态度，也是一个重要的可变因素。

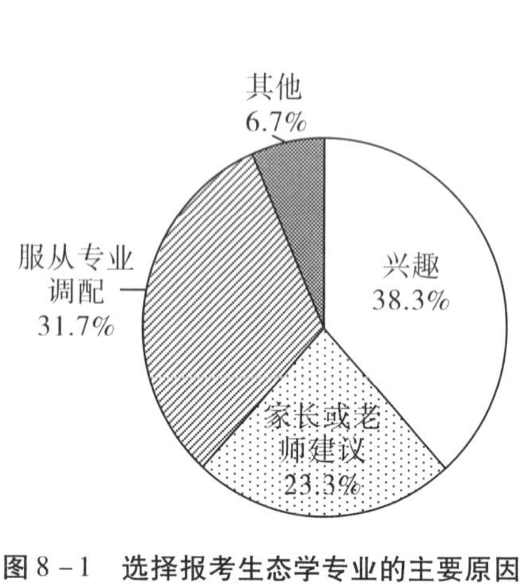

图8－1　选择报考生态学专业的主要原因

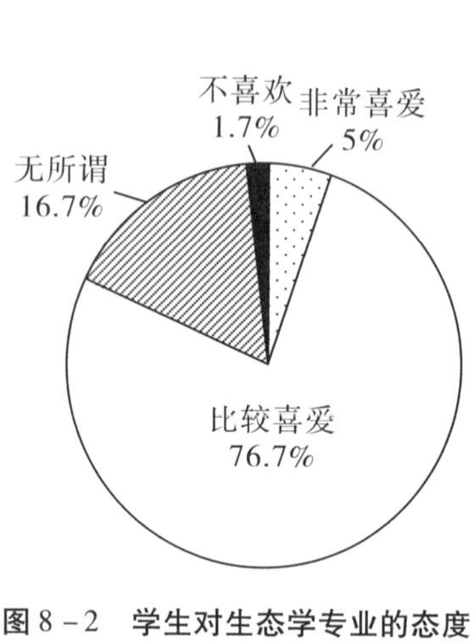

图8－2　学生对生态学专业的态度

二、新生对生态学专业的认知程度及其途径

问卷调查发现，在所调查的60名学生中，37名学生表示在进入华南农业大学之前对本专业一点都不了解，所占比例高达61.7%，选择了解和比较了解的分别有4人和19人。入校后，经过一个学期的学习之后，仍有7人表示对生态学专业一点也不了解，占11.7%，了解和比较了解的分别占16.7%和71.7%，说明绝大多数学生入学后经过一段时间的学习，通过“生态学专业概论”等课程的学习与相关途径对本专业逐渐有了一定的了解，但仍有部分同学对本专业缺乏足够的认识（如图8-3所示）。

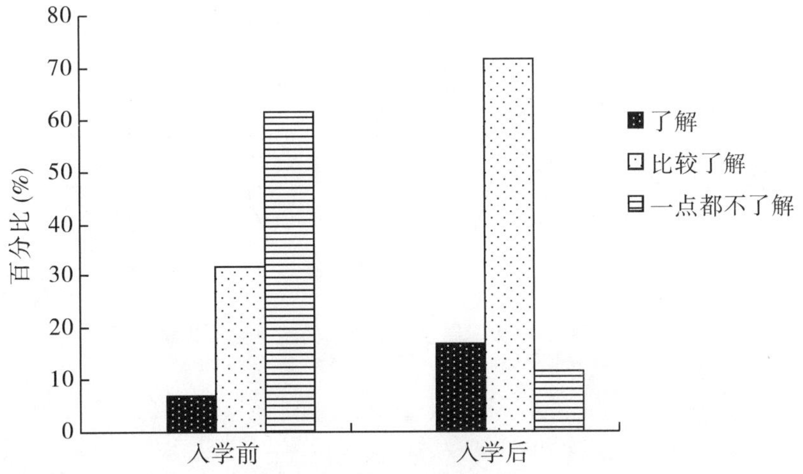

图8-3 入校前后学生对生态学专业的认知程度对比

学生可以通过多种渠道来了解本专业的有关情况。根据问卷调查结果统计分析可知，本专业新生了解专业的途径主要还是老师介绍，占86.7%；其次是通过本校师兄师姐的介绍，占53.3%，通过校园网络和院楼墙报展板介绍等途径了解本专业的，分别占40%和15%。由此可见，我校生态学专业的教师和本专业老生在新生专业思想教育中发挥了重要作用。

一般来说，进入大学学习的第一学年是学生了解专业和寻找自己未来发展方向的最佳时期，我校也有相关政策让确实不喜欢本专业的学生转入其他专业继续学习。因此，这个阶段对学生进行专业思想教育，让他们对专业有全面而正确的认识是非常重要的。但目前大学生第一学年的教学主要以公共基础课程为主，学生尚未进入专业课程的学习。为了能让学生尽早全面了解生态学专业的基本情况，我们在第一学期开设了“生态学专业概论”课程，由本系各个专业团队的教授分别讲授生态学专业人才培养方案、课程体系设置，以及各科研团队研究方向的基本概况、研究进展及热点问题。问卷调查结果也显示，93.3%的新生通过第一学期的专业思想教育以及“生态学专业概论”课程的学习对生态学专业有了更深入的了解，说明对新生开展专业思想与课程教育十分必要。

三、新生对其未来就业及职业发展的意向调查

通过问卷调查结果显示，本专业大多数新生对未来就业方向，首选的是“考研深造”，占66.7%（如图8-4所示）；其次是选择“就业工作”，也有部分学生选择了“出国留学”。在选择考研深造的学生当中有62.9%的想进入国内其他知名高校和科研院所继续学习，而计划留在本校深

造的仅占4.8%（如图8－5所示）。在选择大学毕业后直接就业工作的学生当中，有31.3%想考取公务员，46.9%想进入科研院所工作，而基本没人愿意去农村基层工作（如图8－6所示）。这些调查结果显示，学生对自身未来的发展定位与当前的社会经济发展需求、就业压力、择业潮流等关系密切。

选择考研深造的学生占了大多数，其主要原因可能有：一是当前社会对高学历人才的需求日益增加；二是学生对自身发展的定位高，希望能继续深造学习；三是迫于本专业当前的就业压力，所以被动选择继续深造学习。不管学生对自身就业发展的定位如何，我们都应该尽早帮助学生做好职业生涯规划，做好本专业的发展定位、课程体系设计及教学安排工作，这将有利于学生在整个大学阶段的学习和生活，以满足学生未来就业与职业发展的需求。

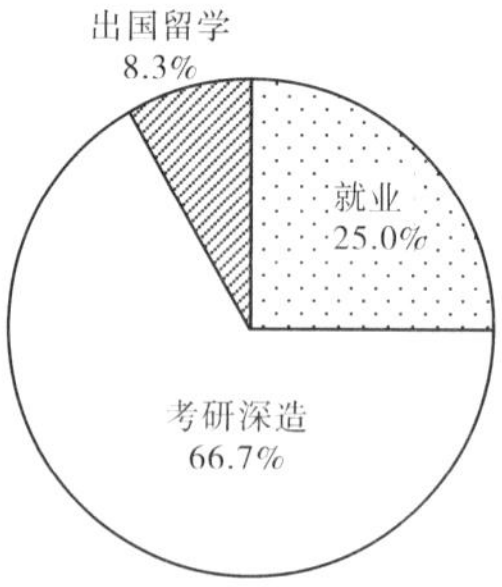

图8－4　大学新生对毕业后的就业目标意向

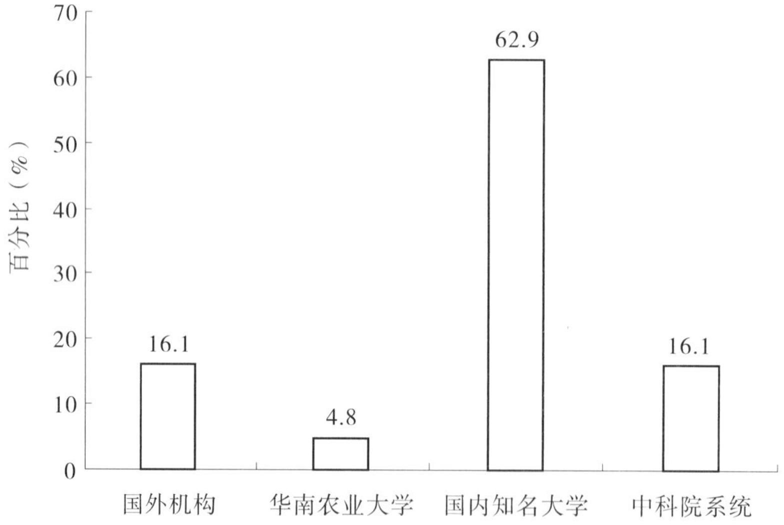

图8－5　生态学专业学生首选考研深造的目标领域

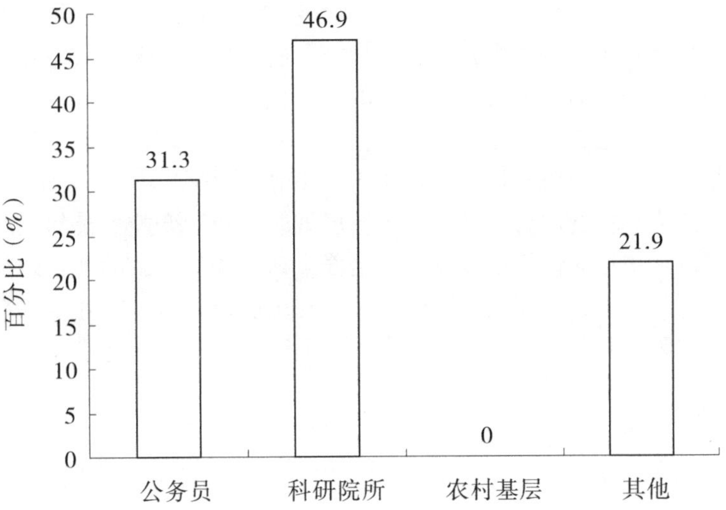

图 8－6　生态学专业学生首选直接就业工作的目标领域

四、相关对策建议

（一）加强对学生的早期专业认知教育

加强对学生的专业认知教育，特别是对于刚入学的新生以及第一学年的学生而言，是非常重要和必要的过程，是稳定学生专业思想和顺利实施人才培养计划的基本保证。具体措施包括：

（1）加大招生宣传力度，运用新媒体手段等多种途径，向社会公众和考生提供及时全面的本专业发展及人才培养等方面的资讯与咨询服务（如学校介绍、院系介绍、学科平台建设、专业介绍、师资队伍介绍、科研教学成果介绍、特色课程介绍、高年级学生在校学习与生活介绍、就业介绍、优秀毕业生介绍等），将专业认知教育融于社会公众的日常工作与生活。

（2）在学生入学的第一学期，要切实做好专业教育规划，制订入学专业教育、专业课程设置、科技社团组建、专业学术活动、专业创新实践活动等计划，并付诸实施和落实好各项工作，让新生尽快接触专业、了解专业、融于专业，尽快转换角色，稳定专业思想，消除新生对专业学习的盲目性和专业人才培养的误解。

（3）可考虑在大学第一学期就开始实施本科生导师制培养计划，让学生能够更早地进入导师的科研团队参与科学研究，这样，可让大学新生更早、更快、更多地得到导师的学术指导与人文关怀。

（二）探索大学生选专业与转专业的多元化渠道

对于经专业认知教育和专业课程学习，却仍然不喜爱本专业的学生，为他们创造重新选专业和转专业的机会与出口是十分必要的。现已有很多相关的人才培养改革实践与操作模式，包括：

（1）实行学科大类招生，高年级时再让学生根据兴趣选择专业（方向）[1]。

（2）实行学分制培养（到高年级再逐步选择感兴趣的专业方向课程）[2]。

（3）转专业方式（转入自己感兴趣的专业）。

（4）辅修与双学位人才培养模式（辅修或双修自己感兴趣的专业方向）。

这些途径可在一定程度上给对原入学专业不感兴趣的学生提供重新选择专业的机会与路径。

（三）根据社会经济发展需求和学生的就业意向，优化调整专业课程体系与人才培养目标

经常性地开展本专业人才就业需求的调查研究工作，摸清各年度的就业市场需求状况和发展趋

势以及各年级学生的就业倾向与意愿，并根据调查研究结果，适时优化调整本专业的课程体系设置与人才培养方向。例如，在本次调查中发现，拟选择考研深造且报考高水平高校和科研单位的学生占据较大比重，且拟选择毕业后报考公务员职位的学生比重也很大，因此，针对该年级大学生的这些调研结果，在后期的培养过程中，需要加强对他们的专业基础理论知识的深入培养、科研创新与实验实践技能的严格训练、专业英语训练（如多开设双语课程或全英文课程）、科技论文与公文写作的训练、口头表达能力和社交能力的训练、逻辑思维能力和应变能力等的训练，以及人文社科素质的培养。为此，可以考虑适时修订本专业人才培养计划与课程体系的动态调整方案，即除专业基础课程和专业核心课程教学外，还需组织师资力量，利用业余时间，多开设一系列与学生就业需求相关的各种素质培训课程。只有这样，才能满足大学生毕业后的多元化就业需求。

参考文献

[1] 江金启，王振华，吴东立，等. 高校大类招生中的专业分流实践及启示 [J]. 高等农业教育，2017 (2)：55 – 60.

[2] 潘芳，张会兵. 学分制背景下学生专业课程选择与培养目标的达成度研究 [J]. 广西师范大学学报（哲学社会科学版），2017，53 (1)：110 – 116.

第二章
农业高校生态学专业人才培养的 SWOT 分析与对策研究

生态学是研究生物体与其周围环境（包括非生物环境和生物环境）相互关系的科学，拥有自己的研究对象、任务和方法，是一门比较完整、具有发展前景的学科，也是迄今为止内容最为庞杂的学科之一[1-5]。随着社会经济的发展，人类活动范围的扩大与多样化，与人类生存密切相关的许多生态环境问题（如环境污染、植被破坏、水土流失和荒漠化、全球变暖、生物多样性丧失等）成为生态学科发展的前沿热点问题[6-11]，越来越多的人已经注意到，加强对生态环境的保护与管理是解决当前世界各国的人口、资源、环境和发展问题的有力武器，并在实现社会的可持续发展中起着越来越重要的作用[7,9,12-13]。生态学日益受到社会的广泛关注，生态学研究及其专业人才培养愈来愈发挥着重要作用，生态学教育在我国高等农业教育中也得到了快速发展，农业高校生态学专业人才培养同样面临着前所未有的机遇与挑战，也为生态学专业毕业生提供了广阔的发展空间[14-16]。然而，高等教育规模的扩大，大学生就业逐渐成为高等教育研究领域中的热点问题之一[17-19]。

SWOT 分析法又称为态势分析法，是 20 世纪 80 年代初由旧金山大学的管理学教授韦里克（Weihrich）提出来的，是运用系统学原理较客观而准确地分析和研究一个单位现实情况的方法[20-25]。SWOT 四个英文字母分别代表：优势（Strength）、劣势（Weakness）、机会（Opportunity）、威胁（Threat）。通过对优势、劣势、机会和威胁的综合评估与分析得出结论，从而制定相应的发展战略、计划以及对策[23, 25-26]。目前，该分析方法已得到广泛应用[20-21,26]。

以华南农业大学生态学专业毕业生为研究对象，我们对生态学专业近六年的毕业生就业去向作了调查分析，同时针对相关问题，利用 SWOT 研究方法，分析了农业高校生态学专业学生培养与就业中的优势、劣势以及面临的机遇和挑战，在此基础上提出了相应建议和对策，旨在为高等农业院校生态学专业毕业生就业工作提供参考和借鉴。

一、近六年华南农业大学生态学专业毕业生就业状况

（一）毕业生就业基本情况

华南农业大学生态学专业 2008—2013 届毕业生就业的基本情况如表 8 - 1 所示。从表 8 - 1 中可以看出，华南农业大学生态学专业近六年毕业生的人数呈现逐年下降的趋势。在近六年的毕业生中，直接就业的人数占 63.9%，仍有 9.0% 的毕业生在毕业时未能落实合适的工作单位；从考研比例来看，升学人数占到了 18.3%，读研比例相对较高。本专业毕业生选择出国的比例较低，仅有 1.6% 的毕业生选择了出国继续深造。

表 8－1 华南农业大学生态学专业近六年毕业生就业基本情况

届别	毕业生人数	就业人数	升学人数	出国人数	未就业人数
2008	87	56	7	1	18
2009	62	36	13	1	6
2010	68	42	10	1	8
2011	56	38	9	2	0
2012	54	39	14	1	0
2013	50	30	16	0	2
总计	377	241	69	6	34
占毕业生人数比例（%）		63.9	18.3	1.6	9.0

注：在上表的“就业人数”中，未将“自主创业的学生人数”等情况统计在内。

（二）毕业生就业去向情况

将华南农业大学生态学专业毕业生的就业去向情况，按照“去向单位性质”和“毕业生地域去向”进行分类。其中，单位性质分为四大类，分别为“公务员与事业单位”“国有企业”“服务基层”以及“其他企业”（如表 8－2 所示）；毕业生地域去向同样分为四大类，分别为“直辖市与省城”“地级城市”“县级城市”及“县级以下”（如表 8－3 所示）。由表 8－2 可知，近六年来，毕业生进入非国有企业的其他类型企业就业的人数占据主导地位，这类企业共接收生态学专业毕业生 188 人，占总人数的 78.0%。由于受社会观念等因素的影响，选择到急需人才的基层就业的毕业生较少，仅占总人数的 2.1%。

表 8－2 华南农业大学生态学专业近六年毕业生去向单位性质统计表

届别	就业总数	公务员与事业单位人数	国有企业人数	服务基层人数	其他企业人数
2008	56	7	7	3	39
2009	36	2	2	0	32
2010	42	7	5	0	30
2011	38	4	2	0	32
2012	39	6	1	2	30
2013	30	3	2	0	25
总计	241	29	19	5	188
占就业总数比例（%）		12.0	7.9	2.1	78.0

由表 8－3 可知，经济发达的城市仍然是毕业生的主要选择。华南农业大学生态学专业在近六年到直辖市与省城就业的毕业生人数占到 55.2%；到佛山、珠海、东莞等珠江三角洲发达地级市就业的毕业生也占到 34.0%；而县级城市及基层地区对毕业生的吸引力仍然不够，仅占 10.8%。

表 8-3 华南农业大学生态学专业近六年毕业生地域去向统计表

届别	就业总数	直辖市与省城人数	地级城市人数	县级城市人数	县级以下人数
2008	56	25	21	5	5
2009	36	26	8	2	0
2010	42	14	22	5	1
2011	38	26	9	3	0
2012	39	27	9	1	2
2013	30	15	13	2	0
总计	241	133	82	18	8
占就业总数比例（%）		55.2	34	7.5	3.3

二、农业高校生态学专业人才就业的 SWOT 分析

（一）优势分析

1. 知识面广，就业范围宽

生态学交叉渗透性强，生态学专业的授课内容丰富，学生的系统性思维强。而且本专业学生在学习专业知识与技能的同时，大多能发展自己的兴趣和爱好，拓宽自己的知识面[5,13]。另外，从目前毕业生的工作地区来看，农业高校生态专业的毕业生从我国沿海地区到中西部地区均有分布，工作地域选择广泛[15]，就业面宽。

2. 能够脚踏实地，具有吃苦耐劳精神

农业高校生态学专业学生大多来自农村家庭，通常有较强的责任心、上进心与团队合作精神，自主学习能力强[13]，能够从基层做起，脚踏实地[19]，具有良好的吃苦耐劳精神。

（二）劣势分析

1. 农业高校生态专业毕业生的市场竞争力较弱

生态学专业毕业生的市场竞争力不强，与当前的行业需求不足以及对“农业大学”和“生态学专业”毕业生的认识偏见有重要关系。同时，本专业人才培养未能与当前社会经济发展对人才的实际需求实现有效对接，致使毕业生很难迅速找到适合自己专业的工作[5,12]。因此，农业高校要做好准确的专业定位，使生态学专业毕业生能充分利用自己的专业优势与特色，充分发挥专业特长，顺利就业。

2. 生态学专业毕业生自身综合素质有待加强

生态学属于理科，本专业理论课程多，实际动手能力和实践能力等培养环节相对较弱，学生学习掌握的“硬技术”不多，在就业过程中缺乏竞争优势[10]。因此，农业高校需要特别加强对学生综合素质特别是对生态环境技术应用与实操性技能的培养。

3. 学生就业与创业观念有待改变

由于基层生活条件和工作条件艰苦、待遇低等原因，多数毕业生不愿意到基层工作，加之大多来自农村的学生不愿回到农村工作，都希望能留在大城市发展，这种现象导致部分毕业生在毕业时无法落实工作单位，甚至几年都无法就业[15,18]。另外，由于毕业生在短期内较难筹集到足够的创业资金，加之生态学专业的很多毕业生对创业就业的热情不高，故创业就业的难度较大[19]。

（三）机遇分析

1. 国家利好政策的支持

党的十八大报告提出了要大力推进生态文明建设，进一步强调了生态文明建设的地位和作用，这为农林高校生态学专业的发展带来了巨大的机遇。就国内外形势来看，生态学领域科学研究与人才培养将越来越受到重视，尤其生态环境保护与建设已经越来越成为国家和各个社会经济部门面临的现实问题，使得生态学专业的毕业生就业将有很大发展空间[1,7]。

2. 区域经济发展优势

对于本校的生态学专业学生而言，学校位于珠江三角洲地区，地处改革开放的前沿，经济发达且资源与生态环境问题突出，对生态学专业人才的需求量大。因此，仅该地区每年就可为生态学专业大学生提供良好的外部环境和大量的就业机会，无疑使得本专业的毕业生在就业选择成本以及就业机会上具有明显优势[1,26]。

（四）挑战分析

1. 社会对本专业的认识存在偏见

社会上对农业以及农业院校的毕业生存在偏见。许多涉农单位对农业高校的非农专业毕业生的认识存在误区，相比较农业高校的农学类专业和综合性大学的同类专业，农业高校的非农专业（如生态学）的毕业生在就业过程中处于较为尴尬的地位，甚至没有优势[2,14-15]。因此，如何提高农业高校的非农专业的社会声誉和地位，是当前面临的重要挑战之一。

2. 就业形势严峻

随着高校的扩招，高校毕业生人数在逐年增加，无形中增加了高校毕业生的就业难度。大学毕业生大都愿意选择在经济发达地区就业，就业地区集中，加剧了大学生就业出现区域性供求矛盾。在大学毕业生就业时，他们不仅要与同届或往届的本科生、硕士生以及博士生竞争，还要应对海外归国的人才竞争以及社会人才的竞争，使得大学生就业压力越来越大[15]。生态学专业毕业生虽然就业前景广阔，但社会上实际相关的部门较少，提供的就业岗位数量有限，且存在着一定的专业限制或就业门槛（如很多部门在其招聘人才目录上未列入生态学专业），结果造成农业高校生态学专业毕业生在求职中常处于弱势[18]。另外，在就业过程中，生态学专业毕业生常常会遇到资源环境类专业或者其他相关专业毕业生的竞争。

三、建议与对策

（一）加大政策扶持力度，引导学生到基层就业

党的十八大报告指出，建设生态文明不仅仅是我国社会经济发展的需要，同时符合人民群众的长远根本利益，这为生态学专业毕业生提供了广阔的发展空间。因此，农业高校应积极宣传国家相关政策，鼓励大学毕业生走向基层、服务基层。同时，国家、各级地方政府和学校要拿出切实可行的优惠政策与措施，调动毕业生到农村就业、到西部就业、到边远地区就业的积极性和主动性，支持和扶持大学生到基层就业。

（二）以社会需求为导向，做好专业特色定位，提升就业竞争力

高等农业院校应根据国家发展战略和社会经济与产业发展的实际需求，结合本区域特点，做好生态学专业定位，优化本专业课程体系，增加生态学实践技能与过硬技术的教学内容，全面提高学生的知识技能、专业素养和综合素质，切实提升毕业生的就业竞争力。

（三）加强就业指导，拓展就业渠道，推动就业指导工作的专业化和制度化发展

高等农业院校应建立专业化的就业指导教师队伍，及时分析掌握学生就业情况及用人单位的反

馈意见，丰富就业指导内容，加强对学生职业生涯规划、简历制作、就业面试技巧等方面的专门辅导；做好生态学专业相关企业调研以及毕业生就业回访工作，做好毕业生就业资讯与咨询服务，进一步拓宽就业渠道和就业市场；提高就业指导教师的业务水平，完善就业工作相关制度，推动就业指导工作走向专业化和制度化的发展轨道，从而切实提高毕业生就业指导工作的实效性和质量。

（四）积极营造良好学习氛围，拓展学生继续升学深造的渠道

就目前国内外发展形势来看，生态学越来越受到重视，在未来将有很大的发展空间，特别是对高层次研究生人才的需求将日益增加。因此，应建立相应的激励机制，鼓励生态学本科毕业生考研或出国留学继续深造，拓展就业渠道。一方面，应尽早鼓励和帮助学生做好考研学习与复习计划，提供全方位的考研咨询服务；另一方面，努力为考研学生提供相关的软硬件条件，积极营造良好的考研学习氛围，并帮他们解决学习与生活中的实际困难。

总之，农业高校生态学专业学生在就业方面存在着诸多压力与挑战，因此，应适应当前面临的新形势和新问题，充分发挥优势、利用机遇、克服劣势、应对挑战，做好专业发展定位，注重培养学生的综合素质、实践技能、创新意识及优良的道德品质，切实培养出更加适应社会经济发展需求、具有较强竞争力的现代高素质生态学人才。

参考文献

［1］骆世明．广东省农业生态学三十年发展概要［J］．生态科学，2011（S1）：63－68.

［2］ZHAO H Z，MA A J，LIANG X G，et al. Post－project－analysis in environmental impact of the ecological construction projects［J］．Procedia environmental sciences，2012（13）：1754－1759.

［3］XUE J X. The construction of higher education entrepreneur services network system a research based on ecological systems theory［J］．Physics procedia，2012（25）：1757－1760.

［4］张卫海．高校思想政治教育实效性建设的生态学路径探析［J］．云南农业大学学报（社会科学版），2013，7（6）：70－74.

［5］吴庆标，赖家业，庄嘉，等．生态学专业教学改革与思维创新［J］．广西大学学报（哲学社会科学版），2008（S2）：76－77.

［6］罗芳丽．“植物生态学”课程教学改革与探索［J］．中国林业教育，2013，31（6）：66－68.

［7］李旭霖，王继芳，崔德杰．农业院校生态学专业学科群建设及课程体系设置［J］．高等理科教育，2013（3）：104－108.

［8］章家恩，骆世明，叶延琼，等．生态学专业实践教学的改革与实践——以华南农业大学生态学专业为例［J］．大学教育，2012，1（11）：86－89.

［9］彭宗波，蒋英，蒋菊生．区域生态学研究热点及进展［J］．生态科学，2012，31（1）：92－97.

［10］曾丽群．生态学专业实践能力培养模式探讨［J］．科技创新导报，2010（25）：222－223.

［11］王光军，杨相琴，项文化，等．生态学专业课程体系建设研究［J］．长江大学学报（社会科学版），2013，36（8）：138－141.

［12］章家恩，骆世明，秦钟，等．我国高校生态学专业建设与人才培养方向探讨［J］．应用生态学报，2009，20（7）：1630－1634.

［13］王瑁，王文卿．生态学教学与提高大学生生态素质［J］．中国林业教育，2013，31（2）：31－33.

［14］赵本良，章家恩，秦钟，等．生态学专业大学生科技创新的模式与对策探讨——以华南

农业大学生态学专业为例［J］. 大学教育，2013（4）：61－63.

［15］温国胜，俞飞. 高校生态学专业毕业生去向与就业现状研究［J］. 出国与就业（就业版），2012（3）：6.

［16］吴永波. 生态学专业高质量本科人才培养的探索［J］. 中国校外教育，2010（S1）：221－222.

［17］鲁萍，白雅梅，王宏燕，等. 培养高素质生态学专业人才的探索与实践［J］. 东北农业大学学报（社会科学版），2010，8（6）：107－108.

［18］梁小翠，闫文德，王光军，等. 生态学大学生就业现状分析与对策［J］. 中南林业科技大学学报（社会科学版），2013，7（2）：169－171.

［19］宋日，吴春胜，马丽艳. 试论农业高校的生态学教育［J］. 高等农业教育，2002（2）：53－54.

［20］简秀梅，蒋恩臣，杨丹彤. 农业院校建设能源与环境系统工程专业的 SWOT 分析［J］. 中国电力教育，2012（33）：51－52，56.

［21］赵小艳，靳晶，张思明. 新时期农科专业大学新生班主任工作之 SWOT 分析［J］. 北京农学院学报，2009（S1）：66－67.

［22］李凌，邓志峰. 农业职业学院服务社会的 SWOT 分析和对策思考［J］. 教育与职业，2008（30）：18－20.

［23］SHARIATMADARI M，SARFARAZ A H & HEDAYAT P. Using SWOT analysis and sem to prioritize strategies in foreign exchange market in Iran［J］. Procedia－social and behavioral sciences，2013（99）：886－892.

［24］ZHANG X M. Research on the development strategies of rural tourism in Suzhou based on SWOT analysis［J］. Energy procedia，2012（16）：1295－1299.

［25］RACHID G，FADEL M E. Comparative SWOT analysis of strategic environmental assessment systems in the Middle East and North Africa region［J］. Journal of environmental management，2013（125）：85－93.

［26］刘月秀，周经纬. 广东林业院校毕业生就业 SWOT 分析及对策［J］. 广东农业科学，2010（5）：270－272.

第三章 生态文明发展战略下生态学专业人才需求与发展前景分析

党的十七大报告首次提出了“生态文明”概念，该报告在全面建设小康社会奋斗目标的新要求中，第一次明确提出了建设生态文明的目标。2012年11月，党的十八大从新的历史起点出发，作出“大力推进生态文明建设”的战略决策。党的十八大报告提出，建设生态文明，是关系人民福祉、关乎民族未来的长远大计。面对资源约束趋紧、环境污染严重、生态系统退化的严峻形势，必须树立尊重自然、顺应自然、保护自然的生态文明理念，把生态文明建设放在突出地位，并融入经济建设、政治建设、文化建设、社会建设的各方面和全过程。我国生态文明发展战略的实施，为生态学专业人才培养提供了良好的发展机遇，但也给生态学专业人才培养提出了新的要求与艰巨的任务。

一、生态文明的基本内涵与要求

（一）生态文明的基本概念与内涵

生态文明是人类对传统文明形态特别是工业文明进行深刻反思的成果，是人类文明形态和文明发展理念、道路和模式的重大进步。生态文明，是指人类遵循人、自然、社会和谐发展这一客观规律而取得的物质与精神成果的总和；是指人与自然、人与人、人与社会和谐共处、良性循环、全面发展、持续繁荣为基本宗旨的文明发展形态。

生态环境和自然资源是形成生产力的重要因素，生态环境和自然资源对文明发展具有基础性支撑作用。“生态兴则文明兴，生态衰则文明衰。”保护生态环境，就是保护生产力。建设和可持续利用生态环境就是发展生产力。因此，我们必须要“像保护眼睛一样保护生态环境，像对待生命一样对待生态环境”[1]。

生态文明体系的构建包括生态文化、生态经济、生态社会和生态体制的优化构建及其与资源环境和生态系统之间的协调与优化匹配。生态文化主要包括公众的生态意识、生态价值、生态责任、生态伦理、生态正义、生态信仰等世界观、价值观和人生观的形成；生态经济主要是指生态产业的发展、循环经济体系和绿色GDP体系的构建等方面；生态社会建设主要包括节约型社会与和谐社会的形成、公众健康的保障以及生态福利的提供等方面。生态体制建设主要包括生态法制、生态管理机构、生态环境价值评估、生态政绩考核、生态环境管理与保护体制机制等方面的内容。

一个建成生态文明的国家或地区应该是这样一种景象：拥有具有生态信仰、生态理想和生态责任的公民，以及掌握环境友好型生产技术的生态劳动者，以生态环境、生态资源和生态系统保护与可持续利用为基础，以发展生态生产力和生态软实力为目标[2]，大力推行生态产业和循环经济，建设人与自然、人与人平等和谐共处的生态社会（如图8－7所示）。

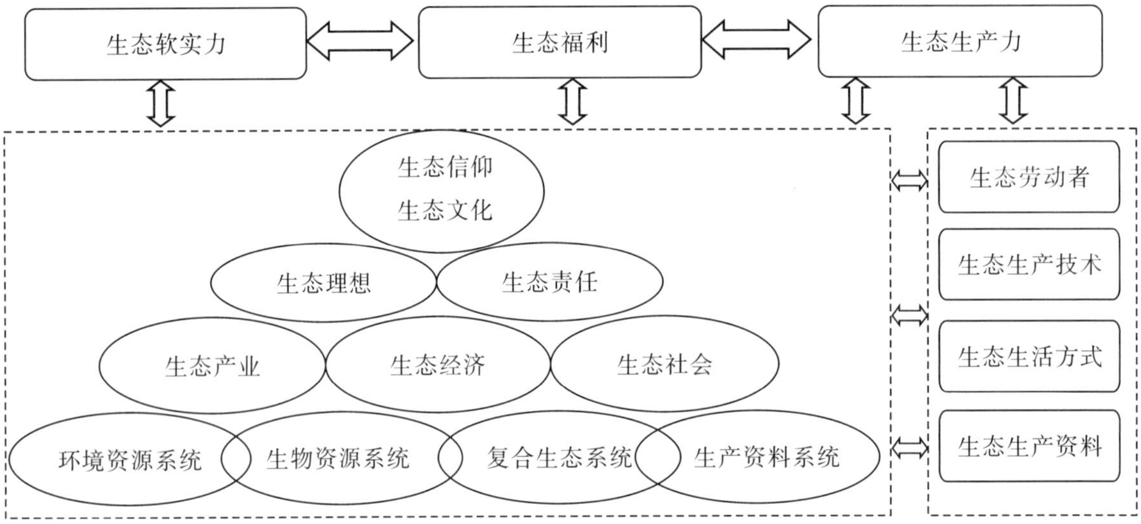

图 8-7　生态文明建设的空间体系与层次结构

（二）生态文明发展战略下的国家需求

生态文明发展战略下的国家需求可以从党的十八大报告、十八届三中全会报告以及一系列国家大政方针中得以体现（如表 8-4 所示）。在党的十八大报告中，提出了四个方面的重点任务：一是“优”，即优化国土空间开发格局；二是“节”，即全面促进资源节约；三是“保”，即加大自然生态系统和环境保护力度；四是“建”，即加强生态文明制度建设。

在党的十八届三中全会《中共中央关于全面深化改革若干重大问题的决定》中，明确提出了四个重点任务：①健全自然资源资产产权制度和用途管制制度；②划定生态保护红线；③实行资源有偿使用制度和生态补偿制度；④改革生态环境保护管理体制。

党的十八届五中全会明确提出了“创新、协调、绿色、开放、共享”五大发展理念。其中，“绿色发展原则”要求我们必须坚持节约资源和保护环境的基本国策，坚持可持续发展，坚定走生产发展、生活富裕、生态良好的文明发展道路，加快建设资源节约型、环境友好型社会，形成人与自然和谐发展现代化建设新格局，推进美丽中国建设，为全球生态安全作出新贡献；促进人与自然和谐共生，构建科学合理的城市化格局、农业发展格局、生态安全格局、自然岸线格局，推动建立绿色低碳循环发展产业体系；加快建设主体功能区，发挥主体功能区作为国土空间开发保护基础制度的作用；推动低碳循环发展，建设清洁低碳、安全高效的现代能源体系，实施近零碳排放区示范工程；全面节约和高效利用资源，树立节约集约循环利用的资源观，建立健全用能权、用水权、排污权、碳排放权初始分配制度，推动形成勤俭节约的社会风尚；加大环境治理力度，以提高环境质量为核心，实行严格的环境保护制度，深入实施大气、水、土壤污染防治行动计划，实行省以下环保机构监测监察执法垂直管理制度；筑牢生态安全屏障，坚持保护优先、自然恢复为主，实施山水林田湖生态保护和修复工程，开展大规模国土绿化行动，完善天然林保护制度，开展蓝色海湾整治行动。

表8－4　生态文明发展战略下的国家需求

依据	重点任务	与生态学研究相关的主要关键词
十八大报告	优化国土空间开发格局	国土空间、开发格局、生态空间、修复空间、主体功能区、美好家园、城市化格局、农业发展格局、生态安全格局、海洋资源开发等
	全面促进资源节约	资源节约、低碳产业、可再生能源、水源地保护、节约型社会、生态红线、循环经济等
	加大自然生态系统和环境保护力度	生态修复工程、生态产品生产、水利建设、防灾减灾体系、荒漠化、石漠化与水土流失综合治理、污染防治、全球气候变化等
	加强生态文明制度建设	耕地保护制度、水资源管理制度、环境保护制度、资源有偿使用制度、生态补偿制度、环境监管、生态环境保护责任追究制度、环境损害赔偿制度、生态文明宣传教育等
十八届三中全会《中共中央关于全面深化改革若干重大问题的决定》	健全自然资源资产产权制度和用途管制制度	自然生态空间、生产—生活—生态空间开发管制、能源、水、土地节约集约使用制度、自然资源监管体制等
	划定生态保护红线	主体功能区制度、国家公园体制、资源环境承载能力监测预警机制、自然资源资产负债表、自然资源资产离任审计、生态环境损害责任终身追究制度等
	实行资源有偿使用制度和生态补偿制度	资源税、退耕还林、退牧还草、耕地/河湖休养生息制度、横向生态补偿制度、环保市场、碳排放权、环境污染第三方治理等
	改革生态环境保护管理体制	环境监管、陆海统筹、生态系统保护修复、污染防治区域联动机制、污染物排放许可制等

（三）生态文明发展战略下的相关政策及行动

自党的十七大、十八大正式提出和实施生态文明建设战略以来，党中央、国务院及各部委先后制定并发布了一系列相关的政策文件，启动了一系列的建设行动，使生态文明建设逐步走上“从概念到行动”的轨道。以下摘录了近年来国家发布的一些与生态文明建设相关的政策和行动计划，从中可以看出当前国家对生态学科学研究、社会发展服务和人才培养等方面的需求。

2013年1月23日，国务院发布了《循环经济发展战略及近期行动计划》的通知（国发〔2013〕5号）。

2013年中央1号文件提出了关于推进农村生态文明、建设美丽乡村的要求。同年，农业部在全国范围内组织开展“美丽乡村”的创建活动。

2013年6月25日，国家发改委发布了《国家发展改革委贯彻落实主体功能区战略 推进主体功能区建设若干政策的意见》（发改规划〔2013〕1154号），要求各地发改委切实推动全国主体功能区规划的贯彻落实，推动各地区严格按照主体功能定位发展。

2013年9月10日，国务院下发了《国务院关于印发〈大气污染防治行动计划〉的通知》（国发〔2013〕37号），即“气十条”，文件制定了大气污染防治十条措施。

2014年，国家发改委、国土资源部、环境保护部、住房和城乡建设部四部委联合下发《关于开展市县“多规合一”试点工作的通知》，提出在全国28个市县开展“多规合一”试点。

2014年，国家环境保护部印发了《国家生态保护红线——生态功能红线划定技术指南（试行）》（环发〔2014〕10号）

2015年中央1号文件中提出了“建立健全农业生态环境保护责任制，加强问责监管，依法依规严肃查处各种破坏生态环境的行为”。

2015年4月10日，农业部发布了《关于打好农业面源污染防治攻坚战的实施意见》（农科教发〔2015〕1号），要求到2020年实现“一控两减三基本”的目标。

2015年4月14日，国家发展改革委发布了关于印发《2015年循环经济推进计划》的通知（发改环资〔2015〕769号）。

2015年4月16日国务院发布《国务院关于印发水污染防治行动计划的通知》（国发〔2015〕17号），即“水十条”。

2015年，国家环境保护部印发了《生态保护红线划定技术指南》的通知（环发〔2015〕56号）。

2015年5月20日，农业部、国家发展改革委、科技部、财政部、国土资源部、环境保护部、水利部、国家林业局发布关于印发《全国农业可持续发展规划（2015—2030年）》的通知（农计发〔2015〕145号）。

2015年9月11日，中共中央、国务院印发了《生态文明体制改革总体方案》，明确提出构建自然资源资产产权制度、国土空间开发保护制度、空间规划体系、资源总量管理和全面节约制度、资源有偿使用和生态补偿制度、环境治理体系、环境治理和生态保护的市场体系、生态文明绩效评价考核和责任追究制度等8个方面的制度体系。

2015年11月8日，国务院办公厅发布了《关于印发编制自然资源资产负债表试点方案的通知》（国办发〔2015〕82号）。

2015年11月26日，农业部部长在《农民日报》上发表了“大力发展生态循环农业”的文章。

2016年4月28日，国务院办公厅发布了《关于健全生态保护补偿机制的意见》（国办发〔2016〕31号）。

2016年5月28日，国务院印发了《土壤污染防治行动计划》（国发〔2016〕31号），即“土十条”。

2016年5月30日，国家发展改革委、财政部、国土资源部、环境保护部、水利部、农业部、林业局、能源局、海洋局等9部委印发了《关于加强资源环境生态红线管控的指导意见》（发改环资〔2016〕1162号）。

2016年9月28日，农业部发布关于印发《农业综合开发区域生态循环农业项目指引（2017—2020年）》的通知（农办计〔2016〕93号）。

2016年12月30日，农业部印发了关于印发《农业资源与生态环境保护工程规划（2016—2020年）》的通知（农计发〔2016〕99号）。

2017年2月，中共中央办公厅、国务院办公厅印发了《关于划定并严守生态保护红线的若干意见》。

2017年4月26日，农业部发布了《关于实施农业绿色发展五大行动的通知》（农办发〔2017〕6号）。

二、生态文明建设背景下对生态学专业人才的需求分析

在生态文明建设背景下，生态学的科学研究、技术开发与人才培养需要面向国家社会经济建设与生态环境建设的重大需求，逐步从科学理论领域向应用基础型、应用型、实用型科技方面转变，生态科技研发与人才培养一定要“接地气”。同时，生态学研究与人才培养需要更加关注生态文明体制的构建，需要与法制、体制、机制研究对接。因此，今后生态学专业人才培养也需加强上述几个方面的知识与技能的培养，方可适应未来社会经济发展与生态环境建设的需求。表 8 –5 列举了面向生态文明建设的生态学专业人才培养的新方向与新领域。

表 8 –5　面向生态文明建设的生态学专业人才培养的新方向与新领域

生态文明建设任务	生态学专业人才所需培养的素质与技能
全球变化	全球生态学与长期生态学研究、全球生态治理策略与技术、节能减排关键技术、全球碳交易市场、生态外交等
国土空间开发	主体功能区规划、国家公园规划、美丽乡村、生态城市、生态建筑、海绵城市、美丽中国建设、生态安全格局规划、多规合一规划、特色小镇生态规划与建设、田园综合体规划与建设等
资源节约利用	可再生资源开发、生物质能源、资源节约利用关键技术、资源替代技术、废弃物的无害化处理与资源化利用关键技术、资源经济学等
生态环境保护	生态红线、自然保护区建设、生物多样性保护、退化生态系统恢复与重建、水土气污染的综合治理与生态修复、生态防灾减灾、生态环境动态监测、生态系统服务功能价值评估、环境经济、生态环境影响评价等
生态产业与循环经济	生态循环农业、生态工业（园）建设、生态旅游业、休闲农业、生态服务业、生态交通、生态循环产业体系构建、环境友好型生产技术、清洁生产技术与工艺、生态产业与生态产品标准、生态智能科技等
生态体制	生态环境法律法规、自然资源资产负债表编制、绿色 GDP 计量体系、生态政绩考核制度、资源有偿使用制度、生态补偿制度、污染物排放许可制度、自然资源资产离任审计制度、生态环境损害责任终身追究制度、生态福利制度等
生态文化	生态文明与生态文化研究与应用、生态伦理研究与应用、生态环境教育、生态环境科普、生态文化传播等

三、生态文明发展战略背景下生态学专业的发展前景分析

我国生态文明建设的长期战略为生态学科学研究及其专业人才培养提供了许多全新的、战略性、具有挑战性的任务，因而拥有广阔的、远大的发展前景。具体原因如下：

（一）全球性资源环境问题及其恢复治理必将是一个长期过程

当前，人类社会面临的全球气候变化、臭氧层空洞、生物多样性丧失、酸雨、土地退化、环境污染、资源枯竭等诸多问题，都是大尺度、大范围、多要素、全球性的资源与生态环境问题，均是一个长期的、缓慢的过程，不可能在短期内自动恢复或消失，即使在人类保护与综合治理技术投入

下，这些问题的解决也不可能“一蹴而就”。人类共存于一个“地球村”，只要全球性生态环境问题存在，任何国家或地区都不可能“独善其身”。因此，从这个角度来看，对生态科技研究和生态学专业人才的需求必将是长期的、持续的、全球性的，故其发展前景也必将是长远的、广阔的。

（二）人民对美好生活的向往必将是一个永恒的主题与发展目标

毋庸置疑，对美好生活的向往是每个人都愿意追求和奋斗的人生目标。一个人要过上美好的生活，除了工作顺心、生活富裕和家庭和睦之外，还必须拥有健康安全的生存环境、生活环境和工作环境，即能够“呼吸到新鲜的空气、喝到洁净的水、吃到健康安全的食品、住上环保健康的住宅、看得见青山绿水、听得见鸟叫蛙鸣、闻得着乡土气息、留得住美丽乡愁”，即能享受到基本的生态福利，而这些美好的生存—生活—工作环境的保护、营造、建设都需要生态科技与生态学专业人才的支撑。美丽乡村、生态城市、美丽中国建设、生物多样性保护、生态产业发展、绿色安全食品生产、生态环境修复与建设、生态环境污染综合治理等领域，都与美好生活目标的实现息息相关。因此，这些领域将是生态学未来发展与人才培养的重要方向。

（三）生态文明体制建设将为生态学科学研究与人才培养提供新的空间

生态文明建设成功与否在很大程度上取决于生态文明体制的构建。生态文明体制改革是一个新生事物，需要长期的研究与实践探索。在生态文明建设过程中，自然资源资产产权制度、国土空间开发保护制度、生态红线保护制度、资源总量管理和全面节约制度、资源有偿使用制度、生态补偿制度、生态环境保护与治理的市场体系构建、全球碳交易市场体系、生态文明绩效评价考核制度、污染物排放许可制度、自然资源资产离任审计制度、生态环境损害责任终身追究制度、生态福利制度等，相对于现代生态学的研究范畴而言，都是崭新的课题，会形成一系列新的业务门类和新的管理机构，都需要大量的生态学专业人才去研究与实践。

参考文献

［1］王雨辰，陈富国．习近平的生态文明思想及其重要意义［J］．武汉大学学报（人文科学版），2017，70（4）：48－55.

［2］赵成．论生态生产力的理论内涵及其发展要求［J］．辽宁师范大学学报（社会科学版），2016，39（1）：8－16.

附录 1

普通高等学校本科教学工作审核评估范围

审核项目	审核要素	审核要点
1. 定位与目标	1.1 办学定位	（1）学校办学方向、办学定位及确定依据 （2）办学定位在学校发展规划中的体现
	1.2 培养目标	（1）学校人才培养总目标及确定依据 （2）专业培养目标、标准及确定依据
	1.3 人才培养中心地位	（1）落实学校人才培养中心地位的政策与措施 （2）人才培养中心地位的体现与效果 （3）学校领导对本科教学的重视情况
2. 师资队伍	2.1 数量与结构	（1）教师队伍的数量与结构 （2）教师队伍建设规划及发展态势
	2.2 教育教学水平	（1）专任教师的专业水平与教学能力 （2）学校师德师风建设措施与效果
	2.3 教师教学投入	（1）教授、副教授为本科生上课情况 （2）教师开展教学研究、参与教学改革与建设情况
	2.4 教师发展与服务	（1）提升教师教学能力和专业水平的政策措施 （2）服务教师职业生涯发展的政策措施
3. 教学资源	3.1 教学经费	（1）教学经费投入及保障机制 （2）学校教学经费年度变化情况 （3）教学经费分配方式、比例及使用效益
	3.2 教学设施	（1）教学设施满足教学需要情况 （2）教学、科研设施的开放程度及利用情况 （3）教学信息化条件及资源建设
	3.3 专业设置与培养方案	（1）专业建设规划与执行 （2）专业设置与结构调整，优势专业与新专业建设 （3）培养方案的制订、执行与调整
	3.4 课程资源	（1）课程建设规划与执行 （2）课程的数量、结构及优质课程资源建设 （3）教材建设与选用
	3.5 社会资源	（1）合作办学、合作育人的措施与效果 （2）共建教学资源情况 （3）社会捐赠情况

（续上表）

审核项目	审核要素	审核要点
4. 培养过程	4.1 教学改革	（1）教学改革的总体思路及政策措施 （2）人才培养模式改革，人才培养体制、机制改革 （3）教学及管理信息化
	4.2 课堂教学	（1）教学大纲的制定与执行 （2）教学内容对人才培养目标的体现，科研转化教学 （3）教师教学方法，学生学习方式 （4）考试考核的方式方法及管理
	4.3 实践教学	（1）实践教学体系建设 （2）实验教学与实验室开放情况 （3）实习实训、社会实践、毕业设计（论文）的落实及效果
	4.4 第二课堂	（1）第二课堂育人体系建设与保障措施 （2）社团建设与校园文化、科技活动及育人效果 （3）学生国内外交流学习情况
5. 学生发展	5.1 招生及生源情况	（1）学校总体生源状况 （2）各专业生源数量及特征
	5.2 学生指导与服务	（1）学生指导与服务的内容及效果 （2）学生指导与服务的组织和条件保障 （3）学生对指导与服务的评价
	5.3 学风与学习效果	（1）学风建设的措施与效果 （2）学生学业成绩及综合素质表现 （3）学生对自我学习与成长的满意度
	5.4 就业与发展	（1）毕业生就业率与职业发展情况 （2）用人单位对毕业生的评价
6. 质量保障	6.1 教学质量保障体系	（1）质量标准建设 （2）学校质量保障模式及体系结构 （3）质量保障体系的组织、制度建设 （4）教学质量管理队伍建设
	6.2 质量监控	（1）自我评估及质量监控的内容与方式 （2）自我评估及质量监控的实施效果
	6.3 质量信息及利用	（1）校内教学基本状态数据库建设情况 （2）质量信息统计、分析、反馈机制 （3）质量信息公开及年度质量报告
	6.4 质量改进	（1）质量改进的途径与方法 （2）质量改进的效果与评价
自选特色项目	学校可自行选择有特色的补充项目	

附录 2

国家级本科教学团队的评价指标体系（仅供参考）

一级指标（A）	二级指标（B）	三级指标（C）
团队规模（A1）	成员数量（B1）	成员数量是否依团队类型达到了最佳（C1）
团队结构（A2）	年龄结构（B2）	老、中、青年教师搭配的比例（C2）
	教龄结构（B3）	教龄长、中、短教师搭配的比例（C3）
	学历结构（B4）	研究生学历教师所占的比重（C4）
	职称结构（B5）	教授和副教授所占的比重（C5）
	学缘结构（B6）	最终学历来自外校的比重（C6）
		不同学科或专业老师所占的比重（C7）
	素质结构（B7）	是否具有热爱本科教学工作的高度责任感（C8）
		是否具有从事本科教学工作的丰富知识（C9）
团队带头人（A3）	教学能力（B8）	每学年给本科生授课的课程数和课时数（C10）
		是否能创新性地开展本科教学工作（C11）
		近三年获得省级和国家级教学成果奖数（C12）
	学术能力（B9）	每学年给本科生开设的学术前沿课程数（C13）
		近三年在相关核心期刊所发表的论文数（C14）
		近三年主持省级和国家级重大科研项目数（C15）
	领导能力（B10）	是否具有团队组织、协调、沟通、计划的能力（C16）
团队教学工作（A4）	日常授课（B11）	团队成员人均授课课时数（C17）
		团队成员人均授课课程数（C18）
	教学内容（B12）	是否与本科人才培养目标紧密结合（C19）
		是否与学科和专业理论前沿紧密结合（C20）
		理论授课与实验和实践是否紧密结合（C21）
	教学方法（B13）	是否倡导并采用讨论式、启发式等研究性教学（C22）
		是否充分利用网络、多媒体等教学资源（C23）
	课程建设（B14）	课程体系是否符合本科专业特色（C24）
		是否建立了完善的国家级精品课程教学平台（C25）
	教学成果（B15）	近三年获得省级和国家级教学成果奖数（C26）

（续上表）

一级指标（A）	二级指标（B）	三级指标（C）
团队教学研究（A5）	实践教学（B16）	是否建立了完善的实验教学示范中心（C27）
		是否建立了完善的创新创业实践基础（C28）
	教学改革（B17）	近三年获得省级和国家级教改项目的经费数（C29）
		近三年在相关核心期刊所发表的教改论文数（C30）
		教学改革成果是否得到了推广应用（C31）
团队教材建设（A6）	教材编写（B18）	与国家级精品课程建设相配套的教材数（C32）
		面向 21 世纪课程与国家级规划教材数（C33）
		是否符合本科人才培养目标（C34）
团队运行和管理机制（A7）	运行机制（B19）	是否有完善的团队规章制度（C35）
		是否有浓厚的教学科研氛围（C36）
		是否有足够的团队经费支撑（C37）
		是否有完善的教师进修机制（C38）
	管理机制（B20）	是否建立健全团队运行的监督管理体系（C39）
		是否有健全的教师教学激励机制（C40）
		是否搭建了团队成员的交流平台（C41）
		是否充分展现了教师的自我管理力（C42）

摘自：王升．高校国家级本科教学团队评价指标体系构建初探［C］//第二届全国农林院校教育科学类研究生学术论坛论文集．杨凌：西北农林科技大学，2010.

附录 3

国家级精品课程评估指标体系（教育部，2010 年）

一级指标	二级指标	主要观测点	评审标准	分值（M_i）	评分等级（K_i）				
					A	B	C	D	E
					1.0	0.8	0.6	0.4	0.2
教学队伍 20分	1－1 课程负责人与主讲教师	教师风范、学术水平与教学水平	课程负责人与主讲教师师德好，学术造诣高，教学能力强，教学经验丰富，教学特色鲜明。课程负责人近三年主讲此门课程不少于两轮	6 分					
	1－2 教学队伍结构及整体素质	知识结构、年龄结构、人员配置与青年教师培养	教学团队中的教师责任感强、团结协作精神好；有合理的知识结构、年龄结构和学缘结构，并根据课程需要配备辅导教师；青年教师的培养计划科学合理，并取得实际效果；鼓励有行业背景的专家参与教学团队	6 分					
	1－3 教学改革与研究	教研活动与教学成果	教学思想活跃，教学改革有创意；教研活动推动了教学改革，取得了明显成效，有省部级以上的教学成果、规划教材或教改项目；发表了高质量的教研论文	8 分					

（续上表）

一级指标	二级指标	主要观测点	评审标准	分值（M_i）	评分等级（K_i）				
					A	B	C	D	E
					1.0	0.8	0.6	0.4	0.2
教学内容 20分	2-1 课程内容	课程内容设计	课程内容设计要根据人才培养目标，体现现代教育思想，符合科学性、先进性和教育教学的规律	10分					
			理论课程内容经典与现代的关系处理得当，具有基础性、研究性、前沿性，能及时把学科最新发展成果和教改教研成果引入教学						
			实验课程内容（含独立设置的实验课）的技术性、综合性和探索性的关系处理得当，能有效培养学生的实践能力和创新能力						
	2-2 教学内容组织	教学内容组织与安排	理论联系实际，课内课外结合，融知识传授、能力培养、素质教育于一体；鼓励开展相关实习、社会调查或其他实践活动，成效显著	10分					
教学条件 20分	3-1 教材及相关资料	教材及相关资料建设	选用优秀教材（含国家级精品教材和国家级规划教材、国外高水平原版教材或高水平的自编教材）；课件、案例、习题等相关资料丰富，并为学生的研究性学习和自主学习提供了有效的文献资料；实验教材配套齐全，能满足教学需要	10分					
	3-2 实践教学条件	实践教学环境的先进性与开放性	实践教学条件能很好满足教学要求；能进行开放式教学，效果明显（理工类课程能开出高水平的选做实验）						
	3-3 网络教学环境	网络教学资源和硬件环境	学校网络硬件环境良好，课程网站运行良好，教学资源丰富，辅教、辅学功能齐全，并能有效共享	10分					

（续上表）

一级指标	二级指标	主要观测点	评审标准	分值（M_i）	评分等级（K_i）				
					A	B	C	D	E
					1.0	0.8	0.6	0.4	0.2
教学方法与手段 20分	4－1 教学设计	教学理念与教学设计	重视探究性学习、研究性学习，体现以学生为主体、以教师为主导的教育理念；能根据课程内容和学生特点，进行合理的教学设计（包括教学方法、教学手段、考核方式等）	8分					
	4－2 教学方法	多种教学方法的使用及其效果	重视教学方法改革，能灵活运用多种恰当的教学方法，有效调动学生学习积极性，促进学生学习能力的发展						
	4－3 教学手段	信息技术的应用	恰当充分地使用现代教育技术手段开展教学活动，并在激发学生学习兴趣和提高教学效果方面取得实效	12分					
教学效果 20分	5－1 同行及校内督导组评价	校外专家及校内督导组评价与声誉	证明材料真实可信，评价优秀；有良好声誉	4分					
	5－2 学生评教	学生评价意见	学生评价原始材料真实可靠，结果优良，应有学校教务部门出具的近三年学生评教数据的佐证材料	8分					
	5－3 录像资料评价	课堂实录	能有效利用各种教学媒体、富有热情和感染力地对问题进行深入浅出的阐述，重点突出、思路清晰、内容娴熟、信息量大；课堂内容能反映或联系学科发展的新思想、新概念、新成果，能启迪学生的思考、联想及创新思维	8分					
特色、政策支持及辐射共享	专家依据《2010年度“国家精品课程”申报表》所述特色及创新点打分			40分					
	所在学校支持、鼓励精品课程建设的政策措施得力			30分					
	辐射共享措施有力，未来建设计划可行			30分					

注：① 采取定量评价与定性评价相结合的方法，以提高评价结果的可靠性与可比性。评审指标分为综合评审与特色、政策支持及辐射共享两部分，采用百分制，其中综合评审占80%，特色、政策支持及辐射共享占20%。

② 各部分总分计算：$M=\sum K_iM_i$，其中 K_i 为评分等级系数，A、B、C、D、E 的系数分别为1.0、0.8、0.6、0.4、0.2，M_i 是各二级指标的分值。

附录 4

本书各章所收录的论文及作者等相关信息索引表

论文题目	作者	发表期刊	所属篇章
生态学学科体系、发展趋势及其热点研究领域	章家恩	尚未发表	第一编　生态学专业人才培养方向与专业建设模式
农业生态学的国外发展及其启示	骆世明	中国生态学报，2013，21（1）：14－22	
我国高校生态学专业建设与人才培养方向探讨	章家恩，骆世明，秦钟，叶延琼，赵本良	应用生态学报，2009，20（7）：1630－1634	
生态学专业“T”型人才培养之探讨	章家恩，骆世明	尚未发表	
生态学专业“五位一体”建设模式的实践探索	章家恩，骆世明	生态科学，2012，31（4）：467－472.	
美国高校生态学专业发展概况及主要课程设置	秦钟，章家恩*，叶延琼，赵本良，危晖	尚未发表	第二编　生态学本科专业人才培养标准及课程体系设置
生态学专业本科人才培养标准与规范建设探讨	章家恩	尚未发表	
生态学人才培养方案制（修）订及课程体系设置	章家恩	尚未发表	
教学团队的基本内涵及建设对策探讨	章家恩	尚未发表	第三编　师资队伍与教学团队建设
农科生态学系列课程国家级教学团队建设的实践与探索	章家恩，骆世明，秦钟，叶延琼，赵本良	大学教育，2013（8）：121－123，127	
加强高校青年教师培养的对策与措施	章家恩	尚未发表	
生态学专业核心课程群建设模式研究与实践	章家恩	尚未发表	第四编　生态学专业课程建设及教学综合改革
“农业生态学”国家精品课程建设的实践与思考	章家恩，骆世明	当代教育理论与实践，2014，6（3）：29－31	
优化“普通生态学”教学内容与环节的研究与实践	陈桂葵，章家恩*	湖南科技学院学报，2013，34（4）：189－191	
高等农业院校生态学专业实验教学改革的探索	陈桂葵，章家恩*	安徽农业科学，2010，38（1）：483－485	

（续上表）

论文题目	作者	发表期刊	所属篇章
“生态学实验研究方法与技术”课程改革探讨	冯远娇，陈桂葵，苏贻娟，赵本良，谈凤笑，章家恩*	湖南科技学院学报，2013，34（2）：192－194	第四编　生态学专业课程建设及教学综合改革
环境科学类专业普通生态学课程实验教学存在的问题及改革初探	蔡一霞，章家恩，蔡昆争	学园，2010（9）：8－9	
“环境学”课程的教学实践与思考	黄飞，章家恩*，蔡昆争	大学教育，2015（9）：144－145	
“环境学”课程实验教学改革初探	贺鸿志，陈桂葵，章家恩，黎华寿*	湖南科技学院学报，2012，33（12）：163－164	
生态学专业“3S技术及其应用”课程的教学实践与思考	叶延琼，章家恩*	教育教学论坛，2015（28）：131－133	
“旅游生态学”课程的教学设计与改革探索	叶延琼，章家恩，陈丽丽，赵飞	四川文理学院学报，2014，24（2）：118－121	
本科专业课双语教学的问题与方法探讨	曾任森，钱艳平，骆世明	高等农业教育，2003（10）：52－54	
环境科学类专业“普通生态学”双语教学实践与问题探讨	谈凤笑，冯远娇，曾任森，王建武，章家恩	湖南科技学院学报，2012，33（10）：194－196	
高校公选课“环境保护与可持续发展”的教学改革实践及体会	赵本良，章家恩*，秦钟	教育教学论坛，2015（29）：110－111	
中美《农业生态学》教材的比较分析	骆世明	生态学杂志，2010，29（7）：1458－1462	
课堂互动式和参与式教学方法概述	陈桂葵，章家恩*	尚未发表	第五编　课堂教学方法改革实践与探索
课堂多媒体教学的综合运用实践	陈桂葵，章家恩*	尚未发表	
基于创新型多元互动教学模式的“农业生态学”教改探索	陈桂葵，冯远娇，贺鸿志，谈凤笑，黎华寿*	生态科学，2014，33（5）：1035－1040	
案例教学在“生态规划学”课程中的应用	叶延琼，章家恩*，秦钟	广东农业科学，2011（19）：144－146	
头脑风暴法在大学“环境学”课程教学中的应用	贺鸿志，黎华寿	科技文汇，2010（12）：59－60	

（续上表）

论文题目	作者	发表期刊	所属篇章
生态学专业实践教学的改革与实践	章家恩，骆世明，叶延琼，秦钟，赵本良	大学教育，2012（11）：86－89	第六编　生态学实践教学综合改革与探索
生态学野外实习教学改革探讨	秦钟，章家恩*，叶延琼	安徽农业科学，2009，37（34）：17216－17217	
生态学野外实践教学体系的设计与实施探讨	秦钟，章家恩*，赵本良，叶延琼	广东农业科学，2011（7）：197－200	
生态学野外综合实习教学的改革与实践	秦钟，章家恩*，谈凤笑，赵本良，徐华勤	生态科学，2011，30（2）：213－216	
基于问卷调查的“生态学野外综合实习”课程建设研究	赵本良，章家恩*，孔旭晖，秦钟	中国农业教育，2015（2）：93－96	
基于创新实践能力培养的实验课程体系构建	陈桂葵，贺鸿志，黎华寿*，骆世明	高等农业教育，2015（3）：80－84	
生态学专业野外实践教学体系构建及探索	章家恩	尚未发表	
本科人才培养过程管理及其规范化建设探讨	章家恩	尚未发表	第七编　本科人才培养过程管理及相关探索研究
班主任在本科人才培养中的作用与经验体会	赵本良，章家恩*，叶延琼，秦钟	大学教育，2013（7）：76－77	
高等农业院校本科毕业论文存在的问题及改革对策	蔡昆争	科技资讯，2009（15）：194	
本科生毕业论文工作的改革与探索	赵本良，章家恩*，秦钟，叶延琼	教育教学论坛，2013（15）：27－29	
生态学专业大学生科技创新的模式与对策探讨	赵本良，章家恩*，秦钟，叶延琼，罗明珠	大学教育，2013（4）：61－63	
大学生科技社团促进高校学风建设的方法研究	伍亚泰	考试周刊，2012（28）：146－147	
生态学专业新生对本专业认知与就业意向的问卷调查	陈桂葵，章家恩*	尚未发表	第八编　生态学专业大学生就业需求与发展前景分析
农业高校生态学专业人才培养的 SWOT 分析与对策研究	伍亚泰，徐聪聪，杨宇姣，李梦兴，张雨婷	生态科学，2014，33（1）：203－208.	
生态文明发展战略下生态学专业人才需求与发展前景分析	章家恩	尚未发表	

注：* 为通讯作者。